植烟土壤
保育微生态

刘勇军　孟德龙　邢　蕾　陶界锰 ⊙ 主编

ZHIYAN TURANG
BAOYU WEISHENGTAI

中南大学出版社
www.csupress.com.cn
·长沙·

编委会

王振华(湖南省烟草公司张家界市公司)

肖钦之(湖南省烟草公司永州市公司)

巢 进(湖南省烟草公司湘西自治州公司)

钟 颖(湖南中烟工业有限责任公司)

谭 格(湖南中烟工业有限责任公司)

李宏光(湖南省烟草公司郴州市公司)

邓 勇(湖南省烟草公司常德市公司)

◇ 编 委(以姓氏笔画排序)

于法辉 毛 辉 孔午圆 邓茹婧

艾季翔 龙 腾 朱 益 向孝武

刘永斌 刘征华 李 生 杨昭玥

谷亚冰 赵美波 胡久伟 黄远斌

谢 添 谭艳平 腾 凯

前言 / Foreword

在全球范围内，土壤退化和生态环境恶化已成为制约农业生产和可持续发展的关键因素。土壤不仅是农业生产的基础，更是地球上生物多样性的重要保障。在众多农作物中，烟草作为一种重要的经济作物，其种植对土壤的依赖性尤为显著。然而，长期的烟草种植可能导致土壤结构破坏、养分失衡和生物多样性减少。因此，如何有效保育和改善植烟土壤，提高土壤质量和烟草产量，已成为农业科研和生产实践中亟待解决的问题。

土壤微生物生态在土壤健康和植物生长中扮演着关键角色。微生物通过其代谢活动影响土壤的物理、化学和生物学性质，进而影响植物的生长发育。在植烟土壤中，微生物的多样性和功能直接关系到烟草的养分吸收、病害防控和逆境适应能力。因此，深入研究植烟土壤微生物生态，对于指导烟草种植、提高烟草产业的可持续性具有重要意义。

随着微生物学和土壤学研究的不断深入，人们逐渐认识到微生物在土壤生态系统中的核心作用。土壤微生物不仅参与了土壤有机质的分解和养分循环，还与植物建立了复杂的互作关系，影响植物的生长和健康。然而，关于微生物在植烟土壤中的具体作用机制、多样性及其对烟草生长影响的系统性研究仍然不足。

本书旨在系统性地探讨植烟土壤微生物生态的复杂性，揭示微生物在土壤保育和烟草生长中的作用，以及如何通过科学的管理和调控，实现烟草产业的可持续发展。通过对植烟土壤微生物生态的深入研究，本书将为农业生产者、科研人员和政策制定者提供理论依据和实践指导。

本书共分为9章，涵盖了植烟土壤微生物生态的多个方面。

第 1 章至第 4 章着重介绍了植烟土壤的微生态调控机理、微生物多样性与植物生长的关系、土壤的营养转化与微生态以及土壤中病原微生物与有益微生物的相互作用。第 5 章至第 7 章深入探讨了烟草根际微生物的促生作用、土壤生态保育的抗连作机制以及微生态制剂的制备和应用。第 8 章和第 9 章则关注了微生态技术在植烟土壤保育中的应用以及植烟土壤生态保育与碳中和的关系。

在研究方法上，本书采用了文献综述、实验研究、田间试验和分子生物学技术等多种手段。通过综合运用这些方法，揭示微生物与植烟土壤和烟草生长之间的复杂关系，为土壤管理和烟草种植提供科学依据。

通过深入分析和研究，本书预期将取得以下成果：明确植烟土壤微生物生态的多样性和功能，为烟草种植提供微生物资源的评估和管理策略；揭示微生物在植烟土壤养分转化、病害防控和逆境适应中的作用机制，为烟草生长提供科学的管理措施；开发出高效的微生态制剂，为植烟土壤的保育和烟草产量的提升提供技术支持；探讨微生态技术在植烟土壤保育中的应用潜力，为实现烟草产业的可持续发展提供新的思路。

本书的研究成果对烟草种植、土壤管理和农业可持续发展具有重要的应用价值。通过合理利用微生物资源，可以提高植烟土壤的质量和生产力，减少化肥和农药的使用，保护生态环境，实现农业生产的可持续发展。

随着生物技术的不断进步，微生物生态学的研究将更加深入。未来的研究将聚焦于微生物与植物互作的分子机制、微生物群落对环境变化的响应以及微生物在土壤健康和作物生产中的潜在应用。本书的出版，也是对未来研究方向的一个展望，期待能够激发更多的学术讨论和技术创新。

在本书的编写过程中，我们得到了众多同行和专家的帮助与支持，在此，我们向所有提供宝贵意见、数据和案例的个人和机构表示衷心的感谢。

目录 / Contents

第 1 章　植烟土壤保育的微生态调控机理

1.1　土壤微生态与植烟土壤保育

1.1.1　微生态在土壤中的作用

1. 土壤微生态的概念

土壤微生态是指在土壤中广泛存在的一组微生物群体,包括细菌、真菌、古菌、放线菌等微生物,以及它们与土壤中其他生物(如植物根系、蚯蚓等)和环境之间的相互作用网络。这个微观的生态系统构成了一个极为复杂的生命共同体,通过多层次、多种类的相互作用,影响着土壤的生物、化学和物理性质。土壤微生态系统涉及的生物多样性和生态功能对于土壤生态平衡和生态系统的健康至关重要。

在土壤微生态中,微生物的角色不仅是单纯的存在,更体现在它们相互之间的竞争、合作与共生关系。微生态系统中的细菌、真菌等微生物通过分泌酶类、产生抗生素、氮化合物和其他代谢产物,参与有机物质的降解、养分的转化和固定等关键生态过程,对土壤的结构、肥力、健康状况等产生深远的影响。因此,理解和研究土壤微生态系统不仅是对微生物多样性的探讨,更是对土壤生态系统功能的深刻认知。

2. 关键角色

土壤微生态系统在维持土壤生态系统健康方面发挥着至关重要的作用。这个微小而丰富的生态系统由细菌、真菌、古菌、放线菌等微生物组成,构建了一个错综复杂的相互联系的网络。微生态系统通过多种生物和化学过程,影响着土壤的结构、养分循环、植被健康等,对整个生态系统的稳定性和可持续性具有深远影响。

（1）有益微生物的功能

有益微生物是土壤微生态系统中的关键组成部分，包括细菌、真菌、放线菌等，其在土壤中扮演着分解有机物、提供养分、改善土壤通气性和改善土壤结构等重要角色。

细菌通过将复杂的有机化合物分解为简单的物质，释放出养分，如氮、磷、钾等，为植物的生长提供必要的营养元素。同时，一些细菌还能够固定氮气，将其转化为可供植物吸收的形式，促进植物生长。

真菌也在土壤中扮演着重要的角色。其形成的菌丝网络可以将水分和养分从土壤中运输到植物根系，增加植物的吸收面积。此外，一些真菌还与植物根系形成共生关系，通过交换养分和信号物质来提高植物的抗逆性和生长状况。

（2）养分循环和有机质分解

土壤微生态系统参与养分的循环过程，对于维持土壤生态系统的健康至关重要。微生物通过分解有机质，将其转化为植物可吸收的无机养分。这一过程是一个复杂的生物地球化学过程，涉及多种微生物的协同作用。

放线菌等通过分泌酶类将有机物降解为更简单的化合物，这些化合物进一步被其他微生物转化为二氧化碳和水。这种分解作用不仅能够释放出养分，还能够降解有机物中的毒素，提高土壤的质量。

（3）抑制土壤病害

土壤微生态系统中的有益微生物还具有抑制土壤病原微生物的能力，这对植物的健康生长至关重要。一些细菌和真菌通过竞争和生产抑制性物质，阻止病原微生物的生长和扩散。这种天然的防御机制减少了对化学农药的依赖，有助于建立更为可持续的农业生产系统。

（4）微生物群落的平衡

土壤微生态系统的健康与微生物群落的平衡密切相关。不同的微生物在不同的生态位上占据主导地位，相互之间形成复杂的生态网络。这种平衡维持了土壤中微生物的相对稳定状态，使其能够适应不同的环境压力。

然而，人为活动、化学农药的使用、环境污染等因素都可能干扰土壤微生物群落的平衡。失衡的微生物群落可能导致土壤肥力下降、植物生长不良、病害爆发等问题。因此，了解微生态系统的平衡和稳定性，寻找并采取合适的措施来维持这种平衡，对于土壤生态系统的长期健康具有重要意义。

土壤微生态系统在维持土壤生态系统健康方面发挥着多方面的关键作用。有益微生物通过分解有机物、促进养分循环、抑制土壤病害等，构建了一个复杂而有效的生态系统。了解和保护土壤微生态系统对于实现可持续的农业和生态环境保护至关重要。通过科学的农业管理、生态恢复和减少对土壤的人为干扰，我们能够更好地保护和利用土壤生态系统，确保其长期的稳健性和可持续性。

1.1.2　植烟土壤保育

植烟土壤作为专门用于烟草种植的土壤类型，具有一系列特殊性质和管理需求，对土壤微生态平衡具有一定的挑战性。理解植烟土壤的特殊性，以及其对微生态平衡的需求，对于保持土壤生态系统的健康和促进烟草种植的可持续发展至关重要。

1. 植烟土壤的定义

植烟土壤是指专门用于烟草种植的土壤类型，其物理、化学和生物性质与一般农田土壤有所不同。这种土壤通常受到长期种植烟草的影响，可能因为烟草生长的特殊需求以及农业实践的特殊管理而呈现出一些特殊性。

2. 植烟土壤的特征

（1）特殊的营养需求

烟草作为一种特殊的经济作物，其对土壤的营养需求较高。植烟土壤需要提供足够的氮、磷、钾等养分，以支持烟草的生长和发育。这就需要在土壤管理中特别关注养分的供应，以维持植烟土壤的肥力，保证烟草植株的正常生长。

（2）较高的土壤通气性需求

烟草的根系对氧气的需求相对较高，因此植烟土壤需要具备较好的通气性。合理的土壤通气性有助于增加土壤中的氧气供应，促使植物根系更好地吸收养分。土壤通气性的改善也有助于减缓土壤酸化的过程，维持适宜的土壤 pH。

（3）独特的土壤生态系统失衡挑战

由于长期种植烟草，植烟土壤可能存在微生态系统失衡的问题。大量化学农药的使用、单一作物种植等因素可能导致土壤中有益微生物减少、土壤质量下降，以及土壤中病原微生物增加。这种微生态系统的失衡可能对植烟土壤的健康产生负面影响。

（4）微生态平衡的调节需求

为了应对植烟土壤的特殊性，有必要采取一系列科学的土壤管理措施，以调节土壤微生态平衡。这包括引入有益微生物、采用合理的轮作制度、避免过度施用化学农药、推动有机农业等。通过这些措施，可以促进植烟土壤中微生态系统的平衡，提高土壤质量，降低土壤生态系统失衡的风险。

总之，植烟土壤的特殊性要求我们更深入地了解其特性，并采取相应的管理措施，以维护土壤微生态平衡。通过有计划的土壤管理、合理的农业实践和对有益微生物的引入，可以有效提高植烟土壤的养分供应、通气性以及微生态平衡，从而实现土壤的可持续利用和农业的可持续发展。关注植烟土壤的微生态平衡不仅是为了当前的农业需求，更是为了保障土壤的可持续利用。通过遵循农业可持续发展的原则，将土壤看作一个生态系统，我们可以更好地维护植烟土壤的健康，确保其可持续性和长期的生产力。

1.1.3 微生态调控的重要性

1. 微生态调控

微生态调控是指通过调整土壤微生态系统中微生物群落的结构和功能，达到促进土壤生态平衡、提高养分利用效率、抑制土壤病害和保持土壤健康的目的。这种调控不仅包括引入有益微生物，还包括调整土壤中各类微生物之间的相互作用，以及它们与植物根系的互动关系。

微生物生态调控作为一种前瞻性的农业管理策略，在植烟土壤保育方面具有深远的意义。这种方法的核心是通过引入、促进或调整土壤微生物群落，优化土壤生态系统的结构和功能。其中，引入有益微生物是微生物生态调控的关键手段之一。如引入的拮抗性细菌和真菌，通过在土壤中产生的抑制物质和竞争机制，抑制病原微生物的繁殖，提高土壤的抗病性。引入的固氮微生物，通过将氮气转化为可供植物吸收的形式，增强土壤的氮循环，提高养分利用效率。引入的植物伴生微生物，通过与植物根系协同作用，促进植物生长，进一步提高产量。在土壤改良方面，有机质和生物质的施用是微生物生态调控的另一项重要措施。有机肥料的应用，如堆肥和腐熟的有机物，不仅为土壤提供养分，还为微生物提供丰富的碳源，促进其繁殖和代谢活动。植物残体还田则通过将植物残体埋入土壤，不仅为植物生长提供了碳源，还能够丰富土壤中的有机质，为微生物的生存创造了有利条件。在种植结构的调整方面，轮作和间作制度起到了积极的作用。轮作不同植物能够改变土壤中的养分结构和微生物群落的组成，减少植物病害的发生，改善土壤的健康状态。间作制度通过在同一土地上同时种植两种或多种植物，促进土壤中微生物的多样性，减少土传病害的发生，促进土壤生态系统的平衡。在土壤质地和结构的改善方面，无耕作和覆盖栽培方式发挥了重要作用。无耕作方式减少了对土壤微生物群落的干扰，保留了其丰富性。覆盖栽培通过在土壤表面覆盖物料，维持土壤湿度，减轻温度波动，为微生物提供了适宜的生存环境，促进了土壤生态系统的平衡。生物有机肥的应用是微生物生态调控中的一个重要环节。不同于化学肥料，生物有机肥，如蔬渣、菌肥、藻肥等，富含有机质和微生物，对土壤结构和微生物多样性的改善有显著的促进作用。另外，为了保持土壤微生态平衡，合理施用化学肥料和农药是不可或缺的。有针对性地施肥是根据土壤测试结果调整养分供应，避免过度施肥，减少对微生物群落的负面影响。同时，使用生物农药，如微生物制剂，有助于控制害虫和病原微生物的繁殖，降低对土壤中微生物的伤害。这些方法可以单独或结合使用，形成多层次的生态管理策略，为植烟土壤保育提供了深刻而系统的科学基础。微生物生态调控的应用不仅有助于提高土壤质量、保持植物健康和实现农业生产的可持续性，更为整个植烟产业的健康发展奠定了坚实的基础。

2. 微生态调控对植烟土壤保育的意义

（1）促进养分循环和有机质分解

深入理解微生态调控机理对于植烟土壤保育至关重要。在植烟土壤中，通过微生态调控可优化养分循环。有益微生物在分解有机质过程中，通过分泌酶类和代谢产物，将有机质转化为可供植物吸收的养分，从而提高土壤的肥力。

（2）抑制土壤病害

微生态调控还涉及抑制土壤病害的机制。引入有益微生物，如拮抗性细菌和真菌，可以在土壤中形成天然的抵抗力网络，通过竞争、生产抑制物质等手段抑制病原微生物的生长。这种生态防御机制有助于降低作物对化学农药的依赖，减轻环境压力。

（3）改善土壤结构和通气性

微生态调控还可以影响土壤的物理性质，如结构和通气性。有益微生物的活动可以促进土壤颗粒的结合，形成更为稳定的土壤结构，提高土壤通气性，使植物根系更好地吸收氧气和养分。这对植烟土壤的特殊性，尤其对改善根系通气性，具有显著的意义。

3. 微生态调控以实现植烟土壤的可持续性

（1）提高养分利用效率

植烟作物对养分的需求相对较高，而传统的施肥方式往往效果有限。通过微生态调控，可以引入对养分有高效利用能力的微生物，协助植烟土壤更有效地吸收和利用养分，从而提高养分利用效率，减少化肥的使用量。

（2）减少化学农药对环境的影响

传统农业中过度使用化学农药可能导致土壤中微生物群落的破坏，从而导致土壤生态平衡的破坏。微生态调控作为一种生物防治手段，可以减少作物对化学农药的依赖，减轻对土壤微生态系统的干扰，有助于维护植烟土壤的生态健康。

（3）促进土壤生态系统的稳定性

微生态调控有助于恢复土壤中微生物的多样性和平衡，构建更为稳定的土壤生态系统。这种稳定性对于植烟土壤的长期健康和可持续性至关重要，有助于避免土壤退化、提高植烟产量，并减缓土壤质量的下降趋势。

（4）保障植烟产业的可持续发展

通过微生态调控，可以更好地保障植烟产业的可持续发展，保护植烟土壤的生态平衡，不仅有助于提高烟草产量和质量，还有助于维护土地的生态健康，为未来的烟草种植创造更加可持续的条件。

通过科学实施微生态调控手段，可以更好地实现植烟土壤的可持续性，推动植烟产业的健康发展。

1.2 植烟土壤的微生态特征和微生态调控

1.2.1 植烟土壤的微生态特征

（1）微生物的多样性

植烟土壤微生物多样性是土壤生态系统健康的关键指标之一。通过高通量测序技术的广泛应用，我们能够深入了解植烟土壤微生物群落的组成和多样性。研究表明，植烟土壤中存在丰富的细菌、真菌、放线菌等微生物，形成了复杂而动态的生态网络。

植烟土壤中的微生物多样性惊人。各类细菌如酸杆菌（acidobacteria）、放线菌（actinobacteria）、变形菌（proteobacteria）等在不同土层呈现出不同的相对丰度，揭示了土壤中微生物在空间的分布差异。真菌方面，担子菌（basidiomycota）、子囊菌（ascomycota）等的存在，形成了与细菌互补的多样性网络。此外，放线菌也是植烟土壤微生物群落的重要组成部分。

（2）群落组成的时序性

微生物多样性的时序变化也是微生态特征之一。通过跨季节的监测，能够揭示植烟土壤中微生物在不同季节的群落动态。春季和夏季可能是微生物多样性的高峰期，而在秋季和冬季则可能有所下降。这种时序变化与季节性的温度、湿度等环境因素密切相关，为深入理解植烟土壤微生物群落的适应性和稳定性提供了重要参考。

（3）微生物的多功能性

微生物功能的研究关注微生物在土壤生态系统中所扮演的具体角色。在植烟土壤中，不同的微生物功能群对土壤健康和植物生长具有独特的贡献。

氮循环微生物是植烟土壤微生物功能群的重要组成部分。氨氧化细菌（ammonia-oxidizing bacteria）和反硝化细菌（denitrifying bacteria）等微生物在植烟土壤中发挥着关键作用。氨氧化细菌参与氨氮向硝酸盐的转化过程，为植物提供有效的氮源。反硝化细菌则促使硝酸盐还原成气体形式，实现氮的释放，进而形成土壤氮循环的闭合。

磷溶解微生物也是植烟土壤中的重要功能群。磷对植物生长至关重要，但通常以无机形式存在于土壤中。磷溶解微生物如溶磷菌（phosphate-solubilizing bacteria）和溶磷放线菌（phosphate-solubilizing actinomyces）能够分泌酸和酶，将固定的无机磷转化为植物可吸收的有机磷，提高土壤磷素的利用率。

1.2.2　植烟土壤微生态调控作用机理

1.恢复和维持微生态平衡

植烟土壤微生态平衡是土壤生态系统健康和农业可持续发展的基础。有益微生物和植物伴生微生物,可以调整土壤中微生物的种类和数量,减少病原微生物的侵害,提高土壤的抗病能力。

在植烟土壤中引入一些具有益生作用的微生物,特别是固氮微生物和磷溶解微生物,有助于恢复土壤生态平衡。固氮微生物通过将大气中的氮转化为植物可吸收的形态,为植物提供重要的氮源,促进其生长发育。磷溶解微生物则能够将土壤中的磷转化为可被植物吸收利用的形式,增加植物的磷供应,进而提高其养分吸收效率。植物伴生微生物,尤其是丛枝菌根真菌(arbuscular mycorrhizal fungi,AMF),对维持植烟土壤微生态平衡具有关键作用。丛枝菌根真菌能够与植物根系形成共生关系,通过与植物根系交换养分,提高植物对养分的利用效率。这种共生关系还有助于提高植物对逆境的抵抗能力,增加植物的生存竞争力,从而在微观层面维持土壤生态平衡。

微生物在土壤生态系统中扮演着不可或缺的角色,它们通过多种方式对土壤结构的稳态进行调节。这种调节不仅涉及土壤的化学和物理特性,还直接影响着植物的生长、有机物质的分解、养分的循环以及整个生态系统的稳定性。

微生物参与有机质的分解和循环过程。它们分解有机废物、植物残渣等有机物质,将其转化为可被植物吸收利用的无机养分。这些过程包括腐殖化、矿化和蛋白质分解等,是土壤有机质分解和循环过程的关键步骤。微生物的活动速率和多样性直接影响着这些有机质的分解速度和养分释放速率,从而调节土壤中有机物质的循环和稳态。此外,微生物还参与了土壤中多种养分元素如氮素、磷素、钾素等的转化和释放过程,它们通过固氮、矿化、硝化、铵化、磷酸化等反应,将有机养分转化为无机养分,或者释放土壤中原有的无机养分,为植物生长提供养分。微生物的代谢活动和群落结构直接影响养分的转化速率和释放速率,进而影响土壤养分循环的稳态。微生物通过产生胶体物质、与黏土矿物发生黏土化作用、形成胞聚体等方式,参与了土壤结构的稳定和改善过程。它们能够黏结土壤颗粒,形成稳定的土壤团粒,增加土壤的团聚体含量和胶结性,提高土壤的结构稳定性。微生物还通过形成土壤生物通道、促进根系生长等方式,改善土壤的通气性和渗透性,增加土壤的透水性和水分保持能力,维持土壤结构的稳态。此外,微生物通过产生抗生素、产生生物胺、激活植物免疫系统等方式,参与土壤中病原微生物的抑制过程。它们能够抑制土壤中病原微生物的生长,保护植物免受病害侵害,维持植物健康,从而维持土壤生态系统的稳态。

植烟土壤维持微生态平衡的调控机理主要分为四部分：

(1)抑制有害微生物的生长。引入有益微生物的一个重要作用是通过与有害微生物竞争和抑制有害微生物的生长，减缓土壤病原微生物的扩散。有益微生物占据了生态位，利用有害微生物所需的养分和空间，阻止其对植物和土壤的侵害。这种竞争关系是维持微生态平衡的重要机制之一。

(2)减轻土传病害压力。引入的有益微生物还可以通过减轻土传病害压力来维持微生态平衡。一些病原微生物需要在土壤中寄生或存活一段时间，因此可以通过引入能够侵害这些有害微生物的有益微生物，有效减轻土传病害的发生。这种生物防治方式有助于实现土壤生态系统的稳定和可持续发展。

(3)提高土壤抗病性。有益微生物通过与植物形成共生关系，激活植物的防御系统，增强植物对病原微生物的抵抗能力。这种植物免疫系统的激活不仅依赖有益微生物本身的防御代谢产物，还包括一系列植物基因的表达调控。这种协同作用在土壤中形成了一个相对稳定的防御系统，能够对抗外来的病原微生物。

(4)促进土壤微生物多样性。引入的有益微生物可以促进土壤微生物多样性，形成一个相对平衡的微生态系统。微生物多样性对于维持土壤生态平衡和抑制某些特定病原微生物的大规模爆发具有重要作用。多样化的微生物群落在互相竞争和协同作用中形成了一个相对稳定的状态，对土壤生态系统的健康起到了至关重要的作用。

通过引入有益微生物和调节植物伴生微生物，从而维持植烟土壤微生态平衡成为一种可行的生态农业管理策略。深入了解这些调控机理对于更好地利用土壤生态系统功能，提高农业生产效益和土壤质量具有重要的理论和实践意义。

2. 促进植物生长

植烟土壤微生态系统作为一个庞大而复杂的生态网络，对烟草的生长发育具有深远而积极的影响。在这个微观世界里，真菌、细菌等微生物群落与烟草根系构建了一个相互促进的共生体系，为烟草提供了养分、保护机制、生长激素以及其他生态支持。这种微生态系统的促进作用对烟草的生长和品质具有重要意义，引起了广泛的关注。

在植烟土壤中，共生固氮微生物被认为是烟草生长的关键推动力之一。其将大气中的氮气转化为植物可吸收的形式，直接促进了烟草对氮的吸收。氮是植物合成蛋白质、核酸等重要成分的基础元素，其充足的供应对烟草的生长至关重要。此外，共生固氮微生物还产生多种生长激素，如吲哚乙酸(IAA)，直接参与了植物的生长调控，使烟草呈现出更为旺盛的生长态势。除了共生固氮微生物，植烟土壤中的其他微生物也发挥着不可忽视的作用。植物根际促生菌(PGPR)通过调节土壤微生物群落，提高土壤中的养分利用效率，为烟草的健康生长创造良好的土壤环境。这些微生物能够分泌激素、产生有机酸，促进土壤中难溶性磷的溶解，提高磷的利用率，进而促进烟草的生长。在微生态系统中，真菌也发挥着重要的作用。丛枝菌根真菌通过形成与植物根系的共生关系，增加了烟草根系的吸收表面积，提高了烟草对水分和矿物质的吸收能力。此外，一些植物生长促进真菌也参与了土壤有机质的降解，释放出植物所需的养分，为烟草的生长提供了直接的支持。

生物多样性的维持和调控是植烟土壤微生态系统发挥烟草生长促进作用的关键。通过提高土壤微生物的多样性，可以更好地应对外界环境变化，增加土壤中有益微生物的种类和数量。这不仅有助于改善土壤结构、提高土壤通气性和保水性，也为烟草提供了更为稳定和丰富的养分。总体而言，植烟土壤微生态系统的促进作用是多层次、多因素交互作用的结果。在这个微观世界中，微生物与植物形成了错综复杂的关系网络，构建了一个相互依存、共生共荣的生态系统。深入理解这一微生态系统对烟草生长的促进作用，不仅有助于科学理解土壤植物互动机制，更为制定可持续农业管理策略提供了有力的理论支持。

（1）固氮菌。固氮菌可以参与氮供应过程，通过将空气中的氮气转化为植物可吸收的氨或亚铵态氮，为植物提供了直接的氮源。氮是植物生长所需的重要元素，对植物蛋白质合成、细胞分裂等过程至关重要。因此，固氮菌的活动直接促进了植物对氮营养的吸收，提高了植物的生长速率。

（2）丛枝菌根真菌。丛枝菌根真菌与植物根系形成共生关系，通过真菌菌丝扩大植物根系的有效吸收面积，提高植物对水分和矿物质的吸收能力。除了能促进养分吸收，丛枝菌根真菌还能提高植物抗逆性。丛枝菌根真菌通过与植物共生，激活植物的抗逆机制，增强植物对逆境环境（如干旱、盐碱）的耐受性，从而促进植物生长。

（3）溶磷菌。溶磷菌能够溶解土壤中难溶性的磷化合物，将其转化为植物可吸收的磷，从而提高植物对磷的有效利用，促进植物生长。一些溶磷菌产生的生长促进物质，如激素和有机酸，能够直接刺激植物的生长，加速植物根系的发育。

（4）植物生长促进细菌（plant growth-promoting rhizobacteria，PGPR）。除了固氮微生物外，一些 PGPR 也能够促进氮的固定和释放，提供植物所需的氮源。另外，PGPR 可产生植物生长激素，如赤霉素和生长素，直接影响植物的生长和发育。

（5）植物生长促进真菌（plant growth-promoting fungi，PGPF）。PGPF 参与土壤有机质的分解，促进养分的释放，可为植物提供额外的养分。除此之外，一些 PGPF 与植物根系形成互惠共生关系，可提高植物的生存竞争力，促进其生长。

3. 刺激植物免疫

植烟土壤微生态系统中的微生物通过产生抗生素和生物化合物、激活植物免疫系统、产生植物生长调节物质以及调节植物激素水平等直接作用机制，刺激植物免疫系统，提高植物对病害的抵抗能力，从而促进植物的健康生长。

（1）产生抗生素和生物化合物。一些土壤微生物可以产生抗生素和生物化合物，直接抑制土壤中的病原微生物的生长。这些抗生素和生物化合物能够降低病原微生物的种群密度，减少其对植物的感染，从而改善植物的健康状况。

（2）激活植物免疫系统。部分土壤微生物可以通过激活植物的免疫系统来提高其抗病性。这些微生物产生信号分子，如水杨酸、一氧化氮等，激活植物的防御反应，诱导植物产生抗病蛋白质和抗氧化物质等防御物质，从而提高植物对病原微生物的抵抗能力。

（3）产生植物生长调节物质。一些微生物可以产生植物生长调节物质，如吲哚乙酸等植物生长素，以及茉莉酸等植物抗病素。这些物质直接影响植物的生长和抗病性，促进植物根系的生长和发育，提高植物对病原微生物的抵抗能力。

（4）调节植物激素水平。微生物可以通过调节植物的内源激素水平来影响植物的生长和抗病性。例如，一些微生物能够诱导植物产生较高水平的茉莉酸，从而增强植物的防御反应，提高其对病原微生物的抵抗能力。

4. 改善土壤结构

植烟土壤微生态系统中的微生物通过分解有机质、促进胶体和黏土矿物的黏土化作用、利用根际物质、形成微生物胞聚体、形成土壤微生物通道等多种机制，影响土壤结构的形成和稳定，从而改善和提高土壤的物理性质和水土保持能力。

（1）有机质分解和腐殖化作用。土壤中的微生物可以分解有机质，如植物残体、根系分泌物等，使其转化为更稳定的有机质，促进土壤有机质的积累和腐殖化作用。这些有机质可以黏结土壤颗粒，增加土壤团聚体的稳定性，改善土壤结构。

（2）胶体和黏土矿物黏土化作用。土壤微生物可以分泌糖胺聚糖、多糖酶等胶体物质，与黏土矿物发生胶结作用，促进胶体的黏土矿物的黏土化作用，增加土壤的胶体含量和胶结性，增强土壤的结构稳定性。

（3）根际物质的作用。植物根系分泌的有机酸、氨基酸、植物生长激素等物质，能够溶解土壤中的矿物质、改变土壤 pH，促进土壤胶体粒子的团聚和胶结，有助于改善土壤结构。

（4）微生物胞聚体的形成。部分土壤微生物能够产生胞聚体，这些微生物胞聚体与土壤颗粒形成复合体，促进土壤颗粒的黏结和团聚，增强土壤团粒稳定性。

（5）土壤微生物通道的形成。土壤微生物在土壤中活动时，会在土壤中形成微生物通道，这些通道可以提高土壤的通气性和渗透性，增强土壤的透水性和水分保持能力，有利于改善土壤结构。

（6）根系与微生物共生。根系与土壤微生物形成共生关系，通过植物根系分泌的根际物质和微生物的代谢产物，促进土壤胶体的团聚和胶结，改善土壤结构，增加土壤孔隙度，提高土壤通气性和水分保持能力。

5. 促进生物活性分子和土壤酶的产生

植烟土壤微生态系统中的微生物通过产生生物活性分子和土壤酶，参与多种土壤生物、化学和物理过程，对土壤的结构和功能发挥着重要的调控作用。这些生物活性分子和土壤酶的产生直接影响土壤的养分循环、有机质分解和矿化、植物健康等方面，从而维持植烟土壤生态系统的稳定性和可持续性。

（1）生物活性分子的产生。一些土壤微生物能够产生抗生素类物质，如青霉素、链霉素等，用于抑制土壤中病原微生物的生长，从而保护植物免受病菌侵害。另外，微生物产生的植物生长调节物质如吲哚乙酸、赤霉素等，可以促进植物的生长和发育，提高植物对逆境的抵抗能力。部分微生物能够形成生物胞聚体，这些胞聚体可以黏结土壤颗粒，形成稳定的土壤团粒，改善土壤结构，提高土壤通气性和水分保持能力。一些微生物能够产生挥发性有机质，如甲醇、乙醇等，这些物质可以影响土壤中的微生物群落结构和活性，从而调节土壤生态系统的稳定性和功能。

（2）土壤酶的产生。土壤微生物能产生多种酶类，包括蛋白酶类、脂肪酶类、糖类酶、氧化酶、磷酸酶类等。蛋白酶类用于分解有机质中的蛋白质成分，促进有机质的分解和矿化，提高土壤中的氮素利用率。脂肪酶类用于分解有机质中的脂肪成分，促进有机质的降解和矿化过程。糖类酶包括葡萄糖酶、纤维素酶等，用于分解有机质中的糖类成分，促进有机质的分解和矿化。氧化酶如过氧化氢酶、过氧化物酶等，可以促进土壤中的有机质降解或分解。磷酸酶用于分解有机磷成分，提高土壤中的磷素利用率。

1.3　微生态调控对养分的影响

1.3.1　微生态对植烟土壤中的养分循环的影响机制

土壤是生态系统中不可或缺的组成部分，承载着丰富的微生物群落以及重要的养分循环过程。微生物作为土壤中的重要参与者，对土壤养分循环以及氮循环发挥着重要的作用。本节将探讨微生物对土壤养分循环与氮循环的影响，进一步加深对土壤生态功能的理解。

1. 微生物在土壤养分循环中的作用

（1）有机质分解与养分释放

土壤中的有机质主要由植物残体以及微生物的死亡体组成，而微生物在土壤中扮演着分解有机质的重要角色。由于微生物能够分解有机质，将其转化为无机养分，进而释放到土壤中，为植物提供所需的养分。微生物通过分泌腐殖质酶、蛋白酶等，将复杂的有机质分解为较简单的有机质，再进一步分解为脂肪酸、糖类、氨基酸等，使其能够被植物吸收利用。

（2）氮素转化

氮循环是土壤微生态中极为重要的一环，而微生物对其具有重要作用。在土壤中，微生物通过氮素转化过程，将有机氮转化为无机氮，从而促进氮素的有效利用。具体而言，微生物参与了氨化、硝化、反硝化等关键过程。其中，氨化是指微生物将有机氮分解为氨，再进一步合成氨基酸等形式的无机氮。硝化过程中，一部分微生物将氨氧化为亚硝酸，亚硝酸再被其他微生物氧化为硝酸盐。而反硝化则是将硝酸盐还原为氮气等形式，从而使氮素在环境中循环利用。

2. 微生物对土壤氮循环的影响

（1）提高氮素利用效率

微生物参与氮素的转化过程，使氮素能够以植物可利用的形式存在于土壤中。通过分解有机氮、固定氮气等过程，微生物释放出大量的氨和硝酸盐等形式的无机氮素，从而为植物提供养分。植物无法直接吸收氮气，而微生物在土壤中将氮气转化为氮素，提高了氮素的利用效率，促进了植物的生长。

（2）调节土壤氮素循环平衡

微生物通过自身的代谢活动和调控作用，对土壤中氮素的循环平衡产生重要影响。例如，微生物在氨化过程中吸收氨气，从而抑制了氨的积累。在硝化过程中，微生物活动促进了硝酸盐的形成。而在反硝化过程中，微生物通过还原反应将硝酸盐转化为氮气，从而调控了土壤中硝酸盐的含量。微生物的这些调节作用，可以使土壤氮循环保持平衡，避免氮素过度积累，从而维持土壤的肥力。

（3）促进土壤固氮

微生物对土壤氮循环的促进作用还表现在固氮过程中。一些特定的土壤微生物，如根瘤菌、蓝藻等，具有固氮能力。它们能够将大气中的氮气固定为植物可利用的形式，为植物提供氮素养分。这种固氮方式不仅通过微生物的活动提高了土壤中的氮素利用率，还减少了农业生产中对化肥的依赖，对生态环境起到了积极的保护作用。

综上所述，微生物在土壤养分循环与氮循环中扮演着重要角色。其通过有机质分解与养分释放，促进了土壤中养分的有效利用；通过氮素转化，调控了土壤氮循环的平衡；同时，一些微生物还能够通过固氮过程为植物提供所需的氮源。

了解微生物对土壤养分循环与氮循环的影响，有助于我们更好地保护土壤生态系统，促进农业可持续发展。

1.3.2　微生态对植烟土壤中的养分转化的影响机制

生态学是研究生物和环境之间关系的学科，其中微生物在生态体系中扮演着重要的角色。微生物可以直接参与物质的分解、转化和循环过程，不仅影响着生态系统的稳定性和功能，同时对人类的农业生产有着重要的影响。其中，微生物对土壤养分转换的调控尤为重要，本节将对这方面进行探讨。

1. 微生物在土壤养分转换中的作用

土壤是地球上重要的生态体系之一，是支撑陆地生态系统的基础。作为土壤中最重要的组成部分，微生物在土壤养分循环中发挥着重要的作用。微生物通过分解有机质，将其转化为植物可以直接利用的无机形态，促进土壤中养分的循环和更新。同时，微生物可以通过固氮作用提供植物所需的氮源，从而增加土地的肥力。此外，微生物还可以通过与植物根系共生，提高植物对养分的吸收效率，加速植物的生长发育。

2. 微生物对土壤养分转换的调控

微生物通过多种方式对土壤养分转换进行调控，其中最重要的方式包括以下几个方面。

（1）微生物群落的多样性

微生物群落的多样性对土壤养分转换起着关键作用。不同种类的微生物在分解、转化和循环养分过程中有着各自的特点和功能，多样性的微生物群落能够提高土壤养分的利用效率和循环速率。因此，保持土壤微生物群落的多样性对维持土地的肥力和生态系统的稳定性至关重要。

（2）微生物的代谢过程

微生物通过代谢过程转化和释放养分，同时影响着土壤中微量元素和有机质的转化和循环。微生物代谢的酶的活性能够影响土壤中的养分含量及其转换速率。微生物在植烟土壤中参与有机质的分解过程，将有机质分解成更简单的有机化合物和无机质。这些简单化合物经过矿化作用后，会释放出养分，如氮、磷、钾等，这些养分对于烟草生长至关重要。比如，氮素转化方面，微生物在土壤中参与氮素的转化过程，包括氮的固定、氨化、硝化、脱氮等反应。氮素的形态和可利用性对于烟草生长具有重要影响。例如，氮的硝化作用可以将氨氮转化为硝酸盐形式，提供烟草所需的氮源。磷循环方面，微生物在植烟土壤中也参与磷的转化过程。一些微生物能够分泌磷酶等酶类，促进有机磷的矿化和无机磷的释放，提高土壤中磷的有效性，从而促进烟草的生长。此外，一些微生物通过分泌有机酸等物质，调节土壤的酸碱度，影响土壤中养分的形态和可利用性。适宜的土壤酸碱度有利于促进植物根系对养分的吸收和利用。因此，研究微生物代谢过程对土壤养分转换的调控是探讨土壤养分循环机制的重要途径。

(3)微生物的共生关系

微生物和植物之间的共生关系对土壤养分转换有着重要的影响。微生物能够通过与植物共生，提供植物所需的养分，从而促进植物的生长发育。根际微生物对于土壤中养分的转化也起着重要作用。与植物形成共生关系的微生物可以帮助植物吸收土壤中的养分，提高植物的养分利用效率。同时，植物根系会分泌很多物质来促进微生物的生长繁殖。因此，在土壤栽培和农业生产中，合理调控微生物和植物之间的共生关系也是提高土壤肥力和作物产量的重要途径。

3. 微生物在土壤养分转化中的研究现状和发展趋势

目前，生态学界对微生物在土壤养分转换中的研究已取得了很多重要进展。随着分子生物学和生物技术的不断发展，研究者能够更加深入地了解微生物群体的结构和功能特点，从而探究微生物是如何对土壤养分转换进行调控的。同时，近年来的研究显示，生物碳固定也可能通过微生物代谢过程对土壤养分转换产生影响。因此，微生物的作用和调控机制也是学界研究的热点之一。

微生物在植烟土壤养分转化中的研究仍然存在一些挑战和待解决的问题。以下是这一领域的研究现状和发展趋势：

(1)分子生态学方法的应用。近年来，随着分子生态学方法的发展，研究者能够更深入地探究微生物群落的结构、功能和代谢特征。通过采用高通量测序技术、同位素示踪技术等手段，可以更精细地研究植烟土壤中微生物对养分的转化过程，从而揭示微生物群落结构与功能之间的关联，以及微生物对植烟土壤养分循环的影响机制。

(2)微生物资源的发掘与应用。一些研究致力于从植烟土壤中筛选和培育具有促进养分转化功能的有益微生物，如磷溶解微生物、氮素转化微生物等。这些有益微生物可以作为生物肥料或生物调节剂应用于植烟土壤中，以增强土壤中养分的供应和提高植物对养分的吸收利用效率。

(3)生物技术的发展与应用。生物技术的不断发展也为植烟土壤养分转化的研究提供了新的手段和思路。比如，利用基因编辑技术改良有益微生物的功能，或者利用代谢工程技术培育具有高效养分转化能力的微生物菌种，以实现对植烟土壤养分循环的精准调控。

(4)生态系统级别的研究。除了对微生物在植烟土壤中养分转化过程的单个环节进行研究外，还有一些研究者致力于从生态系统的角度探讨微生物在养分循环中的作用。这些研究可以更全面地了解植烟土壤中微生物与植物、土壤和环境之间的相互作用，从而为优化土壤管理和提高烟草生产效益提供理论支持和技术指导。

　　微生物在植烟土壤养分转化中的研究已经取得了一定的进展，但仍然需要进一步深入探索微生物群落结构与功能之间的关系，发掘和利用有益微生物资源，借助生物技术手段实现对养分循环的精准调控，并从生态系统级别理解微生物在植烟土壤中的作用。这些研究将有助于实现和提高烟草生产的可持续性和效益。

　　总体来说，微生物在土壤养分转换中的作用和调控机制十分重要。了解微生物在土壤养分循环中的作用机制，研究微生物群落结构的变化和微生物代谢过程对土壤养分转换的影响等，对于指导生态系统的管理和土地的持续利用，提高作物产量，保障人类的生存和发展都具有重要意义。

1.4　生态调控的实践策略

1.4.1　微生态修复技术

1. 微生态修复技术概述

　　植烟土壤作为一种特殊的农业生态系统，长期以来受到烟草种植的影响，其微生物群落可能遭受了严重的破坏，养分循环也可能出现了紊乱。为了解决这一问题，微生态修复技术应运而生，成为一种广受关注的土壤修复手段。

　　微生态修复技术是一种基于生态学原理的创新方法，其核心理念是通过引入有益微生物、植物或调整土壤环境等手段，恢复土壤的微生物群落结构和功能，最终提高土壤的健康水平。在植烟土壤中，这种技术的应用旨在重建土壤微生态平衡，改善烟草植株的生长状况，实现农业生产的可持续发展。

　　为了更好地理解微生态修复技术，我们从其核心原理进行分析。首先，微生态修复技术致力于调整土壤的生态平衡，减少有害生物的数量，提高有益微生物的比例。这种技术通过引入适应植烟环境的植物或微生物，在根际和土壤中建立更为稳定的微生态环境。同时，微生态修复技术注重发挥根际植物的协同效应，利用植物根系释放的有机质和激发的土壤微生物活性，促进土壤中的有益微生物与植物之间的协同互动。这种协同效应有助于构建一个更加有机的土壤生态系统，为烟草植株提供更多的养分和生长支持。

　　此外，微生态修复技术还着眼于养分循环的恢复。在植烟土壤中，养分循环对于植物的生长至关重要。微生态修复技术可以促使土壤中的养分得到更加合理的循环利用，减少养分的流失，有助于提高烟株对养分的利用效率，从而改善土壤的整体营养状况。

　　植烟土壤微生态修复技术的重要性不仅体现在土壤生态健康的提升上，更表现在其对环境的积极影响方面。通过减少农业生产对化肥和农药的依赖，微生态修复技术有助于减轻环境压力，降低农业对生态系统的负面影响。微生态修复技术的实施不仅能够提升土壤的生态系统服务能力，如水土保持、气候调节能力等，还有助于建立更为可持续的农业生产体系。

在实际应用微生态修复技术时，需要综合考虑不同土地类型和气候条件。因此，根际植物的选择和微生物剂的施用成为关键环节。选择适应植烟环境的根际植物，并通过科学的管理措施，有助于最大程度地发挥微生态修复技术的作用。同时，微生物剂的选择和施用方式也需要因地制宜，确保有益微生物在土壤中能够有效存活和发挥作用。

总体而言，植烟土壤微生态修复技术具有广阔的应用前景。在未来的研究和实践中，有望通过不断创新和改进，使这一技术体系更好地适应不同的土地和气候条件，从而推动其在全球范围内的广泛应用，为农业生产和环境保护做出更大的贡献。

2. 植烟土壤微生态修复技术的基础

植烟土壤微生态修复技术的基础根植于对土壤生态系统的深刻认识。土壤作为地球上至关重要的生态系统之一，承载着无数微生物、植物和动物，构成了一个错综复杂的生物网络。在此生物网络中，微生物起着至关重要的角色，它们参与养分转化、有机质分解、抑制病原微生物等关键过程，直接影响着土壤的健康和生态功能。然而，随着农业的不断发展，特别是烟草种植的广泛开展，土壤生态系统面临着严峻的挑战。烟草种植通常伴随着化肥、农药等化学制品的过度使用，导致土壤微生物群落受到破坏，土壤结构疏松，养分流失严重，土壤生态系统失去平衡。植烟土壤由于长期种植烟草，可能面临微生物群落失衡、养分紊乱等问题。微生态修复成为改善土壤生态环境的一种重要手段。在制定修复方案时，需要考虑植烟土壤的特征，如烟草植株的需求和土壤中可能存在的问题。因此，寻求有效的植烟土壤微生态系统修复技术成为当务之急。

研究人员和农业专家们探索了各种修复方法。微生态修复技术主要依托于微生物的特殊功能和微生物与土壤环境的密切关系，通过调节土壤微生物群落结构，提高土壤养分循环效率，改善土壤生态系统的状态。微生态修复技术的主要手段包括引入有益微生物、应用土壤修复植物、使用生物改良剂等。通过使用这些手段，可以增加土壤中微生物的多样性，促进土壤中养分的释放和循环利用，改善土壤结构，从而实现对植烟土壤微生态系统的有效修复。

微生态修复技术的发展也基于对土壤生态系统的深入理解和技术手段的不断提升。随着分子生态学方法的发展，研究者们能够更准确地分析土壤微生物群落的结构和功能，发现和利用具有特殊功能的微生物资源。同时，生物技术的进步也为微生态修复技术提供了新的思路和方法，比如应用基因编辑技术，可以培育具有特定功能的微生物菌种，实现对土壤生态系统的精准调控。综合来看，植烟土壤微生态修复技术的发展趋势是多方面的，既包括对传统修复手段的不断完善和改进，也包括对新兴技术的积极探索和应用，这些为植烟土壤微生态系统的修复和保护提供了更为可行和有效的途径。

3. 微生态修复技术的主要方法

微生态修复技术作为一种改善植烟土壤微生态环境的综合性方法，其主要包括对根际植物的应用和微生物剂的使用。

在根际植物的应用方面，除了选择适应植烟环境的植物外，还可以进一步探讨不同根际植物对土壤微生态的具体影响。这包括研究根际植物的根系分泌物质的成分及作用机制，以及根系形态对土壤结构和微生物根际群落的影响。此外，还可以探讨根际植物与土壤微生物之间的相互作用机制，例如根际植物通过根系分泌物质吸引有益微生物、抑制土壤病原微生物的生长等。这些研究将有助于深入理解根际植物在植烟土壤微生态修复中的作用机制，从而更好地指导生产实践。

在微生物剂的使用方面，除了选择适宜的微生物剂外，还可以进一步研究微生物剂的生物学特性和功能。这包括研究微生物剂的菌种组成、代谢特性、生长适应性，以及微生物剂对土壤微生物群落结构和土壤养分循环的影响等。此外，还可以探索微生物剂与根际植物的协同作用，比如微生物剂在根系附近的生长状况以及与根际植物的相互作用。这些研究将有助于优化微生物剂的选择和施用方式，提高微生态修复技术的使用效果和持续性。例如，在植烟土壤中可能存在养分失衡、土壤酸化等问题，可以引入一些生物菌剂，如固氮细菌、溶磷细菌等，以促进氮、磷等养分的循环利用。此外，一些具有生物防治功能的微生物也可以作为微生物剂应用于植烟土壤中，如枯草芽孢杆菌等，有助于抑制土壤病原微生物的生长，减少病害发生。微生物剂的施用方式多样，可以通过土壤施用、根际接种等方式实现。例如，将微生物剂与种子一同施入土壤中，或者将微生物剂溶解在水中，浇灌到根际区域，使微生物能够充分接触土壤并发挥作用。

总体来说，对微生态修复技术的主要方法进行更详细的探讨和研究，有助于深入理解其作用机制，优化技术方案，提高修复效果，推动植烟土壤微生态环境的改善和保护。

4. 微生态修复效果的评估

1）土壤生物学指标的监测。下面介绍监测土壤微生物群落结构和丰富度的方法。

磷脂脂肪酸（PLFA）分析：PLFA 分析是一种常用的土壤生物学监测方法，它通过分析土壤中的磷脂脂肪酸来定量检测不同微生物群落的结构和组成。不同类型的微生物具有特定的脂肪酸组成，通过测定土壤中各种脂肪酸的含量，可以了解土壤微生物群落的多样性、活性和生物量。例如，细菌的 PLFA 主要包括分枝链脂肪酸、直链脂肪酸等，真菌的 PLFA 主要包括长链不饱和脂肪酸等。通过比较修复前后土壤中不同脂肪酸的含量和组成，可以评估微生态修复技术对土壤微生物群落结构的影响。

生物量测定：通过测定土壤中微生物的数量来评估微生态修复技术的效果。常用的方法包括直接计数法、生物量碳测定法等。直接计数法通过显微镜直接观察土壤中的微生物形态和数量；生物量碳测定法则通过测定土壤中的微生物碳含量来间接反映微生物的数量。通过这些方法，可以了解微生态修复技术对土壤微生物数量的影响，从而评估修复效果。

酶活性测定：土壤中的酶活性是反映土壤微生物代谢活跃程度和土壤养分循环能力的重要指标之一。常用的酶活性指标包括脲酶、过氧化氢酶、碱性磷酸酶等。通过测定土壤中这些酶活性的变化，可以了解微生态修复技术对土壤微生物代谢活跃程度和土壤养分循环能力的影响。例如，提高土壤中脲酶活性可以促进氮素的矿化和循环利用。

2）植物生长状况的评估。分析微生态修复技术对烟草植株生长的影响。具体方法包括：

植物生物量测定：测定植物的生物量是评估其生长状况的常用方法之一。可以通过称重法或体积法来测定植物地上部分（如茎、叶）和地下部分（如根）的生物量。其可以直观地反映植物的生长状态，包括生长速率和生长量的变化。同时，可以对不同处理组之间的生物量进行比较，以评估微生态修复技术对植物生长的促进效果。

植物叶绿素含量测定：植物叶绿素含量是评估植物叶片光合作用能力和生长状态的重要指标之一。可以通过叶片样品的取样和叶绿素含量的测定来分析植物的生长状态。常用的测定方法包括叶绿素荧光法和使用叶绿素含量测定仪等。通过比较不同处理组的叶绿素含量，可以评估微生态修复技术对植物光合作用能力和生长状况的影响。

根系形态和生长状况观察：植物的根系形态和生长状况直接影响其对土壤养分的吸收和利用能力。因此，观察和评估植物的根系形态和生长状况对了解其生长状态具有重要意义。可以通过清洗土壤样品、清洗根系，测量根系长度、根系表面积和根系分支数量等指标来评估植物的根系生长状况。此外，还可以观察根系的颜色、形态和结构等特征，了解植物对土壤环境的适应能力和生长状态。

生理生化指标测定：除了叶绿素含量外，还可以测定其他生理生化指标来评估植物的生长状况，例如叶片水势、叶片相对含水量、叶片氮含量、叶片糖含量等。这些指标可以反映植物对环境胁迫的响应能力和生长状态，从而更全面地评估微生态修复技术对植物生长的影响。

评估植物生长状况的方法包括测定植物生物量、测定植物叶绿素含量、观察根系形态和生长状况以及测定生理生化指标等。通过综合运用这些方法，可以全面客观地评估微生态修复技术对植烟土壤生态环境的改善效果，为微生态修复技术的优化和改进提供科学依据。

1.4.2　土壤管理的微生态调控

科学的土壤管理实践是维护和促进土壤微生态平衡的关键。这一理念强调通过有针对性的农业操作，优化土壤中的微生物群落及其功能，以得到健康的土壤生态系统。农业实践对土壤微生态的积极影响是农业可持续发展的基石。

（1）增强土壤中有益微生物的存在与活性

科学的土壤管理可以通过合理施用有机质、合理轮作和间作、减少化学农药的使用等方式，增加土壤中有益微生物的数量和多样性。有益微生物包括植物生长促进细菌、植物生长促进真菌、丛枝菌根真菌等。这些微生物通过形成共生关系，提供植物所需的养分、增强植物对病害的抵抗能力，对维持土壤生态平衡起到了积极作用。

（2）促进有机质分解和养分释放

科学的土壤管理强调有机质的合理利用，通过合理施用有机肥料、农作物秸秆还田等方式，提高土壤有机质含量，促进有机质分解的微生物活动。有机质分解释放出的养分，如氮、磷、钾等，为植物提供了可持续的养分来源。

（3）减少农药对微生物的负面影响

科学的土壤管理倡导减少对化学农药的过度依赖，采用生物农药或者精确喷施技术，以减少农药对土壤微生态的负面影响。过量使用农药可能导致土壤中有益微生物数量减少，破坏微生态平衡，从而影响土壤健康。

（4）采用合理的轮作和间作制度

科学的土壤管理鼓励农民采用合理的轮作和间作制度。通过轮作和间作，不同农作物之间的根系分泌物质存在差异，可以维持土壤中有益微生物的多样性和平衡，防止病虫害的大面积爆发，同时提高土壤微生态系统的抵抗能力。

（5）合理施肥策略

科学的土壤管理注重合理的施肥策略，包括对氮、磷、钾等养分的平衡供应。适量施用有机肥料和矿质肥料，能够促进土壤微生物的多样性和活性，从而增加土壤的肥力和维持生态平衡。

（6）保护土壤结构和水分

科学的土壤管理强调保护土壤结构和水分。通过采用覆盖栽培、保水保墒的方法，减少土壤侵蚀和水分流失，有利于保护土壤中微生物的栖息环境，维持微生态平衡。

（7）优化灌溉管理

科学的土壤管理还注重优化灌溉管理。适度的灌溉有助于维持土壤湿度，创造适宜微生物繁殖的环境，同时通过水分传递有益微生物，促进土壤微生态平衡。

（8）采用生物技术手段

生物技术手段，如施用菌肥、酶制剂等，可以在土壤中引入有益微生物或者增强土壤中有益微生物的活性，促进土壤微生态平衡。

通过以上科学的土壤管理实践，我们能够更好地促进土壤微生态平衡，提高土壤的健康度和生产力，实现农业可持续发展的目标。

第 2 章　植烟土壤保育的微生物多样性

2.1　引言

　　微生物多样性对于维持地球生态系统的平衡和功能至关重要。微生物的种类繁多，包括细菌、真菌等，它们广泛存在于各种环境，如土壤、水体和大气中。这些微生物不仅数量丰富，而且种类多样，共同构成了地球生态系统中微观世界的重要组成部分。

　　在生态系统中，微生物参与生物地球化学循环，以细菌和真菌为例，它们具备分解有机质的能力，通过促进有机质的降解，释放出养分，为植物提供必不可少的营养元素。微生物在氮、磷、钾等元素循环过程中的作用不可或缺，这些元素是生态系统中各种生物正常生长繁殖所不可或缺的组成部分，微生物为其供给了必要的支持，保障了整个生态系统的稳定运行。

　　微生物也对植物的生长和健康具有深远的影响。一些微生物与植物根系形成共生关系，如根际细菌和真菌，它们能够为植物提供必需的养分，例如氮、磷等，从而促进植物的生长和发育。这些共生微生物还能够增强植物的抗逆性，使其更能适应各种环境压力和应对外界不利因素。更重要的是，这些微生物能够协助植物对抗病原微生物的侵袭，使植物健康生长。这种微生物与植物之间的互动关系维持了土壤健康和植物群落的稳定，它们共同构成了生态系统中重要的生物多样性网络，对整个生态系统的稳定性和功能起着关键作用。

　　微生物多样性不仅对于维持生态系统的平衡和功能至关重要，而且对生态系统的稳定性和抗逆性起着关键作用。当生态系统面临环境变化、污染以及其他压力时，拥有丰富微生物多样性的生态系统更有可能保持其结构和功能的稳定性。这是因为微生物的多样性提供了一种保险机制，使得生态系统具备更强的适应性和抗干扰能力。不同类型的微生物在生态系统中扮演着不同的角色，它们相互作用、相互依赖，形成了复杂的生物网络。这种多样性使得生态系统能够更灵活地应对外部变化,并且能够从不同的微生物群落中获取必要的资源和支持,从而提高生态系统的整体稳定性和抗干扰能力。因此,维护和促进微生物多样性对于增强生态系统的适应性和稳定性具有重要意义,这也是生态学和环境科学的重要研究方向之一。

2.2 微生物多样性与植物生长

微生物对植物的生长起到了积极的作用。它们与植物形成根际共生关系,为植物生长提供重要的支持。通过这种共生关系,微生物能够帮助植物吸收养分,包括氮、磷、钾等必需元素,从而促进植物的生长和发育。同时,微生物还能增强植物的抗逆性,使其更能够适应各种环境压力和应对外界不利因素。微生物的多样性能够提供更丰富的生态位,更好地支持各类植物的生长,进而维持植物群落的健康和稳定。

2.2.1 提供养分

植物根际微生物在土壤生态系统中发挥着多种作用,通过各种方式提供养分,如与植物根系形成共生关系、分解有机质以及参与生物地球化学循环等,为土壤健康和植物群落的稳定提供了重要保障。

1. 分解有机质

微生物在土壤中通过分解有机质,将复杂的有机质转化为更简单的有机和无机化合物。这个过程被称为腐殖质的分解,微生物通过这种分解作用,将有机质转化为植物所需的养分,为植物的生长和发育提供必要的营养物质。这一过程不仅促进了植物的正常生长,也是土壤生态系统中重要的养分循环过程之一。

2. 参与氮循环

微生物在土壤中参与了氮的循环过程,通过氨化、硝化、还原和硝酸还原等关键步骤,将有机氮转化为植物可吸收的无机氮。这一过程对于植物获取氮养分,促进植物生长发育具有重要作用。

尽管大气中的氮含量很丰富,但是植物无法直接利用大气中的氮气(N_2),其生长主要依赖于从土壤中获得的固定氮。这一过程通常在植物的根际区域发生,根际是指植物根系周围和受根系影响的土壤区域。在这里,一些特定微生物能够将 N_2 转化为氨气(NH_3),这一过程被称为生物固氮作用,它是维持生态系统中氮平衡的重要作用之一。通过微生物的参与,土壤中的氮循环得以有效进行,为植物提供了必要的氮养分,促进了植物的生长和发育。

3. 矿质化作用

磷是植物生长发育过程中不可或缺的营养元素之一，特别对于烟草等植物而言，其生长发育过程中对磷的需求尤为重要。微生物通过矿质化作用，将土壤中的有机磷转化为植物可吸收的无机磷，从而为植物提供了必要的磷养分，促进了植物生长和发育。

4. 产生植物生长促进物质

一些微生物在与植物互动过程中产生植物生长促进物质，包括植物激素和有机酸等，这些物质对植物的生长和发育具有重要作用。植物激素能够调节植物的生长过程，促进根系的生长、分支和侧根的形成，以及叶片的展开和生长。有机酸则可以改善土壤中的化学性质，降低土壤 pH，促进土壤中磷等养分的溶解和吸收。这些物质的产生和释放，有助于植物更好地适应环境，增强和提高其抗逆性和适应能力，从而促进植物的健康生长。

2.2.2　根际互作

微生物多样性与植物根系形成了复杂的根际生态系统，这种紧密的互作关系对植物的养分吸收、根系发育和抗逆性的提高至关重要。在植烟土壤中，微生物与植物根系之间的互动是一种复杂而密切的关系，对植物的生长和健康产生着重要的影响。

微生物与植物根系之间的互动形成了根际生态系统，通过根际生态系统，微生物能够促进植物根系更好地吸收养分。一些微生物通过与植物根系互动，例如产生共生关系，为植物提供所需的养分，增强植物的抗逆性，并促使根系更有效地吸收养分。这种根际互作关系不仅有助于植物的养分吸收，还可以促进植物根系的发育和生长，提高植物对环境的适应能力。

1. 共生菌根

植物与共生菌根之间的根际互作是一种重要的生态关系，共生菌根包括丛枝菌根和外生菌根。这些菌根与植物根系形成共生关系，通过根际交换，为植物提供所需的养分，尤其是磷元素和氮元素。在这种共生关系中，植物与土壤中的微生物相互作用。其中，植物与丛枝菌根真菌（AMF）之间的共生关系是最广泛且有益的一种。AMF 能够帮助植物吸收土壤中的水分和养分，例如磷酸盐和硝酸盐，而作为交换，植物为 AMF 提供碳水化合物。这种共生关系使得植物能够更有效地利用土壤中的水分和养分，提高植物对逆境压力的抵抗能力。

2. 根际固氮细菌

在植烟土壤中，存在一些具有固定氮气能力的细菌，如根瘤菌等。这些固氮细菌与植物根系形成共生关系，能够将大气中的氮气转化为植物可吸收的氨氮或亚硝酸盐，为植物提供额外的氮源。

氮酶是催化固氮作用的酶复合物，具有高度保守性，并受到氧气的抑制。生物固氮可分为自由固氮、联合固氮和共生固氮三种类型。在自由固氮中，重氮营养体在微氧或厌氧条件下固氮，供自身使用或将其释放到环境中。在联合固氮中，一些重氮营养体，如氮螺旋体、偶氮弧菌和草本螺旋体，生活在植物寄主的表面或间隙，利用植物的光合产物作为碳源进行固氮。而在共生固氮中，植物器官中的固氮微生物利用寄主的光合产物作为能量来源并固氮，以支持寄主生长。固氮细菌种类繁多，它们在与各类植物的氮同化过程中发挥着重要作用，这些细菌包括蓝细菌、放线菌和蛋白细菌等。通过与植物形成共生关系，为植物提供额外的氮源，从而促进植物的生长和健康。

3. 产生植物生长激素

根际微生物能够在与植物根系的互动过程中，合成并释放出多种植物生长激素，其中包括赤霉素和生长素等。这些生长激素对植物的生长和发育起着重要的促进作用，特别是对根系的形成和生长。通过激活植物的生长过程，这些激素不仅能够使植物增加根系长度和分支，还能够促进根系的吸收能力和生物量积累。同时，这些激素具有提高植物耐逆性和生存竞争力的功能，使植物更具抗逆性，更能够适应各种环境压力。

4. 病原微生物的拮抗

根际中存在着一些有益微生物，它们能够发挥拮抗作用，抑制土壤中的病原微生物的生长和发育。这些有益微生物通过多种作用方式实现这一功能，包括竞争营养资源、产生抗生素以及激活植物的免疫系统等。

有益微生物利用所需的营养物质，与病原微生物竞争生存所需的营养资源，以减少病原微生物在根际环境中的生存空间和营养供应。这种竞争机制导致了病原微生物的数量和生长受到限制，有助于保护植物根系免受病害侵蚀。有益微生物具备产生抗生素的能力，通过合成并释放抗生素，抑制土壤病原微生物的生长和繁殖，从而减轻其对植物根系的侵害。此外，有益微生物还能通过激活植物的免疫系统来抵御土壤病原微生物的侵袭。它们与植物根系建立共生关系，通过一系列信号传递和代谢调控机制，激发植物的防御反应，增强植物对病原微生物的抵抗能力，从而减少病害的发生和影响。

5. 根际生物量

微生物在植物根际形成的生物膜和根际团聚体具有重要作用，对改善土壤结构、提高土壤通透性和水分保持能力具有显著影响，对植物的根系生长和水分吸收产生了积极影响。

生物膜是微生物聚集在植物根系表面形成的一层薄膜，它能够固定土壤颗粒，稳定土壤结构，从而改善土壤的质地和通透性。这种生物膜有助于减少土壤侵蚀和水土流失，保持土壤的肥力和水分。微生物还能促进根际团聚体的形成，其是由微生物产生的糖胺聚糖和胞外聚合物与土壤颗粒结合形成的团聚体。这些根际团聚体能够增加土壤的团聚度和稳定性，改善土壤的孔隙结构，提高土壤的通透性和保水性。

2.2.3　产生植物生长激素

一些微生物具有产生植物生长激素的能力，包括激素类固醇和吲哚乙酸等，这些物质有助于促进植物的生长和发育。植物生长激素在植物生长发育中扮演着调节剂的角色，在干旱、低温等胁迫条件下起着重要作用。一些植物激素，如细胞分裂素、赤霉素（GA）、水杨酸、生长素和乙烯，是由植物生长促进细菌（PGPR）产生的。PGPR 还会释放出多种挥发性有机化合物，像植物激素一样，对植物的生理和遗传机制进行调节。

1. 赤霉素

赤霉素是一种重要的植物生长激素，对植物的生长、开花和结果等过程具有调节作用。在植烟土壤中，一些微生物，特别是一些真菌和细菌，通过代谢途径合成赤霉素，并将其释放到根际环境中。

赤霉素种类众多，已知的大约有 126 种，但只有 4 种具有生物活性，分别是 GA1、GA3、GA4 和 GA7。其中，GA3 是最常见的生物活性形式。

植物益生菌（如 PGPR）中赤霉素的产生取决于特定基因的存在，包括核心基因 cyp112、cyp114、cyp117［细胞色素 P450（CYP）单加氧酶］，fd（铁氧还蛋白），sdr（短链脱氢酶/还原酶），GGPS（香叶基香叶基焦磷酸合成），CPS（柯巴基二磷酸合酶）和 KS（贝壳杉烯合酶）。这些基因编码的酶参与了 GA 的合成。GA 操纵子已在一些细菌中进行了分析，这些细菌与寄主豆科植物相互作用，并具有固氮的能力。事实上，GA 合成的遗传机制在植物、真菌和细菌中相似。

GA 有两种主要类型：一种的分子具有 20 个碳原子，另一种的分子包括一个内酯环并具有 19 个碳原子。然而，只有 4 种 GA 具有生物活性。一些研究表明，重氮缓根瘤菌合成 GA 中 GA 三氧化酶是其中的关键酶。这些研究表明，植物和其共生微生物之间的互动可能是它们共同进化的一部分，两者都从这种共生关系中受益。

2. 吲哚乙酸

吲哚乙酸（IAA）是较常见的植物激素之一。IAA 调节植物生长和发育的多个方面，包括细胞分裂、伸长、分化、果实发育和向光反应等。

IAA 既可以由植物产生，也可以由微生物如细菌、放线菌、真菌和酵母产生。它是一种羧酸，其羧基连接到吲哚环的 C-3 位置。IAA 通过改变细胞条件来刺激细胞伸长，例如增加细胞的渗透成分、增加 H_2O 的通透性从而进入细胞并降低壁压等。此外，IAA 还能抑制或延缓叶片脱落，并诱导植物开花和结果。IAA 的合成途径主要是将 L–色氨酸转化为 IAA，但在细菌中还可能存在其他合成途径，如吲哚–3–丙酮酸、吲哚–3–乙酰胺和吲哚–3–乙腈等。环境因素，如 pH、温度、渗透压和碳限制，都可以调节 IAA 的合成水平。

在不同的微生物和植物中，生长素发挥着重要作用。如氮螺菌、巨型芽孢杆菌、假单胞菌等，这些细菌通过产生 IAA 来促进植物生长，并可能干扰植物的生长过程。有些耐重金属细菌也能在存在重金属的条件下产生 IAA。

3. 水杨酸

植物拥有先天免疫系统，可检测和限制病原微生物的攻击。植物细胞表面的模式识别受体（PRR）能够检测具有微生物特征模式的分子。检测这些病原微生物的相关分子模式（PAMPs/MAMP）会激活模式触发植物的第一层免疫系统（PTI）。在许多情况下，PTI 可以防止病原微生物的进一步侵袭。然而，一些病原微生物已经产生了抑制 PTI 的效应蛋白，保持了致病性。为了抵抗这些病原微生物产生的效应蛋白，植物编码抗性蛋白（R 蛋白）会启动效应触发第二层免疫系统（ETI）。这些 R 蛋白通常位于植物细胞内，可以直接或间接识别与其相关的病原微生物编码效应子，从而激活 ETI。PTI 和 ETI 的激活与感染组织中多种防御机制有关，包括活性氧（ROS）的产生、细胞内 Ca^{2+} 的增加、丝裂原活化蛋白激酶（MAPKs）的激活和浓度增加，都会导致各种防御相关基因的表达、抗菌化合物的合成和水杨酸（SA）的积累。

通常情况下，ETI 比 PTI 更快、更强烈地诱导植物的防御机制。ETI 通常与坏死病变的形成有关，这可能有助于限制病原微生物从感染部位移动。在病原微生物侵袭植物后，ETI 和 PTI 能够诱导植物系统获得抗性（SAR）。SAR 主要受水杨酸内源性积累的调控，其特征是激活病程相关（PR）基因和蛋白质，这些基因和蛋白质具有抗菌活性。

PGPR 处理的植物通常表现出对多种植物病原真菌和细菌的广谱和持久的全身抗性。这种诱导系统抗性（ISR）在植物与植物病原微生物相互作用之前启动植物的防御机制，使植物对随后的病原微生物攻击更具抵抗力。ISR 通常与植物细胞木质化的增加、降低活性氧水平的酶表达增加等有关，其诱导与乙烯和茉莉酸的信号传导相关。此外，植物病原微生物自身通常能够诱导植物对其产生防御反应，称为系统获得抗性，与水杨酸信号传导相关。

除了在 SAR 中发挥作用外，水杨酸还参与缓解植物的各种非生物胁迫，如高温、低温、高盐、高浓度金属抑制、氧气水平不足、臭氧、有毒有机化学物质和干旱。水杨酸能够与某些氨基酸如脯氨酸和精氨酸结合，从而提高植物对多种环境压力的抵抗能力。因此，水杨酸可以被描述为一种防御激素。

2.2.4　改善土壤结构

微生物的多样性对土壤结构和功能具有重要影响，有助于形成腐殖质，改善土壤结构，提高土壤的孔隙度和透气性，促进植物的根系伸展、水分渗透和根系生理活动。

微生物参与有机质的分解过程，分解产物包括胶体质、腐殖质等有机物质，这些物质在土壤中促进了土壤团聚体的形成。土壤团聚体是由土壤颗粒和有机物质之间结合而形成的聚集体，扮演着连接和稳定土壤结构的角色。微生物代谢过程中产生的物质，如糖胺聚糖和胶体蛋白，具有黏结土壤颗粒的作用，形成了土壤团聚体的结构，提高了土壤的稳定性和团聚力，使土壤抵御外界侵蚀和扰动的能力增强。

微生物在土壤中形成的菌丝、根系等构成通道系统，可以促进空气、水分和植物根系的穿透作用，改善土壤的通透性。这些微生物通道不仅为根系提供了生长的通路，还有助于水分的渗透和土壤气体的交换，以及维持土壤的健康生态环境，并为其他微生物的迁移和交流提供了路径，促进了土壤微生物群落的多样性和平衡。此外，微生物在分解有机质的过程中释放出二氧化碳等气体，这些气体有助于改善土壤的通气性，良好的通气性不仅有利于土壤中微生物的代谢活动，还可以为植物根系提供更好的生长环境。

2.3　细菌多样性

2.3.1　细菌群落的多样性

植烟土壤中存在丰富多样的细菌群落，包括革兰氏阳性菌、革兰氏阴性菌、放线菌等。这些细菌通过与土壤环境和其他微生物的互动，构建出一个复杂的生态网络，参与多种生态行为。植烟土壤中的细菌群落对土壤生态系统和植物生长起着至关重要的作用。革兰氏阳性菌通常以分解有机质和生产抗生素闻名，其对土壤养分循环和植物健康至关重要。革兰氏阴性菌常以固定氮和促进植物生长的能力而受到关注，其与植物形成共生关系，为植物提供必要的养分。放线菌则以其代谢的多样性和产生抗生素而引人瞩目，其能够抑制植物病原微生物的生长，从而维持植物健康。总的来说，植烟土壤中的细菌群落多样性为土壤生态系统的稳定性和植物生长提供了基础支持，并且对于农业生产的可持续性发展具有重要意义。

植烟土壤中的细菌群落包括多个主要类群,如厚壁菌门(firmicutes)、变形菌门(proteobacteria)、放线菌门(actinobacteria)、酸杆菌门(acidobacteria)、泉古菌门(crenarchaeota)等。这些类群在土壤中发挥着不同的功能。细菌群落在土壤中承担着多样生态功能。其中,一些细菌通过固氮作用将空气中的氮转化为可用的形式,为植物提供养分,而其他细菌则参与有机质的降解,促进土壤有机质的分解和循环。植烟土壤中的细菌群落对环境的适应性较强,能够在不同的土壤类型和气候条件下生存繁衍。这种适应性有助于维持土壤的稳定性,使其对外部环境变化具有一定的抵抗能力。一些细菌与植物形成共生关系,尤其在植物根际。这种共生关系有助于植物吸收养分,增强植物的抗逆性,并且某些细菌还能够抑制土传病害的发生,确保植物的健康生长。此外,一些细菌在土壤中产生次生代谢产物,具有抗菌、抗真菌、促进植物生长等功能,对土壤生态系统和植物健康产生积极影响。细菌群落在植烟土壤中的结构和组成会随着季节、植物生长阶段、土壤管理等因素发生变化。了解细菌群落的动态变化有助于更好地理解土壤生态系统的运作机制,并可为优化土壤管理和保护生态环境提供科学依据。

2.3.2 根际细菌的共生关系

在植烟土壤中,根际细菌与植物形成的共生关系对植物生长和土壤生态系统的稳定性至关重要。一些根际细菌具有固定氮的能力,例如,属于变形菌门的根瘤菌,能够与植物根际形成共生关系,通过根瘤中的氮酶将大气中的氮气转化为植物可吸收的氨态氮,从而为植物提供额外的氮源,促进植物生长。有些根际细菌具有溶解磷的能力,例如溶磷细菌,它们通过分泌有机酸或酶降解土壤中的无机磷,将其转化为植物可吸收的形式,增加土壤中的有效磷含量,有助于提高植物的养分吸收率。磷是植物生长重要的营养元素之一,其在土壤中易累积导致利用率较低。溶磷细菌在促进土壤磷有效化过程中具有重要作用。一些根际细菌能够产生植物生长激素,如赤霉素和生长素,促进植物的生长和发育,这种共生关系对于提高植物的抗逆性和生长速度具有积极影响。有些根际细菌能够对抗土壤病原微生物,形成一种生物防御系统。这些细菌通过产生抗生素、竞争资源、诱导植物的防御反应等方式,保护植物免受病原微生物的侵害。此外,还有一些根际细菌参与有机质的分解,将有机质分解为植物可吸收的养分,促进土壤有机质的循环。

2.3.3 有机质分解和养分转化

1.碳循环

根际细菌在土壤生态系统中通过分泌酶类和代谢产物参与有机质的分解过程。这些酶类包括蛋白酶、淀粉酶、脂肪酶等,它们能够降解植物残体、根系分泌物以及其他复杂有机质。这些分解过程不仅为根际细菌提供了碳源和能量来源，也促进了土壤中有机质的循环利用。

细菌在对有机质的降解过程中产生了二氧化碳（CO_2）等碳的化合物，这些碳化合物成为土壤中其他微生物和植物的重要碳源，支持着它们的生长和代谢活动。这种碳的循环过程不仅促进了土壤中碳元素的流动和转化，也维持了土壤生态系统的稳定性和健康状态。

2. 氮循环

固氮微生物在植烟土壤中扮演着重要的角色，它们是一类具有固氮功能的特定微生物，通过固氮酶的作用将空气中的氮气还原为氨，提供植物可吸收的氮源。这些微生物广泛分布于土壤和水体中，包括放线菌、蓝细菌、革兰氏阴性菌、革兰氏阳性菌和古菌等。固氮微生物根据生活习性和微生物与植物之间的关系可分为异养型、自养型、厌氧型、需氧型和兼性型，主要包括自生固氮、共生固氮和联合固氮。这些微生物含有固氮基因，通常以基因簇的形式存在，有些微生物的固氮基因联合形成固氮基因岛。这些基因簇中的功能固氮基因对固氮酶的活性发挥着调控作用，而不同微生物的生活环境和代谢方式会影响这些基因簇的组成和大小。

一些硝化细菌在植烟土壤中发挥着重要作用，它们将氨氮氧化为亚硝酸和硝酸，这是土壤中的另一种植物可利用的氮源。硝化过程是土壤中氮循环的关键环节之一，其中硝化细菌将氨氮转化为亚硝酸，然后进一步氧化为硝酸。这些硝酸化合物是植物生长所需的主要氮源之一，能够被植物根系吸收并用于氮的营养。因此，硝化细菌的活动为植物提供了重要的氮营养来源，促进了植物的生长和发育。同时，硝化细菌参与了土壤中氮的循环过程，维持和增加了土壤中氮的平衡和可利用性。

反硝化细菌在植烟土壤中扮演着重要角色，它们将硝酸还原为氮气或其他氮气体，并释放到大气中。这一过程称为反硝化作用，是土壤中氮循环的一个重要步骤。通过反硝化作用，反硝化细菌将土壤中的硝酸还原为氮气，将土壤中过多的硝酸氮转化为氮气体，从而有助于氮的固定和土壤中氮的调节。这一过程不仅促进了氮在土壤中的循环利用，也有助于维持土壤中氮的平衡，防止氮过度积累对土壤生态系统的不利影响。

3. 磷循环

有机磷化合物作为土壤中的一种重要磷资源，通常不易被植物吸收利用。根际细菌通过分泌磷酸酶这种酶类来促进有机磷化合物的分解，将其分解为无机磷，例如磷酸盐，为植物提供可直接利用的磷养分。这个过程不仅促进了植物对磷的吸收，也有助于促进植物的生长和发育。同时，这些根际细菌通过该过程促进了土壤中磷的循环利用，维持和增加了土壤中磷的平衡和可利用性。

4. 硫循环

细菌在土壤中积极参与有机硫化合物的降解过程，这一过程将有机硫化合物分解为硫酸和硫蒸气等形式，促进了土壤中硫的循环。有机硫化合物是土壤中的一种重要硫源，它们通常来自有机残体和其他有机质的分解。细菌通过分泌特定的酶类来分解这些有机硫化合物，并将其转化为无机硫形式。在有机硫化合物分解过程中释放出硫酸和硫蒸气等形式的无机硫，并被其他微生物和植物利用。硫酸还原是一种微生物过程，一些硫酸还原细菌利用有机质作为电子供体，将硫酸还原为硫化物，同时释放出硫蒸气。这一过程常发生在缺氧环境中，如土壤深层或水浸土壤中，而且在硫循环中发挥着关键作用。硫酸还原细菌的活动有助于将硫酸形式的硫还原为硫化物，这种形式的硫可以被其他微生物进一步利用，促进土壤中硫的再循环。因此，硫酸还原细菌对维持土壤中硫的平衡和循环至关重要。

5. 微量元素转化

铁是土壤中重要的微量元素之一，其形态的变化对土壤的化学性质和生物活性都具有显著影响。铁还原细菌和铁氧化细菌在土壤中扮演着关键角色，它们参与铁的还原和氧化反应，直接影响土壤中铁的循环过程。铁还原细菌能够利用有机物作为电子供体，将铁氧化物还原为可溶性的二价铁离子，这一过程通常发生在缺氧条件下。相反，铁氧化细菌利用氧气氧化可溶性的二价铁离子，将其转化为难溶性的三价铁氧化物，这一过程需要氧气。铁的还原和氧化反应直接影响土壤中铁的形态和可利用性，进而影响土壤中微生物和植物的生长发育。因此，铁还原细菌和铁氧化细菌在土壤中的活动对维持土壤中铁的循环和土壤生态系统健康具有重要意义。

锰是土壤中的重要微量元素之一，对于植物生长和土壤生态系统的健康具有重要作用。细菌可能参与土壤中锰的还原和氧化过程，对土壤中锰的可利用性产生影响。锰的还原和氧化过程由特定微生物介导，这些微生物可以利用不同的电子受体和供体来促进锰的氧化还原反应。锰的还原是将三价锰氧化物还原为二价锰离子，这一过程通常发生在缺氧或微氧条件下。相反，锰的氧化是将二价锰离子氧化为三价锰氧化物，这一过程需要氧气。这些还原和氧化反应直接影响土壤中锰的形态和可利用性，进而影响土壤中微生物和植物的生长发育。因此，细菌参与的锰的还原和氧化过程对维持土壤中锰的循环和土壤生态系统的健康具有重要意义。

2.3.4 对抗土壤病原微生物

细菌在植烟土壤中具有抑制土壤病原微生物生长的能力，通过产生抗生素、竞争资源或激活植物的免疫系统，减轻植物的病害压力。一些细菌具有产生抗生素的能力，例如，一些生产青霉素、链霉素等抗生素的细菌对抑制真菌和细菌的生长具有显著作用。此外，细菌通过占据土壤中的生态位和竞争营养资源，抑制土壤病原微生物的生长，包括争夺可溶性营养物质、空间和其他必需的生存资源。一些细菌能够与植物共生，通过诱导植物免疫反应来增强植物的抵抗力，包括触发植物系统获得抗性和诱导植物抗菌物质的合成。此外，一些细菌可以产生挥发性有机化合物，对土壤中的病原微生物具有抑制作用，其可能通过直接抑制微生物的生长或诱导微生物凋亡来实现。还有一些细菌表现出生物控制的特性，通过分泌抑制性物质、竞争性拮抗、寄生或其他机制来控制病原微生物的种群。此外，一些细菌能够通过激活植物的抗氧化系统，增强植物对氧化胁迫的抵抗能力，从而减缓土壤病原微生物的侵袭。另外，有些细菌能够分泌水解酶，通过降解土壤中的有机质，降低土壤中的病原微生物的生存环境，减缓它们的生长。这些细菌的活动对于维持土壤生态系统的平衡和促进植物生长发育至关重要。

2.3.5　环境适应性

植烟土壤中的细菌群落表现出一定的环境适应性，能够在烟草栽培的特殊环境条件下存活和繁衍。这种适应性表现在多个方面：

首先，植烟土壤中的细菌群落对于土壤特性的适应性显著。这些细菌能够适应烟草栽培所需的土壤特性，如较高的氮、磷、钾含量以及适度的 pH。它们通过调节自身代谢和生长方式，适应土壤中的营养水平和化学性质。其次，植烟土壤中的细菌群落对于植被的适应性显著。烟草栽培环境下的植被特点要求细菌能够与植物形成良好的共生关系，提供必要的养分和生长调节物质。因此，这些细菌通过与植物相互作用，调节根际微生物群落的结构和功能，促进植物的生长和发育。此外，细菌在应对烟草栽培环境中的胁迫因素时表现出一定的耐受性和适应性。烟草栽培常常受到病原微生物、土壤污染物以及气候变化等多种压力的影响，而细菌群落通过产生抗性基因、调节代谢途径等方式，提高了对这些胁迫因素的耐受性。最后，植烟土壤中的细菌群落对于土壤微环境的适应性显著。这些微生物能够调节土壤微生物群落的结构和功能，以适应不同的温度、湿度、通气性等微环境条件，从而在特殊的栽培环境下保持生存和繁衍。

2.4　真菌多样性

植烟土壤中存在着多样的真菌群落，包括子囊菌、担子菌和霉菌等。这些真菌通过形成菌丝体、产生子实体等在土壤中发挥着重要的生态功能。真菌的菌丝体在土壤中形成广泛的菌丝网络，通过分解有机质，参与养分的循环和生物质的分解。而真菌的子实体是其承担繁殖功能的部分,通过释放孢子进行扩散和传播,同时作为食物和营养源被其他生物利用。这些生态功能使得真菌在植烟土壤中发挥着重要的作用,维持了土壤生态系统的平衡和稳定。

土壤微生物对于回收植物材料以及分解有机质至关重要,它们还可以与提供养分的植物根系形成共生关系。除了养分循环外,这些微生物还可以产生植物激素和其他改善植物生长的化合物。真菌可以在植物中定植,并带来许多好处,包括耐热性、耐旱性、抗病虫害性。真菌还可以通过促进全身获得性抗性和诱导全身抗性以及通过覆盖根表面来帮助植物发展抗病性,以保护植物免受病原微生物的感染。

有益于植物生长发育的土壤真菌可以进一步归类为分解者或共生者。外生菌根真菌主要通过增加吸收表面积来帮助植物吸收磷和氮等矿物质营养。作为交换,植物通过根系分泌物向真菌提供不稳定的碳。一些菌根真菌是专性寄生虫,与维管植物形成共生关系。这些真菌包括 *Gigaspora* 属、*Lacaria* 属、*Funneliformi* 属或 *Rhizophagus* 属的物种,它们进一步参与碳交换并提高植物吸收水分和养分的能力,减少生物和非生物胁迫的负面影响。木霉菌属是有益真菌之一,也是许多生物防治产品中必不可少的成分。木霉菌属菌株由于其对植物的有益作用,已在世界范围内广泛商业化,被用于进行生物防治和综合性虫害管理。

2.4.1　分解有机质

在植烟土壤中,真菌在有机质分解过程中发挥着关键的生态作用。这些真菌通过产生酶类,将复杂的有机质分解为简单的化合物,从而释放出养分,为土壤提供所需的营养物质,促进植物的生长。这种真菌介导的有机质分解过程不仅有助于提供植物所需的养分,还促进了土壤中碳和氮等元素的循环,进而影响了整个生态系统的功能和结构。

植烟土壤中富含大量的腐生真菌,这些腐生真菌主要以死亡的植物和动物残体以及木质素等有机质为主要碳源,它们通过产生外生酶(如纤维素酶和木质素过氧化物酶等),分解这些有机质。这些酶类能够将复杂的碳结构分解为更简单的形式,例如将纤维素、木质素等多聚体分解为简单的碳化合物。在这一过程中,腐生真菌释放出有机酸和其他溶解性有机质,这些产物在土壤中起着重要的生态作用,如提供养分、促进土壤微生物的生长等。

菌根真菌与植物根系之间形成的共生关系被称为菌根共生,通过真菌丝网络(菌根)与植物根系相连。在这种共生关系中,真菌能够从植物根系获得所需的碳源,而作为回报,真菌为植物提供养分,促进有机质的分解和养分的释放。这种共生关系对于植物的生长和土壤有机质的动态平衡具有重要意义。通过菌根共生,植物能够获得来自真菌的额外养分,如氮、磷等,从而进一步生长和发育。

同时，真菌通过真菌丝网络连接植物根系，能够更有效地获取土壤中的养分，并将其提供给植物，提高了植物对土壤中养分的利用效率。此外，真菌在分解有机质和释放养分的过程中，促进了土壤中有机质的分解和循环，维持了土壤中有机质的动态平衡。

植烟土壤中的真菌群落包含着一系列具备生物防治功能的拮抗性真菌。这些真菌通过产生抗生素或与其他微生物进行竞争，抑制土壤中的植物病原微生物。拮抗性真菌不仅可以抑制植物病原微生物的生长，还参与了植物病原微生物的残体降解以及有机质的分解与养分的再循环过程。通过这些活动，拮抗性真菌在植烟土壤中发挥着重要的生态功能，有助于维持土壤生态系统的平衡和健康。

木质素是植物细胞壁的重要组成部分之一，具有高度的复杂性和抗降解性。在植烟土壤中，一些木腐真菌具备特异性的酶系，如木质素过氧化物酶和木质素酶，能够有效降解植物残体中的木质素。木腐真菌通过分泌这些特异性酶类，在土壤中发挥着重要作用，促进了植物残体的分解和有机质的降解过程。这一过程不仅有助于有机质的分解、循环，还释放出有机酸等溶解性有机质，为土壤微生物提供碳源和能量，促进土壤生态系统的健康和平衡。

在植烟土壤中，菌核菌类真菌是常见的一类微生物，它们通过分泌多种酶类，如蛋白酶、淀粉酶等，参与有机质的分解过程。这些真菌能够分解多种有机废弃物，包括植物残体、动物排泄物等，将这些复杂的有机质转化为可被植物吸收利用的养分。通过这一过程，菌核菌类真菌在土壤生态系统中起到了重要作用，促进了有机质的降解循环，维持了土壤中养分的平衡，为植物的生长提供了必要的营养来源。

2.4.2　菌根共生

在植烟土壤中，常见的真菌菌根共生主要有两种类型：丛枝菌根和束枝菌根。丛枝菌根主要由外生菌根真菌(例如外生菌根真菌属)形成，而束枝菌根主要由内生菌根真菌(例如拟丛枝菌根真菌属)形成。菌根真菌与植物根系形成共生关系的过程通常涉及以下几个步骤。首先，真菌菌丝侵入植物根系，形成菌根结构。在这一过程中，真菌与植物根系建立了物质交换通道。真菌通过根际结构提供水分和养分，植物则为真菌提供碳源。菌根共生使植物能够获得土壤中难以直接吸收的养分，如磷、氮、钾等。真菌通过其菌丝网络到达更广泛的土壤区域，帮助植物吸收更多的养分。

菌根共生对植烟土壤生态系统的稳定性产生积极影响。这种共生关系不仅有助于植物吸收养分，还提高了植物对逆境的抵抗能力。真菌通过抑制土壤病原微生物的生长、提供抗氧化物质等方式，增强了植物的抗逆性，对于烟草等作物的健康生长和产量具有正面影响。同时，菌根真菌从植物中获取碳源，促进了碳在土壤中的循环。植物通过光合作用吸收二氧化碳，将其转化为有机碳，然后通过根系传递到土壤中，真菌获取这些有机碳，部分用于自身生长，部分存储在土壤中，促进了土壤中有机质的积累。综合而言，真菌菌根共生通过促进植物生长、提高养分利用效率和抵御病原微生物等方式，在维持植烟土壤生态平衡中发挥着重要作用。

2.4.3　抑制病原微生物

一些真菌对土壤中的植物病原微生物具有拮抗作用。它们通过利用资源竞争、产生抗生素等机制，协助植物对抗病害。这些真菌在土壤中形成一种竞争性环境，抑制了植物病原微生物的生长和繁殖。同时，它们还能够产生抗生素等化合物，直接抑制病原微生物的生长。这种拮抗作用有助于维持土壤生态系统的平衡，保护植物免受病害侵害，促进植物健康生长。

2.4.4　生态系统稳定性

真菌群落的多样性对土壤生态系统的稳定性具有积极影响。一个种类丰富的真菌群落有助于维持土壤生态平衡，减缓生态系统对外界干扰的响应。这是因为不同种类的真菌在面对环境变化时可能呈现出不同的响应方式，从而增强土壤生态系统的适应性和稳定性。真菌多样性还能够提高土壤中有机质的分解效率，促进养分的释放和循环，进而维持土壤生态系统的健康和稳定。

2.4.5　对环境变化的响应

植烟土壤中的真菌群落对环境变化如土壤 pH、湿度和温度等的变化具有一定的适应性。这种适应性反映了真菌群落对于不同生境条件的调节能力，使其能够在不同环境中生存和繁殖。真菌通过调整其生理和代谢机制，适应土壤环境的变化，从而维持其在土壤生态系统中的功能和稳定性。这种适应性使真菌在植烟土壤中发挥着重要的生态角色，确保了土壤生态系统的健康和稳定。

2.5　原生动物多样性

植烟土壤中蕴藏着丰富的原生动物群落，包括微生物、蠕虫、昆虫幼虫等。这些原生动物的多样性和丰度对于维持土壤的生态平衡和功能具有关键作用。微生物群落的多样性能够促进土壤中有机质的分解和养分循环，从而为植物提供必要的营养物质。蠕虫在土壤中起到改良土壤的作用，它们通过挖掘通道和分泌的粪便促进土壤通风、水分渗透和有机质分解。昆虫幼虫则参与了土壤的生物氮循环和有机质分解，进一步促进了土壤生态系统的稳定和健康。

在植烟土壤中，微生物和其他原生动物均参与了有机质的分解过程，它们通过分解残余的植物材料和有机质，将复杂的有机质分解为更简单的形式，如碳酸盐、水、氨和二氧化碳等，释放出其中的营养元素，例如碳、氮、磷等。这些分解产物进一步被微生物利用，为植物提供养分。这一过程不仅有助于分解有机质，促进土壤中养分的循环利用，还为植物的生长提供了必要的养分来源，维持了土壤生态系统的平衡和稳定。

一些原生动物在土壤中起着对抗土壤中病原微生物的重要作用。例如，某些昆虫幼虫可能以土壤中的真菌和细菌为食，通过捕食这些微生物来帮助控制病原微生物的数量。这些原生动物以天敌的身份介入土壤生态系统，通过捕食病原微生物来维持其数量，减少病原微生物对植物和其他生物的影响，确保土壤生态系统的稳定和健康。

植烟土壤中的原生动物与植物根系、微生物等形成了一个复杂的生态系统。这些生物之间的相互作用对整个土壤生态系统的稳定性和健康产生着深远的影响。原生动物通过捕食微生物、分解有机质以及改善土壤结构等行为，直接参与土壤的生物循环和营养转化过程。与此同时，它们与植物根系和微生物之间的相互作用也在维持土壤生态系统的平衡方面发挥着重要作用。这种复杂的相互作用使得植烟土壤中的生态系统能够更加健康、稳定地运转，为植物生长提供了有利的土壤环境。

第 3 章　土壤保育营养转化与微生态

3.1　植烟土壤保育与营养转化

扫码查看本章彩图

　　植烟土壤保育与营养转化是农作物生产领域重要的研究课题,具有重要的科研价值和应用前景。随着全球范围内烟草种植面积的不断扩大,关注烟草种植对土壤的影响尤为重要。植烟土壤的保育与有效的营养转化对于维持烟草生产的生态可持续性和环境友好性至关重要。近年来,烟草种植对土壤所产生的负面影响引起了人们的广泛关注。大量肥料和农药的使用、土壤质量下降、养分流失和环境污染等问题,使得植烟土壤的保育和养分转化问题成为农业可持续发展的重要议题。有效地保育植烟土壤并进行养分转化将减少这些问题的发生,并对烟草生产的可持续性和环境保护产生促进作用。

3.1.1　植烟土壤特性

1. 土壤 pH

　　植烟土壤的 pH 是影响烟草生长环境的一个至关重要的因素,反映了土壤的酸碱性。它对于土壤中的微生物活性、有机质分解、营养元素的有效性以及植物的养分吸收等有着重要的影响。土壤 pH 的适宜范围通常在 5.5 到 6.5 之间,这个范围内的土壤 pH 有利于烟草的健康生长。在不同 pH 条件下,土壤中的一些重要营养元素的有效性也会有所不同。这也直接影响了烟草植株对营养元素的吸收能力。例如,当 pH 较低时,铁、锰、铝等微量元素溶解度较大,易于被作物吸收;当 pH 过高时,营养元素如磷会变得不易被植物吸收。

　　土壤 pH 还会影响土壤中一些微生物的生长和活性。微生物在不同的 pH 条件下展现出不同的活性,影响着土壤的肥力、有机质的分解,以及对其他环境因子的响应。因此,适宜的土壤 pH 有助于保持土壤中物质的稳定循环,维持土壤生态系统的稳定。针对不同的土壤 pH,可以通过添加石灰或者其他酸碱中和物,对其进行调整。这有助于使土壤中的化学活性物质和微生物活性处于适宜的状态，从而促进植株对营养元素的吸收，提高烟草的产量和质量。

总之，土壤的 pH 影响烟草植株的生长和养分吸收，所以保持适宜的土壤 pH 对于烟草的生产至关重要。在实际种植过程中，实施科学合理的土壤 pH 管理和调整措施是确保烟草优质高产的重要环节。

2. 营养元素

营养元素是指植物生长与生存所必需的元素，包括通常被称为"大量营养元素"的氮、磷、钾以及其他"微量营养元素"如镁、钙、硫等。这些营养元素对于烟草生长发育及其产量和品质具有至关重要的作用。

氮、磷和钾常被称为植物的三大主要营养元素。氮是植物生长过程中所需营养的关键组成部分，它参与了植物体中蛋白质、氨基酸、酶和细胞膜等的合成；磷参与营养物质的转运，也与 DNA、RNA 的合成息息相关；钾有助于植物维持渗透压、调节渗透压，同时参与植物的光合作用和多糖的合成。而微量元素是植物生长所必需的元素，虽然需求量不大，但对植物的正常生长发育有着不可或缺的作用。

烟草是重要的经济作物之一，营养元素对于其生长发育和产量、质量的影响尤为重要。因此，了解土壤中营养元素的特性及其与植烟生长的关系至关重要。通过充分了解土壤中的营养元素情况，烟草种植者可以制定合理的施肥方案，通过合理施肥，保持土壤肥力，维持植烟地的可持续生产能力和土壤肥力。仔细评估土壤中的营养元素含量和分布状况，结合植烟作物的生长需要，可以帮助制定合理的土壤管理与肥料施用方案。例如，对于一些营养元素含量较低的土壤，可以采取精准施用有机肥料或复合肥料等方式，促进作物的健康生长；对于一些营养元素含量较高的土壤，则需要采取合理的措施进行减量施肥，避免施肥过量造成浪费和环境污染。

3. 通透性

植烟土壤的通透性是指土壤中水分和气体在土壤内部运移时的顺畅性。土壤通透性对于植物的生长发育和土壤环境的维护具有重要作用。通透性不佳的土壤容易导致根系缺氧、水涝等问题，对烟草生长和产量产生不利影响。因此，了解土壤通透性及其调控方法对于烟草生产至关重要。土壤通透性的分析必须充分考虑土壤结构和土壤孔隙度。泥土的含沙量对土壤结构和通透性存在直接的影响。土壤的结构和孔隙度会影响土壤中水分和气体的运移。砂土的通透性较好，而黏土的通透性较差，壤质土则介于两者之间。因此，需要通过分析土壤质地和结构来评估土壤的通透性。

水分管理对于植烟土壤通透性的影响尤为重要。过度灌溉或排水不畅会导致土壤中水分残留，进而影响氧气的供给。氧气对于土壤中微生物的生长和植物的根系呼吸具有重要作用。因此,在烟草的种植过程中,需要合理安排灌溉计划,保证土壤中的水分不过度残留。土壤通透性对于根的伸展和植物的水分吸收也有直接影响。通透性较好的土壤有利于植物根系的扩展,并帮助植物吸收水分和养分。适当的通透性有助于根系呼吸和排出多余的二氧化碳,保证植物的正常生长。针对土壤的通透性,通过改善土壤结构,调整土壤中的水分和气体条件等是十分必要的。通过改善土壤通透性可以有效减少土壤中的氧气供给不足导致的根系窒息情况,促进烟草生长和发育。

4. 水分保持

植烟土壤的特性之一是其水分保持能力。土壤水分是维持植物生长和发育的关键因素之一。土壤的物理性质对于其水分保持能力起着决定性的作用。土壤颗粒的大小和构成对土壤的孔隙度和贮水性能有直接影响。砾石和砂土的土壤颗粒较大,孔隙度较大,因此有较好的渗透性和排水性,不容易储水。相比之下,黏土颗粒较小,土壤孔隙度较小,因此水分保持能力较好。壤土的水分保持能力介于砾石和黏土之间。植被覆盖和植物根系也对土壤的水分保持能力起着重要作用。植物根系吸收土壤中的水分并将其释放到环境中,同时植被的覆盖可以减少水分蒸发。因此,合理进行植被保护和植被恢复对土壤的水分保持具有重要作用。土壤中的有机质含量也对其水分保持能力具有较大影响。较高的有机质含量可以改善土壤的结构,增加土壤的孔隙度并提高土壤对水分的保持能力。因此,推广施用有机质肥料和采取合理的秸秆还田措施都有助于提高土壤的水分保持能力。

合理的水分管理策略对于提高土壤的水分保持能力也有重要作用。采用科学合理的灌溉方式,合理的排水设计和灌溉管理,以及合理的覆盖作物和秸秆还田等措施,都可以有效提高土壤的水分保持能力,满足烟草生长对水分的需求。了解土壤水分保持的特性、分析相关影响因素并采取相应措施来提高土壤水分保持能力具有重要意义。这些措施有利于提高植烟土壤的水分保持能力,保障烟草的生长和发育,从而提高烟草产量和质量。

5. 基础肥力

基础肥力是指土壤中所含养分的总量和土壤的肥力水平,是土壤内部储备养分的重要指标。它是土壤养分的核心指标,直接关系到作物的生长发育和土壤的肥力状况。基础肥力包括有机肥和无机肥的肥力,是土壤肥力的长期积累,也是土壤中各种养分元素的综合积累。

有机肥来源于植物、动物的残体、排泄物和人为有机物质,其含有丰富的养分和有机质,能够改善土壤结构、提高土壤保水和保肥能力,有利于增加土壤施肥水平和改善土壤生态环境。有机肥中的钾、钙、镁等可以调节土壤酸碱度,氮、磷等则是作物生长的重要养分来源。在保持土壤水分和改良土壤结构的同时,有机肥还具有提高土壤肥力的作用，可为农作物提供多种营养元素，有利于提高农产品产量和品质。

无机肥是从矿物中提取的人工合成的肥料，常见的包括氮、磷、钾肥料及微量元素肥料等。它具有快速有效的特点，直接提供给植物所需的养分，有利于快速发挥养分作用，并对土壤产生一定的改良效果。常用的尿素、磷酸二铵、硫酸钾等无机肥，在提供养分的同时，也对土壤的酸碱度和肥力产生影响，是基础肥力中重要的组成部分。基础肥力既包括土壤中的有机肥肥力部分，也包括土壤中的无机肥肥力部分，它们对于土壤的养分水平和土壤的肥力状况有着重要的影响。通过科学施肥，合理利用有机肥和无机肥，能够增加和提高土壤的基础肥力，为农作物的生长发育提供坚实的物质基础。

3.1.2　植烟土壤保育方法

1. 合理施肥

合理施肥是指根据作物生长需要和土壤肥力状况，合理选择肥料品种和施肥量，以及科学的施肥方法，使作物根系充分吸收施肥养分，提高养分利用率，达到增产增收、改善土壤结构和保护环境的目的。合理施肥不仅能够提高作物产量和品质，还能够实现节约施肥成本、减少农业面源污染和保护生态环境的目的。因此，合理施肥已经成为现代农业可持续发展的重要内容之一。合理施肥的基本原则包括：

(1)根据土壤肥力状况施肥。不同的土壤类型和肥力状况会对作物的生长产生重要影响。因此，合理施肥前需要对土壤进行充分的认识和分析，了解土壤中主要养分的含量和土壤结构特点，从而制定科学的施肥方案。

(2)根据作物的生长需要施肥。不同的作物在不同的生长期对养分的需求有所差异。有些作物在生长初期需要更多的氮肥，而在果实发育期需要更多的磷钾肥。因此，在施肥的过程中需要结合作物的生长特点和生长需要，科学施肥，避免造成养分过量或者不足的情况。

(3)选择适合的肥料品种。不同的肥料品种对作物的养分供应和土壤的改良效果也会有所差异。因此，需要结合土壤特点和作物需要，选取适合的肥料品种，提高养分利用率，减少施肥损失。

(4)采取科学的施肥方法。科学的施肥方法可以有效减少养分的流失，提高养分利用率，减少对环境的污染。因此，在施肥的过程中需要选择合适的施肥时间、方式和配合灌溉等，提高施肥效果。

合理的施肥方法和技术主要包括土壤测试、施肥计划制订、肥料品种选择、施肥时间选择、施肥方法选择和施肥量确定等。通过土壤测试可以了解土壤的肥力状况和主要养分的含量，从而制定合理的施肥计划。施肥计划的制订需要结合作物生长需要和土壤特点，科学选择肥料品种和施肥量。肥料品种需要考虑作物需要的养分和不同肥料品种的特点进行选择。施肥时间要根据作物的生长特点和养分的供给规律进行选择。施肥方法要结合灌溉条件和土壤特点进行选择，提高施肥效果。施肥量需要根据作物需要和土壤肥力状况确定，避免肥料的过量施用或者不足施用。通过科学的施肥方法和技术，可以实现合理施肥，提高养分利用率，减少养分流失和损失，保护土壤和环境。

2. 土壤覆盖

农业生产中，裸露的土壤容易受到水和风的侵蚀，从而导致水土流失，也使得土壤养分流失严重，土壤结构变得疏松，进而影响植物生长。适当的土壤覆盖可以有效减少土壤侵蚀，减少水土流失，改善土壤肥力，维持土壤结构，促进土壤微生物的生长，提高土壤的抗逆性和保水能力。因此，土壤覆盖对于维持土壤的肥力、结构和保持土壤的水分十分重要。

土壤覆盖对农田生态环境的改善有显著的效果。农业生产中常使用化肥和农药，这些化学物质容易进入土壤和水体，造成土壤和水体污染。而土壤覆盖可以减少化肥和农药的流失，减轻环境污染，同时避免农田产生一氧化氮等温室气体，减缓气候变暖。此外，土壤覆盖的植被可以为农田提供多种生物的生存生长空间，有利于生物多样性的维持和提高。土壤覆盖对提高农田生产力起到了积极的作用。适当的土壤覆盖可以改善土壤的物理、化学和生物性状，提高土壤肥力，促进根系的生长和养分吸收，增加土壤中有机质的含量，从而促进植物的生长发育。在干旱地区，土壤覆盖还可以减少土壤水分的蒸发和土壤表面的温度升高，提高土壤的保水能力和保温能力，联合采取水分保持措施，可以实现农田贮水保墒、植被保护，避免土壤干裂，提高土壤温度均匀性和植物生长条件，促进水土资源高效利用，最终提高农产品的产量和品质。

土壤覆盖还有助于优化农业生态环境，减缓土壤崩解和农田产生透水性土壤斑块，提高土壤场地条件的一致性，有利于农业生产机械化管理；降低土壤和农田环境的压实度，改善土壤通气和供水条件，有利于提高农田生产的气候适应性，开展节水农业、水稻低氮耕作和谷物沙地农业。因此，可以说土壤覆盖是一项对农田生态环境保护和生态农业发展至关重要的措施。针对不同地域、气候和作物品种，采取的土壤覆盖的具体措施可能有所不同。一般来说，农业生产中的土壤覆盖可以采用植被覆盖、秸秆覆盖、塑料薄膜覆盖等方式，要根据具体情况选择合适的措施。土壤覆盖也要结合其他土地管理措施，如科学施肥、合理灌溉等，形成科学的农田管理系统，使得农业生产既能提高产量，又能保护环境，实现可持续发展。

3. 合理耕作

合理耕作可以保护和改善土壤。传统的过度耕作会破坏土壤结构，造成土壤侵蚀和水土流失，改变土壤团聚体结构和降低土壤有机碳含量，使土壤肥力下降。而合理的耕作可以减少地表径流和土壤侵蚀，减少土壤有机质的流失，有利于保持土壤的肥力，改善土壤的物理、化学和生物性质，提高土壤的保水和保肥能力，为作物生长提供有利条件。

合理耕作有助于提高农田的生产效益。通过合理的耕作方式，可以改善土壤通气性和抗风蚀能力，调整土壤温度，减少病虫害的发生，有利于植物的生长发育。同时，合理耕作还有助于提高作物根系生长和吸收养分的能力，优化植物的空间分布，提高作物的产量和品质。适当的耕作方式可以降低耕作成本，提高农业生产效益，促进农民收益的增加。合理耕作对生态环境的保护有显著作用。传统的过度耕作会导致大量土壤、养分和农药的流失，对地下水和水体造成污染，影响周围的生态系统。而合理的耕作可以减少化肥和农药的使用量，减缓土壤侵蚀和水土流失，减轻环境污染，有利于维护生态平衡。

4. 植被恢复

植被恢复对生态系统的生态修复和功能重建起着关键作用。在许多地区，人类活动、野火、土地开垦、矿产开采等活动导致植被丧失，生态系统受到严重破坏。植被恢复可以通过引入适宜的植物种类，修复受损的植被系统，增加植被的覆盖度，提高生态系统的稳定性和生态功能，改善土壤质量，减缓水土流失，保持土壤肥力，从而促进土壤保护和水资源的合理利用。

植被恢复对保护和恢复生物多样性有着重要意义。生物多样性是维系生态系统平衡和稳定的重要因素，而植被作为生态系统的重要组成部分，对于维系和增加生物多样性有着关键性的作用。植被恢复可以提供多种植被类型和栖息地，为各类动植物提供足够的生存和繁衍条件，增加生物多样性和生态系统稳定性，促进物种自然分布和演替，改善生态环境质量。植被恢复对于改善环境质量和应对气候变化具有积极的意义。植被对于改善空气质量有着显著的作用，其通过呼吸作用可以吸收二氧化碳，净化空气中的有害物质，改善大气环境。同时，植被能够调节气温，减少地表的热量，改善城市和乡村的热环境，有利于缓解城市热岛效应，并为社会提供生态服务。因此，植被恢复不仅能够改善环境质量，还能够有效应对气候变化，保护生态环境。植被恢复对于社会经济发展也有着积极的作用。适当的植被恢复可以改善土地的质量和生产力，保护水资源，防止自然灾害发生，维持生态系统服务功能的稳定，促进生态旅游业的发展，为当地经济的可持续发展提供重要支撑。此外，植被恢复还能够创造就业机会，促进农民稳定就业，促进农村经济的发展。

科学规划和管理是植被恢复的前提。进行植被恢复前需要对受损的生态系统进行全面调查和评估，了解植被的分布、土壤状况、水文条件及生态系统的结构和功能；选择适宜的植被种类进行引种和植栽，以保持原有生态系统的稳定性和多样性。同时，应当结合当地的气候、土壤、植被类型，以及水文条件，科学规划植被恢复的路径和方式；应当采用多种资源保护和管理措施，从根本上维护和恢复生态系统的完整性和稳定性。植被恢复不仅能够修复受损的生态系统、保护和改善环境、提高土地资源的生产力，还能够促进当地生态经济的发展和改善当地居民的生活质量。

5. 水土保持

水土保持对于减缓水土流失、维护土地资源起着至关重要的作用。水土保持手段包括植被覆盖、梯田建设、防风林带建设、水土保持林网和草网建设、草坪和其他水土保持工程建设等，通过这些措施，在大面积的裸露土地上减少水和风的侵蚀，保持水分和土壤肥力，有利于维护土地的肥力和生产能力。水土保持对于改善水资源管理和保护水环境也具有重要作用。水土保持工程可以有效阻止土壤和污染物的流失和外溢，净化水体、改善水质，保护地下水资源。通过减少污染物和泥沙的外溢，有望减轻陡坡、岩体等对河道的冲刷，均衡水流，保证地下水资源的充分供给，对优化水资源的分布和利用有着显著效果。

水土保持工程对于防灾和减灾减损有着重要的作用，它可以有效降低水灾的威胁程度、减少自然环境变迁带来的冲击。水土保持可以减少山体滑坡、泥石流的发生，稳定地表土壤，降低坡地开垦或建设对地表水奔流造成的伤害。同时，水土保持能够减少土壤和农药等污染物质进入水体，有利于保护河流、湖泊和水库的生态系统，降低洪水发生频率和强度，减少水资源的匮乏和滞留。水土保持工程也有助于生态环境保护。通过植被覆盖和生态建设的方式，可以促进植被的生长和恢复，保护农田、水体、河流和湖泊的生态平衡。与此同时，水土保持能够提高生态系统的复原能力，保护野生动植物的栖息地，促进物种多样性的恢复和保护。

水土保持主要采取植被保护与恢复、结构工程措施和农田防护等措施。植被保护与恢复主要指通过修复退化的植被、实施植被覆盖、建设梯田等手段，提高土壤的抗蚀能力。结构工程措施主要是指通过构筑堤坝，建设水土保持林带、草坪、绿化带等，减缓水流、固定坡面，防止侵蚀。农田防护则是在农田采取适度耕作、合理施肥、种植绿肥、利用秸秆还田等措施，从而减少水土流失。实施水土保持，不仅有利于保护水资源、减少水土流失、改善土地和水环境，还能够减灾减损和维护生态平衡。政府、科研机构、农民和社会公众都应认可和重视水土保持的重要性，采取相应措施，推进水土保持工程的全面实施，以此促进可持续的生态环境和经济发展。

3.1.3　植烟土壤营养转化机制

1. 土壤养分的来源和类型

土壤养分包括有机养分和无机养分两种。有机养分是指来自动植物残体的腐殖物质和有机肥料，经过土壤中微生物的分解作用，释放出的营养元素。有机养分具有多样性，对土壤质地、有机质的质量和数量、土壤肥力状况等因素有一定的依赖性。无机养分则主要来自土壤矿物质的风化和粉碎作用，以及人工施入的无机化合物和化肥。无机养分一般以氮、磷、钾等矿质元素及微量元素离子的形式存在于土壤中，是土壤中的主要养分来源。土壤养分的类型主要分为宏量元素和微量元素。宏量元素是植物生长和发育需要的养分，包括氮（N）、磷（P）、钾（K）、镁（Mg）、钙（Ca）、硫（S）、硼（B）、氯（Cl）、铁（Fe）、锌（Zn）、锰（Mn）、铜（Cu）和钼（Mo）等。这些元素对于农作物的生长发育、产量和品质均有着显著的影响。微量元素尽管需要的量非常少，但其对植物的生长发育也是不可或缺的。土壤养分的来源、生物群落类型、气候环境、土地利用方式等都会对土壤中养分的含量和质量产生重要影响，而土壤中养分的含量和质量会对农作物的生长发育、产量和品质产生直接影响，因此，科学合理地测定土壤养分的含量和质量，对于实施科学合理的施肥策略和提高农作物生产力具有十分重要的意义。

2. 植烟土壤中的养分循环与转化过程

植烟土壤中养分的主要来源包括有机肥料和化学肥料、烟草遗体、微生物代谢产物等。土壤中的有机质可以通过微生物的分解作用释放出养分，如氮、磷、钾等。此外，烟草生长过程中，烟草植株会吸收土壤中的氮、磷、钾等养分，这些养分在生长季节被循环利用，成为烟草生长的主要营养来源。植烟土壤中的养分循环和转化主要表现在养分的吸收、利用和迁移过程。氮、磷、钾、钙等元素是烟草生长发育中的必需元素，这些养分通过根系吸收进入烟草植株，并在植物体内完成各种生物化学反应，为烟草的生长发育提供能量和物质。在植烟土壤养分的迁移、储存和释放过程中，土壤中的微生物、动植物残体等都起着重要作用。微生物在土壤中承担着养分转化的关键角色，它们通过氨化、硝化、硫化等微生物代谢作用，将有机氮转化为无机氮，使其在土壤中的形态发生变化。此外，土壤中的动物，如蚯蚓、蚂蚁等也能够通过它们的活动改善土壤结构，促进植物残体的分解，有利于养分的释放。

有机肥料和矿物肥料的施用、烟草植株生长、凋落物分解等过程都产生了大量氮、磷、钾等养分，这些养分通过迁移和储存，为烟草的生长提供了必需的养分。同时，这些养分的循环和转化也受到土壤环境因子的影响，如土壤 pH、有机质含量、土壤结构、土壤水分、氧气和温度等。

在实际的烟草生产中，科学施肥、合理耕作、保持土壤养分平衡是非常重要的。科学施肥可以充分调动土壤中的养分，使有机肥料和无机肥料得到合理利用，平衡氮、磷、钾等元素的供给，减少农田养分的流失和淋溶，提高养分利用率。同时，适宜的耕作方式可以促进土壤中养分的迁移和循环，有益于土壤中养分的利用和植物的吸收。了解植烟土壤中养分的循环与转化过程，对于保持土壤的肥力、提高烟草产量和改善土壤环境质量都具有重要意义。

3. 微生物在养分转化中的作用

微生物是土壤生态系统中的重要组成部分，对于土壤养分的循环和转化起着至关重要的作用。了解微生物在养分转化中的作用，有助于深化对土壤生物学过程的认识，提高土壤肥力和有机质含量，提高植物的养分有效性，推动农业的可持续发展。微生物在养分转化中的作用主要包括有机质的分解和矿化、氮素循环、硫素循环和磷素循环等。在土壤中，有机质是植物残体、动物粪便、微生物遗体等的集合，微生物通过分解有机质来提取能源和养分。在这一过程中，许多微生物利用外源糖、葡萄糖等有机质蓄积营养。此外，微生物可以利用自身所含的糖原、脂肪和细胞蛋白转化而来的有机酸为基质，在土壤中以接种细菌的方法形成微生态系统，提高土壤肥力。

微生物在氮素循环中扮演着重要角色。通过硝化作用和反硝化作用，微生物可以将氨氮和有机氮转化为硝态氮，并进一步将硝酸盐还原为氮气，从而保持土壤中的氮平衡。此外，典型的硝化微生物如亚硝酸盐硝化细菌、硝化杆菌将有机质中的氮转化为亚硝酸盐和硝酸盐，固氮细菌如根瘤菌等，还可以将空气中的 N_2 转化为 NH_3，为植物提供氮源。微生物在硫素循环中也发挥着重要作用，硫可以被细菌还原为硫化氢，并通过微生物的氧化过程转化为硫酸盐，从而参与循环。此外，磷元素的转化也需要微生物的参与。磷的无机形态对植物的吸收和利用具有重要影响，而磷素的矿化和微生物本身的磷循环是极为复杂的生物化学过程。

在实际的农业生产中，可以通过对土壤微生物群落的管理来增加土壤的肥力。在栽培过程中，可以通过合理利用微生物肥料和生物有机肥，培养土壤中的益生菌，增加土壤中分解有机质的微生物和细菌种群数，提高土壤养分的利用效率，增加作物的有效养分吸收量。同时，可以通过在土壤中添加具有保护生物作用的有益微生物细菌、真菌及植物抑菌素来减少地下害虫的侵害，实现绿色生产的目标。

4. 根系吸收与作物对养分的利用

根系吸收和作物对养分的利用是植物吸收和利用养分的关键过程，对于提高农作物的产量和品质、实现农业生产的可持续发展具有重要意义。在这个过程中，根系通过各种吸收机制，有效地吸收土壤中的氮、磷、钾等养分，并在作物内进行定位、吸收和转运，为植物的生长发育提供必需的营养物质。茎、叶、根系生长过程所需的许多营养物质都需要从土壤中吸收，例如氮、磷、钾等主要元素，以及铁、锌、锰、铜等微量元素。不同种类的植物，其根系对于不同类型的养分的吸收能力也存在着差异，一般来讲，氮、磷、钾等主要元素的吸收主要发生在植物的根系部分，因此，植物的生长发育对于土壤中养分的有效利用有赖于良好的根系结构和根系活动。

根系吸收只是植物利用养分的第一步，之后这些养分会进入植物体内的输运组织，然后通过根内再分配，被输送至叶、茎、花、果等处，通过植物体内的转运、定位和利用，影响植物的生长发育。根系对于作物的养分利用效率有着直接影响。高效率的养分吸收和利用，可以促进作物的生长发育，提高作物的产量和品质。根系吸收和养分的利用效率取决于植物根系结构和功能以及土壤养分状况。合理的根系结构能够更好地吸收和利用土壤中的养分，提高养分的吸收利用效率和养分的转运效率。

科学施肥、合理浇水以及选择对养分的吸收和利用效率较高的作物品种是提高作物对养分利用效率的重要措施。此外，通过耕作措施，优化土壤结构，促进土壤微生物活动、促进土壤中有机质的分解和释放等，也可以提高根系对土壤中养分的利用效率。同时，还可以通过栽培方式，如密植和中耕等，促进氮、磷、钾等养分的有效吸收和利用。根系吸收和作物对养分的利用是作物生长发育的关键环节，对于农作物的产量和品质有着关键性的影响。科学合理地管理土壤，提高养分的吸收和利用效率，既能够提高农作物的产量和品质，又有利于促进农业的可持续发展。

5. 土壤理化环境对养分的影响

土壤理化环境对养分的影响是指土壤中理化因素对养分的储存、迁移和释放过程的影响。土壤理化环境包括土壤的温度、湿度、质地、氧化还原环境、pH等，这些因素对养分的有效性、平衡和迁移有着直接的影响。深入理解土壤理化环境对养分的影响，有助于制定科学合理的施肥方案，提高土壤肥力和作物的产量与品质。

土壤温度对养分的影响很大，合适的温度可以促进微生物的活动以及活性化学物质的分解。一般来说，温度升高会增加土壤中微生物活动的速率和养分的迁移速率，有利于养分的利用。但过高的温度也会导致养分迁移速率过快和易于流失，同时还会加速有机质的分解，从而使土壤有机质减少，影响养分的贮存与传递。过低的温度则会减缓土壤中的化学反应和微生物的活动，影响养分的有效性。土壤湿度对养分也有着重要的影响。适度的土壤湿度对微生物的生长活动、土壤中养分的迁移和植物的养分吸收都是有利的。湿润的土壤有助于养分的分解与转化，增加土壤中的活性和养分的有效性。然而，持续的干旱会导致土壤黏粒的流失，使土壤电导率升高，降低土壤中养分的溶解性，从而影响作物的吸收和利用。

土壤质地对土壤中的养分和作物根系的伸展都有着直接影响。砂质土壤的通透性好，但保水性差。黏质土壤水分保持性好但透气性差，容易造成水涝。此外，土壤的质地直接决定了养分在土壤中的分布和保存状态。土壤的氧化还原环境以及 pH 对养分也有重要影响。氧化还原环境直接影响土壤中微量元素的有效性和活性，还原环境下微量元素的溶解速度较快，土壤中的还原剂如亚铁离子可以将土壤中的铁、锰还原成溶解度较高的形态。

6. 养分管理对烟草产量和质量的影响

烟草作为一种重要的农作物，其产量和质量的提高对于烟草生产者和相关产业链的发展至关重要，而养分管理对烟草的生长发育和最终产量质量具有重大影响。烟草是一种高需养分的作物，其在生长过程中对氮、磷、钾等养分的需求量较大。因此，科学合理的施肥措施对于烟草的产量至关重要。适量的氮肥能够促进植物生长，增加叶片的数量和面积，提高作物产量。同时，磷肥有助于根系的发育，提高养分吸收能力，钾肥能够提升植物抗逆性，增加作物产量。因此，针对烟草的实际生长情况，科学施用不同类型的肥料，根据不同生育期设置不同的施肥量和频次，能够最大程度地促进烟草产量的提高。

饱受农药残留等问题影响的烟草产业，强调保质、优质、高附加值产品的培育。合理的养分管理措施可以提高烟叶的有益化学成分含量以及烟叶的外观质量。例如，适量施用氮肥能够促进叶绿素的合成和积累，提高叶片的蛋白质含量；磷肥则能够提高烟叶中钾、钙等微量元素的含量，有利于烟叶口感的改善；钾肥则对烟叶的糖分和香气物质积累具有积极作用，可提高烟叶的香气和口感，从而提高烟叶的质量。通过合理的施肥措施，还可以减少烟草生长过程中的病虫害发生，降低农药残留，提高烟叶的安全性和卫生质量。

大量的实践证明，充分供给烟草所需的养分，可以提高烟草植株的生理活力，增强烟草本身对病虫害的抵抗能力。养分管理对烟草的生长发育、产量和质量有着直接和间接的影响。通过科学合理的施肥措施，能够提高烟草的产量和质量，有助于培育更高品质的烟叶，提升烟叶的市场竞争力。因此，针对不同地区的土壤和气候条件、不同品种的烟草，制定科学合理的养分管理方案，是提高烟草产量和质量的重要途径之一。

7. 可持续土地管理和养分循环的相关研究和实践

可持续土地管理和养分循环是当前农业和生态环境保护领域的热点问题。通过研究和实践，我们能够更好地理解和应用可持续土地管理和养分循环的理念和技术，以提高农作物产量和品质，减少对环境的负面影响，实现土地资源的可持续利用。可持续土地管理旨在通过科学合理的土地管理方式，保持土地的生产力和生态功能，最大程度地减少对土地资源的消耗和破坏。这需要采取一系列综合性的措施，包括制订合理的轮作休耕制度、水土保持、利用有机肥料和生物肥料、恢复植被等。通过对不同土地类型和生态环境的深入了解，制定切实可行的土地利用规划和管理措施，可实现土地资源的可持续利用。养分循环是农业可持续发展中至关重要的环节。传统农业生产中，大量的化肥和农药的使用不仅会导致土壤污染和生态系统破坏，同时存在养分利用效率低的问题。因此，推动养分循环，回收和再利用废弃有机物和养分成为迫切需要解决的问题。通过推行有机肥料、生物肥料和绿色肥料的利用，尽可能减少化学肥料的使用，最大限度地实现养分的再循环利用，有利于提高土壤的肥力，减轻环境负担，降低农业生产成本，提高农作物品质。相关研究表明，合理的轮作休耕和栽培方式，有利于土壤中养分的平衡和循环利用。例如，通过轮作休耕可以改善土壤结构，保持土壤的肥力；合理的栽培方式可以减少养分的流失，提高养分利用效率。另外，农作物秸秆的回收利用、有机废弃物的堆肥和再利用，也是有效促进养分循环的重要途径。

在实践层面，不少国家和地区已经采取了一系列能够促进可持续土地管理和养分循环的政策和措施。例如，推行农业洼地、旱地轮作休耕制度，提倡有机肥料和绿色肥料的推广使用，鼓励秸秆还田和生物废弃物的堆肥利用等。这些举措有效地促进了农业生产和土地资源的可持续利用，提高了农作物的产量和品质，减少了对环境的负面影响。在养分循环方面，一些国家还推动了废弃物资源化利用的相关项目，例如生物质能源利用和废弃物堆肥等，积极探索不同类型废弃物的再利用途径，努力实现养分的廉价回收和再利用，从而减少化肥对土地环境的污染。

可持续土地管理和养分循环是实现农业可持续发展和生态环境保护的关键环节。通过持续深入的研究和实践，我们能够更好地掌握可持续土地管理和养分循环的理论和技术，推动农业生产方式的转变，促进土地资源的可持续利用，提高作物产量和品质，达到经济效益、社会效益和生态效益的统一。

3.1.4　植烟土壤管理实践

1. 植烟土壤管理

植烟土壤管理直接关系到烟草的生长和产量。土壤是植物生长的基础，土壤质量决定了烟草的生长状态和产量。通过合理的土壤改良和肥料施用措施，可以改善土壤结构，增加土壤肥力，提高土壤水分保持能力，从而营造出更适合烟草生长的土壤环境。另外，通过科学施肥、土壤调理等方法，可以保障土壤养分的供应，促进烟草的生长发育，提高产量。由此可见，植烟土壤管理对于保证烟草的正常生长和提高产量至关重要。良好的土壤环境能够为烟草提供充足的养分，有助于提高烟叶的产量和品质。通过土壤调理和养分管理，可以促进烟草中烟碱和其他化学成分的合成，改善烟叶的外观和物理特性。同时，合理的土壤管理还可以减少重金属和其他有害物质的积累，有利于提高烟草的安全性和健康性。因此，植烟土壤管理不仅关乎烟草产量，也对烟草品质的提升具有重要意义。

植烟土壤管理对环境和生态保护具有重要意义。良好的土壤管理可以减少水土流失、土壤侵蚀和地下水污染，从而有效减少土壤对环境的负面影响。合理的施肥和使用农药也能有效减少农药残留物对生态环境的污染，保护农田生态系统的健康。此外，有效的土壤管理还有助于提高生物多样性，丰富土壤中的微生物和有机质，为农田生态系统注入更多自然和生态元素。植烟土壤管理对农业的可持续发展至关重要。通过合理的土壤管理，可以实现农业生产方式从传统的高投入、高耗能、高排放转向生态友好的绿色农业模式，有利于提高农业生产的效率和农产品品质，并且能够更好地满足人们对农产品质量和安全的需求。同时，植烟土壤管理可以在一定程度上促进土地资源的持续利用，保护农田生态环境，实现农业的可持续发展。

2. 土壤养分管理与施肥

作为植物生长的基础，土壤中养分元素的供应直接关系到作物的生长状态和产量。氮、磷、钾等元素是植物生长的必需元素，是影响作物产量和品质的关键因素。通过合理的施肥和养分管理措施，可以在农作物的生长过程中，为其提供充足的营养物质，促进植物的养分吸收和利用，从而保证作物的正常生长发育，提高作物的产量和品质。

科学合理的施肥策略对于减少环境污染和资源浪费也具有重要意义。过量或不当施用化学肥料会引起土壤养分的紊乱，影响土壤生态系统的平衡，加剧土壤的肥力流失，还可能导致地下水和水源的污染。因此，通过科学施肥，精准控制养分的施用量和时机，可以最大程度地提高养分利用效率，减少养分的流失和环境污染，保护土壤资源和生态环境。

合理的施肥策略还可以减少农业生产成本，提高农业的经济效益。科学施肥能够降低土地对昂贵化肥的依赖，对于减少农业生产中的投入成本，提高农业生产的效益具有重要意义。有机肥料的利用也能够提高土壤有机质含量，改善土壤结构，提高土壤保肥持肥能力，从而减少农业生产过程中的化肥投入。

科学合理的土壤养分管理和施肥措施需要根据土壤类型、作物品种、生长季节和气候条件等因素进行综合考虑和决策。根据作物养分需求情况和土壤的肥力状况，制定合理的施肥方案，确定施肥剂量、类型和频次。通过定期进行土壤检测和作物营养诊断，掌握土壤养分的动态变化，及时调整施肥策略。

除了常规化学肥料，还可以使用有机肥料、绿色肥料和生物肥料等，这些肥料不仅能够提供养分，还能够改善土壤质量和保护生态环境。同时，采取轮作休耕、秸秆还田、栽培套种等措施，可以促进土壤养分元素的循环利用和提高土壤肥力。土壤养分管理与施肥对于农作物的生长发育、产量和品质至关重要。通过科学合理的施肥策略，不仅能够实现农作物高产高质的目标，还能够减少对环境的污染，提高农业生产的可持续性，具有重要的经济效益、社会效益和生态效益。

3. 土壤改良与保护

土壤改良与保护对农业生产的重要性不言而喻。良好的土壤环境对于植物生长具有重要的影响。通过土壤改良措施，如翻耕、合理选择耕作系统、施用有机物质和秸秆还田等，可以改善土壤结构，增加土壤肥力，提高土壤保水保肥的能力，为农作物提供更加适宜的生长环境。此外，通过加强土壤保护，可以减少土壤侵蚀、水土流失、土壤质量下降、地下水和水源的污染，保障土壤环境的健康，提高土壤的生产力和可持续利用能力。土壤改良与保护在环境保护中扮演着关键的角色。良好的土壤环境是维系自然生态系统的基础。通过加强土壤保护，可以减缓土壤的生态系统服务功能退化进程，维护生态系统的平衡和稳定。同时，通过促进有机物质的堆积和微生物的活跃，能够提高土壤的固碳能力，有利于应对气候变化，保护生态环境。土壤改良与保护还对水资源的保护有着积极的影响。有效的土壤保护措施可以减少土壤中的污染物和化学物质对地下水的污染，降低农业面源污染的风险，改善水质，维持水资源的健康。同时，通过提高土壤的保水保肥能力，可以减少排水和灌溉的需求，提高水资源的利用效率。

在实践中，采取一系列综合性的土壤改良与保护措施是保障土壤生产力和生态环境健康的重要途径。例如，通过植树造林、选择合理的农田耕作方式、土壤覆盖、利用有机肥料和轮作休耕制度等方式，可以避免土壤的长时间裸露，增强土壤的保护和生态功能。适当的灌溉和排水措施也对土壤改良与保护至关重要，其有助于维持土壤环境的湿润和适度排水，提高土壤的肥力。结合实际情况，采取合理的施肥措施，推广有机耕作，推动化肥与有机肥料的结合使用，能够提高土壤质量和肥力，降低土壤对化肥的依赖，减少化肥污染对土壤环境的影响。通过秸秆还田，有助于改善土壤质量，增加土壤有机质含量，从而提高土壤生产力和肥力。此外，适当的水土保持措施，如修建梯田、植草坡等，可以减少水土流失，保护土壤资源。

通过植被的恢复和退耕还林，能够有效改善土壤结构，促进土壤生物多样性的增加，并且增加土壤的有机质含量，减少土壤侵蚀和土地退化，维护土壤的长期生产力。

4. 病虫害管理与土壤健康

病虫害管理直接关系到农作物的生长发育和产量。病虫害的侵害会影响作物的生长和产量，甚至对农作物的品质产生负面影响。通过科学合理的病虫害管理措施，如选择抗病虫害的品种、合理布局作物种植结构、使用生物防治和农业生态工程等，能够有效降低病虫害对农作物的侵害，保障农作物的正常生长和高产高质。通过提高土壤健康水平，如提高土壤肥力、改善土壤结构、提升土壤养分利用效率等，可以增强作物对病虫害的抵抗力和免疫力，降低病虫害对作物的危害。

病虫害管理对土壤生态系统的稳定和健康至关重要。传统的病虫害管理方式中，常常采用化学农药进行控制，然而过度使用化学农药会对土壤生态系统产生巨大的负面影响。常用的农药如杀虫剂和杀菌剂等，残留在土壤中会对土壤微生物、土壤中的动植物的健康产生影响，危害土壤生态系统的平衡。因此，采取生物防治、生态调控和绿色防治等病虫害管理方式，能够有效减少土壤生态系统的破坏，有利于保护土壤生态系统的稳定和健康。

植物保育、生物防治和农业生态工程等绿色防治方法的应用，对于有效控制病虫害、提高作物产量和品质，保护土壤生态系统的平衡和稳定有着积极的意义。在实践层面，科研工作者和农业生产者需要积极推动绿色防治技术的研究和实践，在不同地区和作物中选择适合的病虫害管理方式，采取合理的土地利用方式，减少化学农药的使用，提高土壤环境健康水平。病虫害管理与土壤健康对于农业生产、生态环境与可持续发展具有重要意义。通过合理的病虫害管理方式，可以保障农作物的生长发育和维持土壤生态系统的健康，营造出更加适宜农业发展和生态环境保护的土壤环境。

5. 土壤 pH 和微生物活性调节

土壤 pH 是衡量土壤酸碱度的指标，会影响土壤中微生物的生长和活性，以及土壤中肥料和微量元素的有效性。不同植物对土壤 pH 有不同的要求，适宜的土壤 pH 有助于提高养分和水分的利用效率，从而促进作物的健康生长和高质高产。在含有活性养分的条件下，适宜的土壤 pH 还能提高微生物的多样性和活性，有助于促进土壤有机质的分解和养分的循环利用，从而提高土壤的肥力。微生物的活性可以使土壤维持独特的结构和肥力。合理的土壤微生物活性有助于改善土壤结构、提高土壤养分利用效率、增加土壤的固碳能力等，因此土壤微生物活性的调控是保证土壤质量的关键。

通过科学合理的措施，可以调节土壤 pH 和促进土壤微生物活性。例如，适量地施用石灰能够中和酸性土壤，提高土壤 pH，有利于改善土壤肥力和提高植物对养分的吸收能力。改良土壤结构和提高土壤通透性，还能提高土壤对养分的保留和对水分的利用效率。适当地种植绿肥也能调节土壤 pH，通过改良根系环境和增加土壤中的有机质，从而优化土壤微生物群落的结构与功能，增强土壤生态系统的稳定性。富含有机质的添加物能够提高土壤的保水保肥能力，为土壤微生物活性的增加提供优质的土壤环境。生物肥料中含有丰富的微生物和有机物质，能够促进土壤微生物的活性和功能发挥，有利于提高土壤对养分的供应和提高植物养分的利用率。因此，补充有机质和适量的生物肥料也能改善土壤 pH 和调节土壤微生物活性。

保持土壤 pH 在合理范围内，优化土壤微生物群落的活性，有助于保持土壤健康和提升作物产量及品质。

3.2　植烟土壤中氮的微生物转化过程及调控

烟草栽培过程中，氮素是影响烟株生长发育和烟叶产量、品质的最重要的元素。目前生产过程中往往通过大量施加氮肥来满足烟草生长对氮素的需求。但是烟株对氮肥的利用效率为 10%~15%，其余大量的氮素随地下水流失或者转化为氮气回到大气中。氮肥的过量施用会造成严重的土壤酸化问题，如加速土壤中营养元素的流失，促进铝、锰以及重金属等元素的活化，改变土壤微生物种群及活性，影响作物根系发育和养分吸收，滋生植物病虫害等，对农业生产、生态环境和人类健康造成严重的潜在威胁。因此，如何提高作物的氮素利用效率以保障低氮肥投入下的烤烟生产和环境安全是未来农业可持续发展的重要挑战。

3.2.1　促进氮素利用的功能微生物

氮循环是地球上重要的生物地球化学过程之一，涉及氮的转化和流动。许多功能微生物在氮循环中发挥着关键作用，主要包括以下几类。

1. 固氮菌

这类微生物能将大气中的氮气(N_2)转化为氨(NH_3)，使其成为植物可以利用的形式。常见的固氮菌包括：根瘤菌，与豆科植物根系共生，形成根瘤，进行固氮；蓝藻，如诺卡氏菌和单胞藻，在水体中固定氮；自由生活的固氮菌，如克雷伯氏菌和单胞菌，在土壤中独立固氮。

2. 硝化菌

这类微生物将氨氧化成硝酸盐(NO_3^-)，是氮循环中氨氧化的重要环节，包括氨氧化菌，如氨氧化单胞菌将氨(NH_3)氧化为亚硝酸盐(NO_2^-)；亚硝酸氧化菌，如亚硝酸氧化单胞菌将亚硝酸盐(NO_2^-)氧化为硝酸盐(NO_3^-)。

3. 反硝化菌

这类微生物将硝酸盐(NO_3^-)和亚硝酸盐(NO_2^-)还原为氮气(N_2)，完成氮的释放回大气。常见的反硝化菌包括假单胞菌、肠杆菌、梭状芽孢杆菌。

4. 氨化菌

这类微生物分解有机氮化合物，将其转化为氨(NH_3)，主要包括放线菌和芽孢杆菌等，这些微生物通过复杂的相互作用，维持氮的生物地球化学循环，对生态系统的氮平衡及植物生长至关重要。

3.2.2 氮的微生物转化机制

氮的循环涉及多个关键微生物过程，包括固氮作用、硝化作用和反硝化作用，这些过程对植烟土壤中的氮素转化和利用具有重要影响。

1. 固氮作用

固氮主要由微生物完成，包括根瘤菌和自由生活的固氮菌。根瘤菌如根瘤农业细菌，其与豆科植物的根系共生，形成根瘤，通过酶（氮酶）将氮气转化为氨。自由生活的固氮菌如青霉和蓝绿藻，在土壤中自由存在，通过氮酶也能固定氮。氮固定作用为土壤提供了重要的氮源，改善了土壤的肥力。在植烟土壤中，固氮作用相对较弱，因为烟草不是豆科植物，无法与根瘤菌形成共生关系。尽管如此，自由生活的固氮菌仍然存在，并对氮素的供应起到一定的作用。施用有机肥料和绿肥作物可以促进固氮菌的活性，从而改善土壤中的氮供应。

2. 硝化作用

硝化作用是氮转化中的第二个重要过程，主要由细菌完成，将氨氧化为硝酸盐，这个过程分为两个阶段。第一个阶段由氨氧化细菌（AOB）如 Nitrosomonas 将氨（NH_4^+）氧化为亚硝酸盐（NO_2^-）。第二阶段由亚硝酸盐氧化细菌（NOB）如 Nitrobacter 将亚硝酸盐氧化为硝酸盐（NO_3^-）。硝化作用使氮从氨的形态转化为更易被植物吸收的硝酸盐，进而促进植物生长。但硝化作用也可能导致氮的流失，如硝酸盐的淋失，影响土壤质量和水体生态。植烟土壤中的硝化作用受土壤湿度、温度和 pH 的影响。由于烟草生长阶段对氮的需求量大，硝化作用在这些土壤中通常较为活跃。合理的氮肥管理，如分期施肥，可以提高氮的利用效率，减少氮肥的流失。过量施用氮肥可能导致过多的硝酸盐累积，增加土壤的酸化和水体富营养化风险。

3. 反硝化作用

反硝化作用是氮循环的第三个关键过程，其通过将硝酸盐（NO_3^-）还原为氮气（N_2）或氧化亚氮（N_2O），完成氮的回流。主要由反硝化细菌如 Pseudomonas 和 Paracoccus 在厌氧或缺氧条件下进行。反硝化作用对减少土壤中硝酸盐的积累和防止水体富营养化有重要作用。然而，反硝化过程中释放的氧化亚氮（N_2O）是一种强效温室气体，对全球变暖具有潜在影响。在植烟土壤中，反硝化作用主要发生在土壤的厌氧或缺氧区域。适当的土壤管理如保持土壤适度湿润有助于反硝化作用的进行和减少硝酸盐的流失。然而，这也可能导致氧化亚氮的释放，对环境产生负面影响。优化灌溉和排水系统，有助于减少反硝化过程中的气体排放。

3.2.3　功能微生物调控烟草氮素高效利用技术的开发与应用

1.制定以关键氮代谢途径为靶标的农艺措施

详细统计不同烟区耕作方法、农艺管理措施、气候条件、土壤性质等,结合影响烟草氮素利用效率的关键过程,设计小区试验,在关键生育期采集土壤样品测定相关指标,调查烤烟农艺性状,采集不同部位成熟烟叶样品,测定相关指标。以促进氮素吸收利用为目标,最终明确不同烟区的最佳施肥方法、种植方式和农艺管理措施等,制定以关键氮代谢途径为靶标的农艺措施。

耕作方式:①直接旋耕并起垄;②垂直耕作 30 cm+旋耕起垄。

农艺管理措施包括确定有机肥配方及适宜用量。

2.促进烟草氮素利用菌剂的开发

(1)功能菌株复配

利用实验室已有的氨氧化、反硝化、固氮等功能微生物,并根据其营养类型和好氧情况,结合真菌-细菌互作促生机理,进行合理组装复配。研究组装复配后的微生物在不同类型烟区土壤中的适应和定殖能力,以及对土壤氮素转化和烟株氮素转化利用有积极影响的微生物组合,最终形成新型高效复合微生物菌肥。通过盆栽试验,分别将功能微生物在烟草生长的不同时期(移栽前、伸根期、旺长期和成熟期)接种到植烟土壤和烟草叶片上,待烟草成熟后,使用代谢组学技术检测叶片中各种色素,包括叶绿素、新黄质、紫黄质、叶黄素、类胡萝卜素等的含量,以及烟草各部位的干物质质量;测定烟草植株根部结构、株高、茎围、叶片数以及最大叶片的长度和宽度;测定烤烟质量的各项评定指标,包括烟碱、氯离子含量。

本研究所采用的真菌均为已有研究验证具有提高氮素利用率的功能菌株,即酿酒酵母、毕氏酵母和丛枝菌根等。通过共培养体系,利用镜检法、吸光光度法以及 GC-MS 等手段研究不同真菌对不同菌肥组合中功能微生物繁殖、代谢过程的影响。通过盆栽试验,将复合功能微生物菌剂在烟草生长的不同时期(移栽前、伸根期、旺长期和成熟期)接种到植烟土壤和烟草叶片上,待烟草成熟后,使用代谢组学技术检测叶片中各种色素,包括叶绿素、新黄质、紫黄质、叶黄素、类胡萝卜素等的含量,以及烟草各部位的干物质质量;测定烟草植株根部结构、株高、茎围、叶片数以及最大叶片的长度和宽度;测定烤烟质量的各项评定指标,包括烟碱、氯离子含量。

通过对功能微生物培养过程中的生长曲线进行分析,确定其在适应期、对数期、稳定期及衰亡期等各个生长时期的特征。通过单因素条件,筛选出拮抗微生物优势种群稳定生长所需的最适碳源、氮源和无机盐离子等单因素培养条件;运用正交试验,得出该微生物的最优培养基。应用筛选的最优培养基对不同培养温度、初始 pH 和转速等条件进行优化，筛选出最优培养条件。

①培养基成分优化。碳源的筛选：分别以淀粉、蔗糖、葡萄糖、乳糖和麦芽糖代替基础培养基总的碳源，其他成分不变。氮源的筛选：分别以蛋白胨、酵母提取粉、牛肉膏、酵母浸膏、黄豆饼粉等代替基础培养基中的氮源。无机盐的筛选：往培养液中分别加入 NaCl、$CuSO_4$、$CaCl_2$、$MgSO_4$ 和 $ZnCl_2$。以 2% 的接种量将拮抗微生物优势种群种子液分别接种到上述液体培养基中，在 30 ℃、170 r/min 条件下培养 48 h 后，取样测定其 OD600 值，确定最佳碳源、氮源和无机盐。多因素正交试验：以上述试验筛选出的最佳碳源、氮源和无机盐为可变因素，采用 SPSS 软件设计正交试验进行培养基优化试验，确定培养基各组分的最佳配比。

②培养条件优化。培养温度分别设置为 20 ℃、25 ℃、30 ℃、35 ℃ 和 40 ℃ 等 5 个梯度；初始 pH 分别设置为 6.0、6.5、7.0、7.5 和 8.0 等 5 个梯度；转速分别设置为 90 r/min、110 r/min、130 r/min、150 r/min 和 170 r/min 等 5 个梯度。其他条件同上，测定其 OD600 值，确定培养的最优条件。

（2）烟草根际土壤中氮循环功能微生物群落分析

在盆栽试验中施加 ^{15}N 同位素标记的氮肥，检测菌剂施入后烟草根际土壤中不同形态氮的含量以及土壤中的各项理化参数，研究根际土壤中无机氮的来源组成，探究参与烟草根际土壤中氮素循环过程的活性功能微生物群落，揭示驱动土壤中氮素转化的关键微生物和功能基因。

（3）烟草不同生育时期驱动氮素在植株不同部位转化的内生菌群落特征

在盆栽实验条件下，分别在烟草不同生育时期施加 ^{15}N 同位素标记的氮肥和 N_2，分析菌剂施入后不同时期不同部位氮素的存在形式和含量，分析菌剂加入后不同生育时期烟草对氮肥的吸收效率，研究各种来源氮素对不同形态含氮化合物组成的贡献，研究烟草不同生育时期不同部位内生菌群落的演替规律，研究氮素利用与烟草品质的关联规律，明确菌肥施入后影响烟草氮素利用效率和烤烟质量的关键微生物及功能基因。

3. 开发氮素高效转化微生物菌剂应用技术

在小区试验条件下，结合不同产烟区农艺管理措施、气候条件、土壤性质等，研究影响新型高效微生物菌肥作用效果的主要因素，确定不同烟区类型、不同农艺管理措施、不同土壤类型中新型高效微生物菌肥的最佳施用时期和施用量。最终形成一整套基于不同烟区的低肥高效的烟草农业种植技术。

开展以下两方面的研究，确定功能菌剂的实施方案：

①不同的施用量对烟草氮素利用的影响。

②不同的施用时期：在烟叶生长伸根期（15~30 d）、旺长期（30~45 d）分别施用一次，计算不同时期施用功能菌群对氮素利用效率的影响。

将获得最佳发酵条件的真菌-细菌复合功能菌群与市场上常见的 3 种烟叶专

用肥按照不同比例组合。通过小区试验，研究：①不同施用量对土壤氮素高效转化和烟草高效利用的影响；②不同施用时期对土壤氮素高效转化和烟草高效利用的影响。最终形成 1~2 种新型高效微生物菌肥。

根据烟叶生产实际，结合研究成果，开展不同技术的集成研究，形成以功能微生物为基础的湖南烟草高效利用集成技术。

3.3　植烟土壤中磷的微生物转化过程及调控

土壤中的磷素是植物生长过程中的必需养分之一，对植物的生长和发育至关重要。然而，土壤中大部分磷素以无机形式存在，这些无机磷不能直接被植物吸收利用，需要经过微生物转化才能变成植物可利用的形式。因此，微生物对土壤中磷素的转化及其调控机制成为当前烟草可持续发展和生产的关键。通过了解微生物在土壤中的作用，可以更好地利用土壤微生物资源，优化土壤肥力、改善土壤环境、提高土壤中磷素的利用效率，进而推动烟草生产的可持续发展。本节旨在对植烟土壤中磷的微生物转化过程及调控机制进行系统性综述，为提高烟草产量和质量，促进烟草栽培和土壤肥力管理提供理论依据和科学参考。

3.3.1　溶磷微生物

土壤中的磷很难被植物直接吸收利用。农业中长期使用大量的化学肥料来决土壤肥力不足的问题，这很容易造成土壤结构破坏、有机质含量下降、土壤板结等环境问题。因此，开发环境友好型的生物肥料成为农业可持续发展的重要途径。土壤中包含数量巨大、种类繁多的微生物，其中许多微生物对于土壤肥力的转化和供给起到重要作用，是研究微生物肥料的重要材料。目前常见的溶磷功能微生物有假单胞杆菌、芽孢杆菌等，它们能够高效溶解土壤中的难溶性磷，提高土壤中磷的含量，促进植物生长发育。

磷溶解酵母：能够分泌有机酸(如柠檬酸、琥珀酸等)以及酶类物质，从而有效地将固定态磷转化为可供植物利用的形式。溶磷菌(Phosphate-solubilizing bacteria)：包括一系列能够以各种方式将土壤中不容易溶解的磷酸盐转化为可溶性磷的细菌，如放线菌属、假单胞菌属、变形菌属等。真菌：包括一些能够分解有机磷化合物并将其转化为无机磷的真菌，尤其是一些木霉属和青霉菌属的真菌。这些微生物通过溶解磷酸盐、分泌有机酸和酶类等方式，使土壤中难以被植物吸收的固定态磷转化为可供植物利用的水溶性磷，进而提高土壤中的有效磷含量，促进植物对磷素的吸收和利用。因此，这些微生物在土壤养分循环和提高土壤肥力方面发挥着重要的作用。

对于不同的溶磷菌，其溶磷能力可能受到多种因素的影响。酶活性：不同种类的溶磷菌在分泌磷溶解酶的能力上可能有所不同，磷溶解酶是一种能够水解难溶解磷酸盐的酶，这些细菌通过分泌此类酶来溶解土壤中的磷。产酸能力：一些溶磷菌可以产生有机酸，这些有机酸有助于降低土壤pH，从而促进难溶解的磷溶解。抗胁迫能力：一些溶磷菌可能具有更好的适应能力，能够在不利环境条件下（如低温、低pH等）保持磷溶解能力。代谢特性：不同的溶磷菌可能在其代谢途径和生长特性上存在差异，这些特性可能对它们溶解磷的能力产生影响。

3.3.2 微生物溶磷作用机制

在土壤中，微生物通过一系列生物化学作用影响着磷的形态转化，包括溶解磷酸盐，破坏磷酸盐矿物以及缓解磷的共生固氮转化。同时，微生物能够通过分泌酶类和有机酸等物质来促进磷的有效溶解和吸收。此外，微生物还参与磷素的循环过程，包括磷素的矿物化和有机磷化合物的分解。因此，对微生物在土壤中的磷素循环过程及其调控机制进行深入研究，有助于理解土壤中磷素的有效利用和提高烟草磷素吸收效率。

1. 分泌磷酸酶

微生物分泌磷酸酶促进烟草生长的机制是一个涉及土壤微生物和植物根系相互作用的复杂过程。通过分泌磷酸酶，可以提高土壤中磷素的有效性，促进植物对磷素的吸收，还可以加速土壤中难溶性磷酸盐或有机磷的水解过程，这种水解作用有助于将土壤中的难溶性磷转化为植物较易吸收的可溶性无机磷形式，从而影响土壤中有效磷元素的含量，进而影响植物的生长和发育。

除了对土壤中磷的形态和有效性有影响外，微生物分泌磷酸酶还可能促进植物根系的生长和发育。微生物可以与植物根系形成共生关系，通过分泌激素、植物生长激素以及其他有益物质，促进植物的生长，并增强植物对养分的吸收能力。在很大程度上，微生物分泌磷酸酶促进烟草生长的机制是通过提高土壤有效磷含量、促进根系生长发育和增强植物对养分的吸收能力来实现的。这对于提高土壤肥力、促进和提高烟草植株的生长和产量具有重要的作用。

2. 分泌有机酸

微生物分泌的有机酸能够将土壤pH降低到酸性，有助于改善土壤中矿物质的可溶性和离子活性，使其中的营养元素更易于被植物吸收。特别地，酸化的土壤环境有助于提高磷、铁、锌和锰等元素的有效性。有机酸还能够螯合土壤中的铝离子和锰离子，使它们不再对植物产生毒害作用。有机酸的分泌还可以促进土壤微生物的多样性和活性，对土壤养分的矿化和有机质分解有促进作用。另外，有机酸的分泌还能够在根际区域形成对植物有益的微生物群落，这些微生物对病原微生物具有抑制作用，间接促进了植物生长。有机酸还能够促进土壤中微生物生态系统的健康运转,有助于建立和维持一个丰富多样的微生物体系,同时对有害微生物具有抑制作用,提高土壤养分的利用效率,并对植物生长有积极影响。

3.胞外多糖

①提供营养元素:微生物的胞外多糖可以为植物生长提供碳源,从而促进土壤微生物的生长繁殖。这一过程有利于促进土壤养分的矿化,尤其是磷素的溶解和活化。

②保持土壤饱潮状态:胞外多糖能够增加土壤微生物团聚体的稳定性,减缓土壤的侵蚀,提高土壤持水能力,有利于保持土壤的湿润状态,并促进植物对磷元素的吸收利用。

③增加土壤通气性:胞外多糖有利于改善土壤结构,提高土壤中微生物的活性,促使土壤颗粒聚合,增加土壤通气性和保水性,促进土壤中磷元素形态的转化。

④提高土壤中磷的有效性:酶类和有机酸的分泌对磷的溶解和转化具有直接的促进作用。这些活性物质能够分解土壤中的难溶磷酸盐和有机磷,将其转化为植物可吸收的形式,进而提高土壤中的有效磷含量。

4.生物膜

微生物生物膜通过分泌酶类物质可以分解有机磷化合物,将其转化为无机磷盐,使之更易被植物吸收利用。另外,微生物生物膜会形成对植物有利的微生物共生区域,有利于调节土壤磷元素的平衡,为植物的磷元素供给提供有利条件。微生物形成的生物膜通过促进磷的溶解、有机磷的矿化、提高土壤中磷活性和形成对植物有利的微生物共生区域等方式,对土壤中磷元素的转化产生有益影响。

3.3.3　磷的微生物调控方法及应用

1.磷功能微生物的筛选

磷是微生物生长发育过程中必需的元素,使用磷酸钙固体培养基培养富集得到的菌株,经试验可知,产生溶磷圈的菌株具有溶磷能力。菌株培养条件为30 ℃温度下,暗培养 72 ~ 96 h。磷酸钙固体培养基的成分:葡萄糖 10 g、$(NH_4)_2SO_4$ 0.5 g、NaCl 0.3 g、KCl 0.3 g、$MgSO_4 \cdot 7H_2O$ 0.3 g、$FeSO_4 \cdot 7H_2O$ 0.03 g、$MnSO_4 \cdot H_2O$ 0.03 g、$Ca_3(PO_4)_2$ 5 g、H_2O 1000 mL、琼脂 15 g。pH 为 7.0~7.5,105 ℃温度下灭菌 20 min。

菌株溶磷的能力:选取培养基上具有明显溶磷能力的菌落,分别测量其特定时间内的菌落直径和溶磷圈直径(均为十字交叉法)。选择生长速率和溶磷圈均表现良好的菌株进行液体发酵(富集培养基)。接种种子液至液体培养基(富集培养基),28 ℃,160 r/min 培养 4 d 后,8000 r/min 离心收集上清液,采用钼酸铵定磷试剂比色法测定培养基中无机磷的含量。试验对照组为没有接种菌株的培养基。

土壤中的可培养细菌种类繁多,为减少工作量,避免大量菌株的重复收集,首先对培养基上的细菌按外观形态特征进行初步分类,每类随机选择40~50个菌落用作溶磷/钾细菌,并在-80 ℃温度下保存。

不同土壤样品中的细菌通过富集培养后,分别转入以磷酸氢二钾为唯一磷源的筛选培养基,共获得具有溶磷能力的细菌菌株 371 株(表 3-1),细菌菌株均统一编号(SP/K-1~SP/K-164)。

表 3-1　溶磷细菌的外观形态特征

样品	颜色	形状	大小	边缘	光滑度	透明度	数量/株
1	乳白色	圆形	中等	完整	光滑	不透明	15
2	乳白色	圆形	较小	完整	光滑	半透明	4
3	乳白色	圆形	中等	完整	光滑	不透明	2
4	灰白色	圆形	中等	完整	光滑	不透明	5
5	乳白色	圆形	中等	完整	光滑	不透明	6
6	灰白色	圆形	较小	完整	光滑	半透明	1
7	乳白色	圆形	较小	完整	光滑	不透明	27
8	乳白色	不规则	中等	不完整	起皱	不透明	1
9	乳白色	圆形	较大	完整	湿润	不透明	2
10	乳白色	圆形	较大	完整	起皱	不透明	1
11	灰白色	圆形	较大	完整	起皱	不透明	15
12	灰白色	圆形	中等	完整	光滑	不透明	30
13	乳白色	圆形	中等	完整	光滑	半透明	9
14	淡黄色	圆形	中等	完整	湿润	半透明	8
15	乳白色	圆形	较小	完整	光滑	不透明	182
16	乳白色	圆形	较小	完整	光滑	不透明	43
17	乳白色	圆形	中等	完整	起皱	半透明	2
18	浅黄色	圆形	较小	完整	湿润	半透明	18

对细菌菌株溶磷能力的初步评价包括菌落生长速率、溶磷圈和溶磷率 3 个方面的指标。选择生长速率较快(培养 4 d 后菌落直径大于 2 mm)和溶磷圈直径大于 1 cm 的 10 株菌株进行溶磷试验和解钾试验,结果见表 3-2。

表 3-2　10 株高效细菌的溶磷/解钾特性

菌株编号	溶磷试验			解钾试验		
	溶磷量/(mg·L⁻¹)	溶磷率/%	pH	解钾量/(mg·L⁻¹)	解钾率/%	pH
SP/K-9	17.19±3.58	1.20	6.79	57.00±12.66	2.68	6.05
SP/K-12	62.53±36.50	2.24	4.56	197.60±19.27	12.70	4.76
SP/K-33	10.16±3.58	0.69	8.03	97.45±14.85	2.67	7.52
SP/K-47	10.16±1.35	0.37	8.14	184.50±17.71	11.50	6.34
SP/K-54	23.45±13.06	0.74	4.97	102.34±10.06	4.31	5.57
SP/K-101	234.47±52.84	6.79	3.73	145.25±23.64	7.56	4.64
SP/K-127	9.38±0.01	0.30	8.20	221.01±42.01	11.00	4.77
SP/K-142	257.91±65.35	7.34	3.97	162.01±55.33	9.33	4.97
SP/K-153	71.51±14.92	2.08	3.72	139.28±9.76	8.08	5.60
SP/K-155	121.71±44.38	3.49	5.63	168.04±12.05	9.44	5.55

溶磷试验结果表明，菌株 SP/K-12、SP/K-101、SP/K-142、SP/K-153 和 SP/K-155 的溶磷率高于 2.0%，且 SP/K-101 和 SP/K-142 的溶磷率较高，分别为 6.79% 和 7.34%，二者的溶磷量分别为 234.47 mg/L 和 257.91 mg/L。试验中 pH 的变化趋势表明，培养基的起始 pH 为 7.2，经过 4 d 发酵培养后，上述溶磷率高于 2.0% 的菌株的发酵液 pH 均呈现不同程度的酸化，推测可能是因为发酵培养过程中细菌菌株可以分泌有机酸，进而促进无机磷的溶出。

解钾试验结果表明，菌株 SP/K-12、SP/K-47、SP/K-127、SP/K-142、SP/K-153 和 SP/K-155 的解钾率高于 8.0%。综合上述试验结果可知，SP/K-12、SP/K-142、SP/K-153 和 SP/K-155 是溶磷和解钾能力均较强的菌株。

2. 溶磷/解钾细菌的鉴定结果

根据 16S rDNA 测序以及在线比对分析结果，对上述 10 株溶磷/解钾表现较好的菌株进行了初步鉴定。由于 16S rDNA 鉴定结果并未将菌株的系统发育水平准确地区分到种的层级，因此对上述 10 株细菌菌株又进行了 BIOLOG 鉴定。鉴定结果见表 3-3。

按照相关标准，目前只有 8 个菌种被认定为环境安全的分解磷、钾化合物的细菌，可免于毒理学试验。而在上述 10 株菌株中，符合认定标准的环境安全微生物有 5 株，编号分别为 SP/K-12、SP/K-33、SP/K-101、SP/K-142 和 SP/K-155。

表 3-3　10 株细菌菌株的分子生物学及 BIOLOG 鉴定结果

菌株编号	16S rDNA 鉴定	BIOLOG 鉴定	中文名
SP/K-9	*Microbacterium trichothecenolyticum*	*M. trichothecenolyticum*	微杆菌属
SP/K-12	*Bacillus spp.*	*B. megaterium*	巨大芽孢杆菌
SP/K-33	*B. amyloliquefaciens*	*B. amyloliquefaciens*	液化淀粉芽孢杆菌
SP/K-47	*Azotobacter chroococcum*	*Azotobacter chroococcum*	褐球固氮菌
SP/K-54	*Pseudomonas spp.*	*P. putida*	恶臭假单胞杆菌
SP/K-101	*B. subtilis*	*B. subtilis*	枯草芽孢杆菌
SP/K-127	*Bacillus spp.*	*B. aryabhattai*	阿耶波多芽孢杆菌
SP/K-142	*B. amyloliquefaciens*	*B. amyloliquefaciens*	液化淀粉芽孢杆菌
SP/K-153	*Pseudomonas spp.*	*P. fluorescens*	荧光假单胞杆菌
SP/K-155	*B. amyloliquefaciens*	*B. amyloliquefaciens*	液化淀粉芽孢杆菌

3. 菌株的发酵条件优化试验

（1）培养基成分的优化

将营养琼脂（NA）培养基中的碳源（葡萄糖）依次替换为玉米粉、乳糖、蔗糖、麦芽糖、甘油、可溶性淀粉；氮源（牛肉膏）依次替换为蛋白胨、酵母粉、大豆蛋白胨、尿素、硝酸铵、硫酸铵；无机盐（氯化钠）依次替换为无水氯化钙、磷酸氢二钾、氯化锰。每组处理设 3 组重复。发酵培养过程中自接种后 6 h 每 2 h 测量一次菌液的 OD600 值，至对数生长期结束，建立细菌菌株的生长曲线，通过比较确定最佳碳源、氮源和无机盐。之后，对各因素用量进一步进行优化，初步确定最佳碳源、氮源和无机盐的浓度范围。

对最优碳源、氮源和无机盐，以菌体密度为衡量标准，从每个因素中选 3 个最佳的用量水平。采用 L9(33) 正交表进行正交试验，根据试验结果确定优化的培养基。

选择溶磷/解钾表现相对最好的菌株 SP/K-155（B. amyloliquefaciens）进行发酵特性分析。结果表明（表 3-4），从培养基种类和菌体密度看，以 NA 为基础培养基（设为对照 CK），对其碳源、氮源、无机盐进行单因素等量替代后，通过血球计数器法计算菌体数/芽孢数，在相同条件下培养 48 h 后比较各组菌体密度，碳源种类筛选试验表明，CK>麦芽糖>蔗糖>乳糖>可溶性淀粉>玉米粉>甘油，以葡萄糖为碳源时菌体密度最高，达到 $31.5×10^8$ cfu/mL；氮源种类筛选试验表明，CK>大豆蛋白胨>蛋白胨>酵母粉>尿素>硫酸铵>硝酸铵，以牛肉膏为氮源时菌体密度最高，达到 $31.5×10^8$ cfu/mL；无机盐种类筛选试验表明，氯化钙

>CK>磷酸氢二钾>氯化锰，以氯化钙为无机盐时菌体密度最高，达到 33.7×
10^8 cfu/mL。由此推断，原基础培养基中以葡萄糖作为碳源，以牛肉膏作为氮源，
无机盐选用氯化钙时发酵液的菌体密度最高。

表 3-4　不同营养成分的发酵特性

碳源种类	菌体密度 /(10^8 cfu·mL^{-1})	氮源种类	菌体密度 /(10^8 cfu·mL^{-1})	无机盐种类	菌体密度 /(10^8 cfu·mL^{-1})
葡萄糖	31.5	牛肉膏	31.5	氯化钠	31.5
玉米粉	11.7	蛋白胨	27.4	氯化锰	17.8
乳糖	24.5	酵母粉	25.2	氯化钙	33.7
蔗糖	27.9	大豆蛋白胨	29.1	磷酸氢二钾	20.4
麦芽糖	28.4	尿素	24.8		
甘油	—	硝酸铵	—		
可溶性淀粉	11.7	硫酸铵	14.2		

　　分别对最佳碳源、氮源和无机盐 3 个因素的用量设置 6 个水平。利用对峙培
养法，比较菌体密度。结果表明（表 3-5），葡萄糖用量为 8.0~12.0 g/L，牛肉膏
用量为 1.0~3.0 g/L，氯化钙用量为 2.0~4.0 g/L 时菌体密度相对最高。

表 3-5　各营养成分各水平的菌体密度

葡萄糖 /g	菌体密度 /(10^8 cfu·mL^{-1})	牛肉膏 /g	菌体密度 /(10^8 cfu·mL^{-1})	氯化钙 /g	菌体密度 /(10^8 cfu·mL^{-1})
6.00	30.20	1.00	31.40	1.00	30.80
8.00	33.50	2.00	33.00	2.00	33.70
10.00	33.70	3.00	33.70	3.00	31.90
12.00	31.70	4.00	30.10	4.00	31.20
14.00	30.00	5.00	29.30	5.00	28.30
16.00	29.50	6.00	28.20	6.00	24.20

　　通过单因素优化确定最佳碳源、氮源和无机盐后，在菌体密度相对较高的
3 个用量水平进行正交试验。结果发现（表 3-6），无机盐的用量对菌体密度的影
响最大，其次是氮源和无机盐。当培养基中葡萄糖取 8.0 g、牛肉膏 3.0 g、氯化

钙 4.0 g 时，菌体密度最高，达到 37.5×10^8 cfu/mL，比基础培养基的菌体密度增加了 13.4%，增幅明显。

表 3-6　碳氮源与无机盐正交试验结果

试验号	葡萄糖/g	牛肉膏/g	氯化钙/g	菌体密度/(10^8 cfu · mL^{-1})
1	8	1	2	32.8
2	8	2	3	35.0
3	8	3	4	35.9
4	10	1	2	32.0
5	10	2	3	34.9
6	10	3	4	30.7
7	12	1	2	32.5
8	12	2	3	29.8
9	12	3	4	33.7
K_1	34.57	32.43	31.1	
K_2	32.53	33.23	33.56	
K_3	32	33.43	34.43	
R	2.57	1.0	3.33	
最佳水平	8	3	4	37.5

（2）培养条件的优化

将活化后的菌株接种到优化后的培养基中，其他条件不变，将 pH（7.2）依次替换 4.0、4.5、5.0、5.5、6.0、6.5、7.0、7.5、8.0、8.5、9.0、9.5 与 10.0，温度（28 ℃）依次替换为 23 ℃、25 ℃、27 ℃、29 ℃、31 ℃、33 ℃、35 ℃、37 ℃，转速（180 r/min）依次替换为 140 r/min、160 r/min、180 r/min、200 r/min、220 r/min、240 r/min，时间（48 h）依次替换为 24 h、28 h、32 h、36 h、40 h、44 h、48 h、52 h、60 h、72 h，每组处理设 3 次重复。通过比较菌体密度确定最佳 pH、温度、转速和培养时间。

根据单因素的优化结果，选择发酵培养最佳 pH、温度、转速和时间。以发酵液的菌体密度为依据从每个因素中选 3 个最佳的用量水平。采用 L9（34）正交表进行正交试验，根据试验结果确定最佳的发酵培养条件。

通过对优化后培养基的 pH 进行单因素替换，并统计菌体密度，结果发现，培养 48 h 后 pH 为 5.5~8.5 范围内的菌体密度无明显差异，在其他培养条件不变的前提下对温度进行单因素替换，通过比较菌体密度，发现 29~31 ℃ 最为适宜。将接种后的培养基置于不同转速的摇床中，在 28 ℃ 的恒温条件下发酵培养 48 h 后取发酵液，结果表明，160~180 r/min 条件下培养的菌体密度最高，达到 37×10^8 cfu/mL。

通过对不同时间段的发酵液的菌体密度进行比较，结果发现，培养 40 h 后菌体密度基本稳定，增加培养时间对提升菌体密度无明显作用。

通过比较单因素试验结果，选择 pH、温度、转速与培养时间四因素中对菌体密度影响较显著的 3 个水平进行正交试验（表 3-7）。结果发现，pH 的影响最大，其次是温度和转速。优化后的培养基在 pH 为 7.0、温度为 30 ℃、转速为 170 r/min 的条件下培养 48 h，菌体密度达到 42.8×10^8 cfu/mL。比初始培养条件增加了 13.87%，增幅明显。

表 3-7　培养条件正交试验结果

试验号	pH	温度/℃	转速/(r·min⁻¹)	时间/h	菌体密度 /(10^8 cfu·mL⁻¹)
1	6.0	29	160	36	34.2
2	6.0	30	170	48	35.7
3	6.0	31	180	60	31.7
4	6.5	29	170	60	36.2
5	6.5	30	180	36	35.3
6	6.5	31	160	48	33.7
7	7.0	29	180	48	37.6
8	7.0	30	160	60	38.4
9	7.0	31	170	36	36.3
K_1	33.87	36.0	35.43	35.27	
K_2	35.06	36.43	36.07	35.67	
K_3	37.43	33.9	34.87	35.43	
R	3.56	2.53	1.2	0.4	
最佳水平	7.0	30	170	48	42.8

3.4 植烟土壤中钾的微生物转化过程及调控

3.4.1 解钾功能微生物

具有解钾功能的微生物主要包括一些细菌和真菌。它们对土壤中的钾元素进行有益的转化和释放,有助于植物对钾的吸收利用。常见的解钾功能微生物有:①芽孢杆菌:是一类广泛存在于土壤中的解钾功能微生物,通过分泌酶类物质和有机酸的方式,促进土壤中难溶性钾矿物质的溶解,增加土壤中的可交换性钾;②假单胞菌:对土壤中的钾元素循环和转化具有重要影响,通过代谢活动影响土壤中的钾形态,有助于促进植物对钾的吸收;③曲霉属真菌和青霉菌等真菌:这些真菌分泌的有机酸(如柠檬酸)以及鞭毛等有利于提高土壤中钾的有效性。这些解钾功能微生物通过多种方式影响土壤中钾元素的转化和有效性,有助于提高土壤中钾的有效性,促进植物对钾的吸收利用,对于提高土壤肥力和植物生长有着重要意义。

3.4.2 微生物解钾作用机制

1. 提高可交换性钾的含量

微生物有助于提高土壤中可交换性钾的含量,从而使植物更容易吸收到充足的钾元素。一些微生物可能分泌磷酸酶来水解土壤中的有机磷,而由于钾离子与有机磷酸盐之间存在一定的交换作用,有机磷的水解释放可能会导致土壤中可交换性钾的增加。微生物分泌的糖胺聚糖和其他有机质,有助于改善土壤结构,促进土壤颗粒的团聚和空间的增加,有利于提高土壤固定态钾矿物质中可供植物利用的钾含量。微生物可能会分泌一些物质与土壤中的钾离子发生螯合作用,降低土壤中固定性钾的活性,使之更容易被植物吸收。

2. 促进钾形态的转化

微生物可以分泌一系列酶类物质,如螯合酶和激酶,这些酶类物质对土壤中的难溶性矿物质和有机质进行分解,促进了固定态钾矿物质中的可转化性钾的释放。微生物分泌的有机酸,如柠檬酸、草酸等,具有较强的对钾离子的螯合和解离能力,可以与土壤中的固定态钾盐发生化学反应,促使固定态钾的溶解,将其转化为可供植物吸收的形式。微生物排泄的代谢产物有助于调节土壤的酸碱度和离子活性,从而促进土壤中固定态钾的转化和溶解。微生物分泌的磷酸酶可以降解土壤中的有机磷化合物,使其释放出磷元素并降低土壤中固定态钾的活性。

3. 改善土壤环境

微生物的代谢产物对土壤酸碱度有调节作用，通常通过分泌有机酸来改变土壤 pH。在一些情况下，土壤的酸性环境有助于土壤中难溶性磷元素加速转化为可供植物吸收的形式，这也增加了植物对钾素的吸收量。微生物分泌的糖胺聚糖和其他有机质有助于改善土壤结构，从而增加土壤的通气性和水分渗透性，有助于促进植物的根系发育，并增加植物对土壤中钾素的吸收量。微生物的代谢产物有助于提供营养物质和良好的生长环境，从而增加土壤中有益微生物的数量和活性。优良的土壤结构和有益微生物的存在有助于促进植物根系的生长，增加根系对钾素的吸收量和活性。

4. 促进植物根系的生长

微生物通过促进植物根系的生长，增加植物根际环境的生物量和多样性，有利于提高植物对土壤中钾素的吸收效率。一些微生物可以通过代谢产物促进植物根系生长，例如植物生长激素和生长调节物质。微生物分泌物质改善了植物根际环境，增加了根际微生物的活性和多样性，对植物的生长和养分的吸收产生积极影响。一些有益的根际微生物如固氮细菌、溶磷细菌等也能够促进植物对钾素的吸收。

3.4.3　钾的微生物调控方法及其应用

解钾微生物菌剂包含多种复合菌株，菌种之间相互协作，在实验室条件下表现出了高效的解钾功能。然而在实际应用中，复杂多变的环境、丰富多样的土壤微生物群落，这些因素都极大地影响了微生物菌剂的效果。目前已有的微生物菌剂大多由单一的功能菌制成，如何保证功能菌在新环境中成功定殖是生物菌剂成功的决定性因素。混合型的微生物菌剂由多种菌剂组成，微生物之间相互作用、关系紧密，本身就是一个比较稳定的群落，因而在施加的时候能够更加有效的定殖。本研究通过分析三种群落结构显著不同的微生物菌剂在施加之后对土壤性质以及土壤微生物群落的影响，探究土壤微生物群落的变化，不但有助于我们了解微生物菌剂发挥作用的途径，而且有助于我们认识影响菌剂在大田中的应用效果的因素，提高菌剂施用效果。

1. 解钾菌群的筛选与富集

研究使用的土壤分别取自浏阳市淳口镇、秧田镇和大围山的烟-稻轮作田、烟-玉米轮作田和稻-稻连作田。钾元素浸出率测定结果见表 3-3。

钾长石粉培养基：NaH_2PO_4 1.3 g，$MgSO_4 \cdot 7H_2O$ 0.1 g，$FeCl_3$ 0.025 g，蔗糖 2.5 g，$CaCO_3$ 0.05 g，钾长石粉 0.5 g，琼脂 9 g，蒸馏水 500 mL，105 ℃灭菌 20 min。

配制钾长石粉培养基，在 50 mL 锥形瓶中装入 40 mL 培养基，121 ℃灭菌 20 min。待培养基冷却至室温后，每个土样分别称取 4 g 放入相应培养基，40 ℃、

180 r/min 培养 48 h。吸取 4 mL 上清菌液至新配制好的 40 mL 钾长石培养基中，传代培养 48 h，连传五代进行富集。

2.摇瓶发酵试验

配制培养基(将钾长石粉去除，其他成分不变)并分装(方法与上述一致)，每个土样称取 10 g 分装，121 ℃ 灭菌 20 min。待培养基冷却至室温后，将土样放入相应培养基中，并加入之前传代富集好的菌液 4 mL，40 ℃、180 r/min 培养 8 d。

将摇瓶中的培养液在 6000 r/min 转速条件下离心 20 min，离心两次后将底部土壤混合物取出，并在 105 ℃ 烘箱中烘干。将各地区原土壤各取 10 g，用蒸馏水溶解后按上述方法进行两次离心，将离心管底部土壤混合物取出烘干。

将烘干的土壤研磨充分，用 DELTA 系列合金分析仪进行全元素分析，测得浸出后土壤的固态难溶钾含量($K_后$)和原土壤的固态难溶钾含量($K_原$)，计算难溶钾的浸出率，筛选出解钾能力比较强的菌群。浸出率计算公式为：浸出率 = ($K_原$ - $K_后$)/$K_原$。

解钾试验结果(表 3-8)表明菌株 SP/K-12、SP/K-47、SP/K-127、SP/K-142、SP/K-155 和 SP/K-153 的解钾率高于 8.0%。综合溶磷试验结果，得出 SP/K-12、SP/K-142、SP/K-153 和 SP/K-155 是解钾和溶磷能力均较强的菌株。

表 3-8　10 株高效细菌的解钾特性

菌株编号	解钾量/(mg · L^{-1})	解钾率/%	pH
SP/K-9	57.00±12.66	2.68	6.05
SP/K-12	197.60±19.27	12.70	4.76
SP/K-33	97.45±14.85	2.67	7.52
SP/K-47	184.50±17.71	11.50	6.34
SP/K-54	102.34±10.06	4.31	5.57
SP/K-101	145.25±23.64	7.56	4.64
SP/K-127	221.01±42.01	11.00	4.77
SP/K-142	162.01±55.33	9.33	4.97
SP/K-153	139.28±9.76	8.08	5.60
SP/K-155	168.04±12.05	9.44	5.55

经过摇瓶发酵试验初筛，得到解钾能力最好的三个菌群，分别来自土样大围山 1(DS)、大围山 2(DW)、淳口鸭头 1(CY)，钾元素浸出率测定结果见表 3-9。将三个菌群的富集液保存好，以便后续试验使用。

表 3-9　钾元素浸出率测定结果

地点	$K_原$	平均值	$K_后$	平均值	浸出率
淳口鸭头 1	1.19		1.12		
	1.18	1.187	1.09	1.12	5.64%
	1.19		1.15		
淳口鸭头 2	1.12		0.84		
	1.10	1.12	1.05	1.07	4.46%
	1.15		1.09		
沙口秧田 1	1.38		1.34		
	1.39	1.38	1.34	1.34	2.90%
	1.37		1.34		
沙口秧田 2	1.43		1.39		
	1.49	1.45	1.41	1.393	4.14%
	1.44		1.38		
沙口秧田 3	1.48		1.40		
	1.54	1.48	1.37	1.40	5.4%
	1.43		1.43		
大围山 1	1.64		1.52		
	1.63	1.61	1.52	1.52	5.59%
	1.56		1.54		
大围山 2	1.75		1.55		
	1.74	1.74	1.62	1.59	8.62%
	1.73		1.60		

3. 解钾微生物大田试验

将摇瓶发酵试验筛选出的解钾能力最强的三种菌群在湖南省微生物研究院进行高密度发酵扩大培养，大田试验于 2016 年 3 月烟草幼苗期实施，试验区设置在湖南省永安市烟草技术推广站烟草试验田。对试验田进行区域划分，每隔一个月将解钾菌群发酵液浇灌于烟草根际土壤，每种菌群和空白对照设置三个平行试验。试验为期 3 个月。试验结束时取烟草根际土样进行后续微生物多样性分析，并分析土壤中钾元素的含量。

（1）解钾微生物菌群的群落结构与多样性分析

富集后的三组解钾微生物菌剂的群落多样性之间表现出显著差异（表 3-10、表 3-11），Shannon 指数和 Pielou 均匀度指数都表现出了相似的结果，其中 DW 组的多样性明显高于 CY 组和 DS 组。同时，基于 ADONIS 分析，三组解钾微生物群落结构之间也表现出了显著差异（图 3-1）。CY 组、DW 组和 DS 组分别检测到 120 个、235 个和 149 个 OTU，三组共有的 OTU 有 29 个。在门水平上，包括 Firmicutes、Proteobacteria 和 Bacteroidetes 在内的主要属在三组解钾微生物群落中的相对丰度次序一致。在属水平上，微生物群落由 45 种已知的属组成，其中大多数属的相对丰度在三组微生物菌剂中表现出显著差异。比如，在 DW（22.46%）和 DS（43.94%）两组中相对丰度最高的属 *Clostridium sensu stricto* 在 CY 组中相对丰度只有 0.08%。在三种解钾微生物菌剂中，其群落多样性和群落结构之间均表现出了显著差异，但是解钾能力却没有显著差异，推测原因可能是三组解钾微生物菌剂中具有解钾功能的微生物的种类和丰度存在显著差异。例如，*Pseudoxanthomonas* 在 CY（2.62%）和 DS（3.57%）两组中是高丰度的属，而在 DW 组（0.21%）中是低丰度的属；*Sphingomonas* 和 *Bacillariophyta* 在 CY 组和 DW 组中是低丰度的属，而在 DS 组中却没有检测到。

表 3-10　解钾微生物菌剂的解钾能力和群落多样性

处理组	解钾效率	Simpson 指数	Shannon 指数	Pielou 均匀度指数	Chao 值
CY	5.623%± 0.021a	0.794± 0.148a	2.391± 0.499b	0.519± 0.107ab	10026.104± 2596.430a
DW	8.613%± 0.025a	0.911± 0.021a	3.158± 0.156a	0.598± 0.034a	8882.922± 963.132a
DS	7.098%± 0.003a	0.761± 0.040a	2.024± 0.076b	0.421± 0.014b	8619.688± 3149.420a

表 3-11　解钾微生物菌剂群落组成的不相似性分析

处理组	CY		DW	
	R^2	显著性	R^2	显著性
DW	0.681	**0.012**		
DS	0.795	**0.020**	0.843	**0.006**

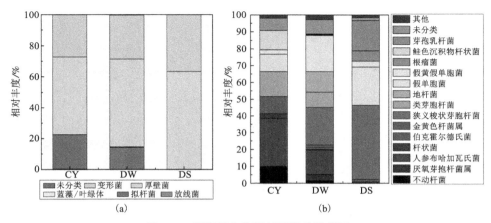

图 3-1 解钾微生物菌剂群落的组成图

(扫本章二维码查看彩图)

（2）大田试验效果

通过 ANOVA 分析，四个处理组的大田土壤特性都检测出了显著差异。表 3-12 和图 3-2 显示，速效钾（AK）的浓度在试验组和空白组之间都有显著差异（$p<0.05$），并且 FCY 组和 FDS 组中 AK 的浓度明显高于 FDW 组，几乎是 FDW 组中 AK 浓度的两倍。同时，试验组中总氮元素的浓度，包括 NO_3^- 和 NH_4^+ 的浓度明显高于空白组。

表 3-12 大田土壤中营养成分的 ANOVA 分析

处理组	AK/ (mg·kg^{-1})	TP/ (mg·kg^{-1})	TOC/%	TN/ (mg·kg^{-1})	$c(NO_3^-)$/ (mg·kg^{-1})	$c(NH_4^+)$/ (mg·kg^{-1})
CK	298.77± 25.97	510.36± 67.53	1.76± 0.0742	5133.60± 368.8	79.01± 5.25	2.16± 0.3914
FCY	590.46± 75.07	538.95± 74.27	1.73± 0.0474	5282.60± 70.5	141.59± 32.12	3.27± 0.4952
FDW	436.18± 53.96	633.90± 130.02	1.75± 0.1406	5589.60± 397.9	164.71± 31.75	2.92± 0.4714
FDS	629.81± 64.54	625.50± 74.03	1.79± 0.0222	6362.60± 396.6	152.69± 11.09	3.65± 0.4665

注：数字表示平均值±标准差，小写字母表示各组间差异性，$p<0.05$。

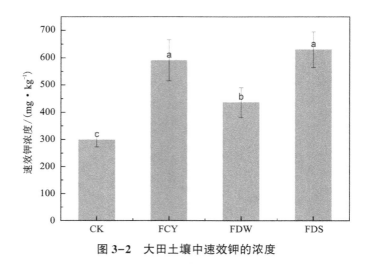

图 3-2 大田土壤中速效钾的浓度

（3）大田试验土壤的微生物群落结构与多样性

大田试验土壤样品的 16S rRNA 测序数据在 97% 阈值的条件下聚类得到 11923 个 OTU。多样性分析表明四个处理组之间没有显著差异（$p>0.05$）。但是，基于 Bray-Curtis distance 的 ANOSIM 分析和 DCA 分析都表明，试验组 FCY、FDW 和 FDS 的细菌群落结构都与对照组有显著差异，并且 ANOSIM 分析进一步揭示了 FDW 与 FCY 和 FDS 群落结构之间存在显著差异。

试验样品的微生物群落（表 3-13、表 3-14、图 3-3）由三个主要的门组成：Proteobacteria、Bacteroidetes 和 Thaumarchaeota。在属的水平，微生物菌剂的施加导致 103 个属的相对丰度发生显著变化，例如，*Flavisolibacter*、*Sphingomonas* 和 *Pseudoxanthomonas* 的相对丰度在试验组中明显增加，而 *Bacillariophyta* 的相对丰度在试验组中明显减少。研究表明，*Flavisolibacter*、*Sphingomonas* 和 *Pseudoxanthomonas* 都是微生物菌剂研究中常见的菌种，对改善土壤肥力、促进植物生长都有显著影响。

表 3-13 大田试验土壤中微生物群落的多样性

处理组	Shannon 指数	Simpson 指数	Pielou 均匀度指数	Chao 值
CK	7.012±0.152a	71.601±18.511a	0.815±0.018a	16612.479±1510.606a
FCY	7.095±0.122a	100.038±39.068a	0.827±0.014a	15177.252±846.978a
FDW	6.967±0.165a	69.374±27.073a	0.806±0.019a	16774.207±2640.269a
FDS	6.875±0.137a	64.073±18.380a	0.803±0.016a	12967.997±803.618a

表 3-14 大田土壤微生物群落组成的不相似性分析

距离	CY	DW	DS
CK	0.9969±0.0010b	0.9959±0.0012c	0.9977±0.0006a

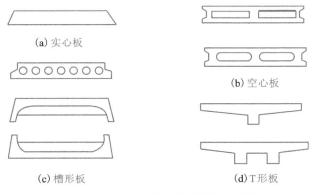

(a)实心板

(b)空心板

(c)槽形板

(d)T形板

图 3-3 大田土壤微生物群落的组成图

与施加的解钾微生物菌剂相比，试验组的微生物群落中许多属的相对丰度也发生了明显变化，占据菌剂微生物组成 90% 以上的 45 种已知属在土壤样品中的相对丰度大幅度下降到 10% 以下。其中有 13 个属，如 *Brevundimonas*、*Pseudomonas*、*Sphingomonas* 和 *Pseudoxanthomonas* 等，相较于空白组土壤样品的相对丰度表现出了增加趋势；*Bacillariophyta* 和 *Clostridium sensu stricto* 则表现出了减少的趋势。由此可以推断，解钾微生物菌剂加入土壤后，在竞争力的作用下，并没有引入新的属，但却改变了土壤微生物群落的结构。许多具有解钾功能的微生物显著增加，从而提高了土壤中有效钾的含量。

（4）解钾微生物群落结构对大田试验的影响

欧氏距离分析表明，三种解钾微生物菌剂的群落结构［图 3-4（a）］与大田试验对照组都有显著差异，但是这种差异在 DW 组与 CK 组之间相对较小。在 OTU 分布上，也呈现出相似的结果。DW 组与 CK 组共有的 OTU 是最多的，有 44 个；CY 组和 DS 组与 CK 组共有的 OTU 分别为 29 和 30 个。比较微生物多样性发现，CK 组的多样性指数，包括 Simpson 指数、Shannon 指数、Pielou 均匀度指数和 Chao 值，均明显高于 CY 组、DW 组和 DS 组，但是菌剂微生物群落多样性最高的 DW 组显然更接近 CK 组。总之三种解钾菌剂中，DW 组在微生物群落结构和多样性上都与大田土壤更为接近，其对土壤微生物群落的影响相对更弱，对应的土壤中有效钾的浓度相对较低。

（5）大田土壤微生物群落的分子生态网络分析

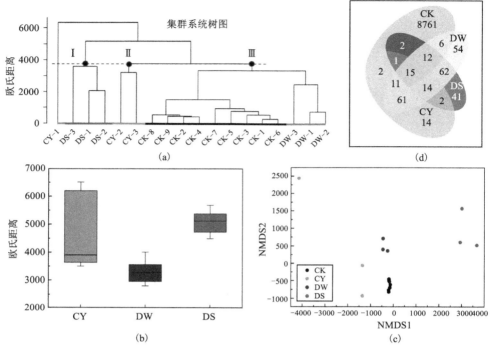

图 3-4　菌剂微生物群落与大田试验对照组之间的结构和组成分析

(扫本章二维码查看彩图)

基于 16S rRNA 测序数据，建立了 CK 组、FCY 组、FDW 组和 FDS 组的分子生态网络（MENs）来揭示微生物群落内的生态学关系。表 3-15 表明，分子生态网络之间的拓扑特性存在许多差异。其中对照组有 1378 个节点和 1924 条连线，FCY 组和 FDS 组的节点和连线较少，而 FDW 组的节点和连线较多。CK 组网络中节点之间的负相关连线的比例为 42.67%，FCY 组和 FDS 组网络中节点之间的负相关连线的比例更低，而 FDW 组的更高。这就意味着 DW 的施加导致土壤微生物群落之间的联系更多，尤其是负相关联系更多，即竞争作用更强；而 FCY 和 FDS 的施加造成土壤微生物群落之间的联系变少，但是正相关联系更多，即协作关系更强。拓扑特性中的参数平均连接程度，反映了网络之间的复杂程度，该参数越大，对应的网络越复杂。平均路径反映了网络 OTU 之间的紧密程度，该参数越小，对应的网络越紧密。对比空白组，FCY 组和 FDW 组的网络变得更加紧密复杂，而 FDS 组的网络变得更加疏松简单。FDW 组这种变化尤其大，导致 FCY 组和 FDS 组的网络反而与 CK 组更加相似。推测原因可能与解钾微生物的群落结构相关。DW 组的微生物群落结构与土壤更加接近，其组成微生物能够更好地与土壤中原有的微生物建立关系，在土壤中定殖下来，因此 FDW 组的网络变得更加紧密复杂。

表 3-15　大田土壤微生物群落的分子生态网络的拓扑特性

网络特性指标	CK(0.910)	FCY(0.910)	FDW (0.910)	FDS(0.910)
节点数量	1378	1195	1446	1109
边的数量	1924	1827	2193	1276
模块数量	126	105	117	133
负连接数/%	42.67	34.48	46.92	38.79
R^2	0.865	0.95	0.907	0.891
平均度	2.792	3.058	3.033	2.301
平均聚类系数	0.124	0.158	0.133	0.104
平均路径长度	11.987	9.717	11.349	19.485
测地距离	0.106	0.128	0.109	0.086
增大的测地距离	9.464	7.783	9.18	11.662
集中度	0.026	0.023	0.02	0.038
对应力中心性	41.969	10.673	22.63	152.91
特征向量中心度	0.505	0.452	0.436	0.524
传递性	0.111	0.129	0.129	0.09
连通性	0.547	0.534	0.584	0.375
效率	0.998	0.997	0.998	0.997

为了了解解钾菌剂的应用效果，我们进行了大田试验。通过比较土壤中有效钾的含量，以及解钾微生物菌剂和大田土壤微生物群落的相关数据，得到了如下结论：

1）解钾微生物菌剂通过改变土壤微生物群落结构，提高部分解钾功能属的相对丰度来发挥效果。

2）解钾微生物菌剂的群落结构和多样性会影响其在大田中的效果，与大田土壤微生物群落差异大的菌剂效果更好。

3）解钾微生物菌剂会改变土壤微生物群落的分子网络，其中 FDW 组的网络复杂度变化最大，微生物之间的竞争关系最强。

第4章 土壤保育中的
病原微生物与有益微生物

　　土壤是农作物生长的重要基础，其中病原微生物与有益微生物的存在与活动对土壤的健康和农作物的生长发育都具有深远影响。病原微生物可能引发土传病害，严重影响农作物的产量和品质，而有益微生物在土壤中扮演着分解有机质、促进养分循环、抑制病原微生物等的重要角色。因此，了解土壤中病原微生物与有益微生物的种类、特征及相互关系，对于制定科学的土壤保育策略和提高农作物生产效益至关重要。

　　本章将重点介绍植烟土壤中常见的病原微生物与有益微生物，包括细菌、真菌、线虫和病毒等。我们将探讨它们的种类、特征、分布情况，以及它们与植物及其他微生物之间的相互关系。通过深入了解土壤中微生物的生态特征，可以更好地理解土壤生态系统的运作机制，并提出有效的土壤保育措施，以促进农作物健康生长、提高土壤质量，实现农业可持续发展的目标。

4.1　土壤中的病原微生物

　　土壤中的病原微生物常常成为限制农作物生长和产量提高的重要因素之一。本节将介绍植烟土壤中常见的细菌、真菌、线虫和病毒等病原微生物的种类、特征、分布、危害，以及植烟土壤中的病原微生物与植株和其他微生物之间的相互关系，为有效地管理土壤病害提供理论支持和实践指导。

4.1.1　细菌

　　细菌广泛分布于植烟土壤中，尤其在含丰富有机质的土壤中更为常见。它们可以通过土壤中的水分、空气、宿主植物等途径进行传播，通常是单细胞微生物，形态各异，可能呈球形、杆状或螺旋状。它们在生理上具有较强的适应性，可以在不同的环境条件下生存繁殖，接下来介绍一些在植烟土壤中常见的病原菌。

1）青枯菌（青枯雷尔氏菌）：是一种需氧、不形成芽孢、革兰氏阴性的植物病原菌。青枯菌具有极性鞭毛束，一般通过土壤传播。它侵染植物的木质部，导致极广泛范围内潜在寄主植物的细菌性枯萎病，它侵染烟草时会引起一种被称为 Granville 的枯萎病。青枯菌直到最近仍被归类为假单胞菌，但其不像大多数假单胞菌那样产生荧光色素。不同菌株的青枯菌基因组大小从 5.5 Mb 到 6 Mb 不等，一般 3.5 Mb 的是染色体，2 Mb 的是超大质粒。

青枯病在我国南方烟区普遍发生，尤其是云南省。青枯菌可以在植物残骸或患病植物、野生宿主、种子或类似块茎的有性繁殖器官中越冬。这种细菌可以在水中存活很长时间（在纯水中，$20 \sim 25\ ℃$ 条件下可存活达 40 年），但在极端条件下（如极端温度、pH、盐度等条件）这种细菌的数量有所减少。受感染的土地一般几年内不能再种植易感作物。

青枯菌通常通过伤口感染植物。自然伤口（由花落、侧根发生等形成）和非自然伤口（由农业实践、线虫和木质部吸食昆虫引起）都可能成为青枯菌的入侵点。这种细菌通过鞭毛介导的游泳运动和对根分泌物的趋化吸引进入植物伤口。与许多植物病原菌不同，青枯菌可能仅需要一个入侵点就能建立导致细菌性枯萎病的系统感染。在侵染易感宿主后，青枯菌在细菌性枯萎病症状出现之前就在植物内部进行增殖和系统移动，萎蔫通常被视为发生在病原微生物广泛定殖之后的最显著的副作用。

青枯菌大量繁殖后（$10^{8} \sim 10^{10}$ cfu/g 植物组织）会导致植物萎蔫，大量青枯菌可以从有症状或无症状植物的根部脱落。此外，植物表面的细菌渗出物（通常作为病害发生的直接证据）可以进入周围的土壤或水中，污染农业设备，或者通过昆虫传播。此病原菌还可以通过污染的洪水、灌溉、污染的农业设备或感染的种子传播。

2）丁香假单胞菌烟草致病变种：是一种革兰氏阴性细菌，是烟草野火病的病原菌，属假单胞杆菌属，为假单胞杆菌属中的荧光类群，菌体呈杆状，大小为（$0.5 \sim 0.6$）μm×（$1.5 \sim 2.2$）μm，无芽孢，无荚膜，极生 $3 \sim 6$ 根鞭毛。该菌呈革兰氏阴性、好气性、无聚 β 羟基丁酸盐积累，为烟草角斑病病原菌。在肉汁胨琼脂平面上菌落初呈半透明，渐变成灰白色。叶间不透明、边缘透明、圆形、稍凸起、表面平滑、有光泽、边缘呈波状。在肉汁胨液中呈浓云雾状，无菌膜，在金氏 B 培养基（KB）上产生绿色荧光，有果聚糖产生。该菌适宜生长的温度为 $24 \sim 28\ ℃$，最高为 $38\ ℃$，最低约 $4\ ℃$，致死温度为 $49 \sim 51\ ℃$（10 min）。该细菌可以在多种温度和 pH 条件下生长，对铜、锌等重金属有一定的耐受性。丁香假单胞菌烟草致病变种通过产生毒素、效应蛋白和细胞外代谢物等因子，抑制植物的防御反应，导致叶片出现水浸状的坏死斑点，严重时可造成整株枯萎。丁香假单胞菌烟草致病变种并不产生冠状素（COR），这是许多丁香假单胞菌烟草致病变种产生的一种具有植物毒性的细胞外代谢物，用于抑制植物的防御反应。研究表明，丁香假单胞菌烟草致病变种感染可以降低叶绿素含量和光系统Ⅱ（PSⅡ）和光系统Ⅰ（PSⅠ）的活性，抑制烟草叶片的正常光合作用。然而，光照条件似乎通过在感染期间积累过氧化氢来抑制烟草叶片中的 Pst 种群。

烟草野火病的发病症状主要表现在叶片上，初期为水浸状的灰绿色小斑点，随后扩大为圆形或不规则的褐色坏死斑，边缘呈黄色晕圈。坏死斑点在潮湿条件下会出现细菌渗出液，干燥后形成白色或黄色的粉末状物质。在高温干旱条件下，叶片会出现干枯焦裂的现象，称为"野火"。丁香假单胞菌烟草致病变种在植物间的传播主要依靠风、雨和昆虫等媒介，在植物内部的运动则依赖于其自身的趋化性。丁香假单胞菌烟草致病变种对植物细胞液和伤口渗出液具有正向趋化性，可以通过气孔或伤口侵入植物，并在细胞间隙大量繁殖。

3）枯草芽孢杆菌：是一种革兰氏阳性、好气性的杆状细菌。其单个细胞的大小为（0.7~0.8）μm×（2~3）μm，着色均匀，无荚膜，周生鞭毛，能运动。芽孢大小为（0.6~0.9）μm×（1.0~1.5）μm，孢囊无明显膨大。菌落大、表面粗糙、扁平、不规则。这种细菌在病株周围土壤中数量特别多，在病株叶片中也积累大量的异白氨酸及其他氨基酸。

枯草芽孢杆菌引起烟草剑叶病，从苗期至开花期均可发生。病株受害程度因烟株生育期和土壤营养状况等而异。发病初期，叶片边缘黄化，后向中脉扩展，严重的整个叶脉都变为黄色，侧脉则保持暗绿色、网状，叶片只有中脉伸长而形成狭长剑状叶片。病株顶端的生长受到抑制，呈现矮化或丛枝状，根部常变粗，稍短。

4）黄单胞杆菌属：广东鉴定为野油菜黄单胞杆菌萝卜致病变种，广西鉴定为野油菜黄单胞杆菌野油菜致病变种，为烟草细菌性黑腐病的病原菌。其菌体呈短杆状，两端钝网，大小为（1.4~2.8）μm×（0.7~0.91）μm。菌体多单生或双生，无链生。革兰氏染色阴性，极生单鞭毛。在酵母浸育、葡萄糖、碳酸钙（肌）培养基上菌落为圆形，初为土黄色，后为蜡黄色，中央稍隆起，边缘整齐，菌英黏，但产生的黏液较少。该菌可迅速液化明胶，水解七叶灵，牛乳蛋白降解阳性，不水解淀粉，能利用阿拉伯糖、葡萄糖、果糖和甘露糖产酸，不能还原硝酸盐，尿酶活性阳性，氧化酸阴性。

烟草细菌性黑腐病发生于旺长期至采收初期，主要危害烟株中部或中下部2~3 张叶片的中脉、侧脉及附近的叶肉组织，烟叶叶脉呈褐色至黑褐色坏死，叶脉相邻的叶肉组织黄化，无固定边缘，有时主脉坏死部位纵裂。叶脉主要是表皮组织受害，维管束不变色，发病植株病情扩展速度较慢。染病烟叶组织切口在显微镜下可见大量细菌溢出。

低洼、排水不良的田块易诱发烟草细菌性黑腐病，植株旺长至封顶后，如氮肥施用过多,植株疯长,遇上多雨潮湿天气时,病害发展较快,感病叶片病部迅速扩大,并由下部叶片向中、上部叶片扩展。晴朗天气,病害停止扩展,病叶干枯凋萎。湿度是诱发黑腐病的重要因素,雨水多、天气潮湿时,发病较多;气候干燥、相对湿度低时,病害很少发生。

5)胡萝卜软腐欧氏杆菌胡萝卜软腐致病型:属欧文氏杆菌属,为烟草空茎病病原菌。其无芽孢无荚膜,革兰氏染色为阴性,为嫌气性细菌。形态为杆状,大小为(0.5~0.8)μm×(1.5~3.0)μm,有 1~8 根周生鞭毛。菌落为亮白色至乳白色,边缘呈圆形或不规则形。生长最高温度、适宜温度与最低温度分别为 37 ℃、27~30 ℃和 0 ℃,致死温度为 47~53 ℃(1 min)。在金氏 B 培养基(KB)、酵母汁葡萄糖碳酸钙琼脂(YDCA)和蔗糖蛋白胨琼脂(SPA)上生长良好。能利用葡萄糖、果糖、蔗糖、半乳糖、麦芽糖、乳糖、海藻糖,不产生吲哚,不水解淀粉。过氧化氢酶阳性,氧化酶、卵磷脂酶和磷酸酶阴性,对红霉素不敏感,在培养基上不产生色素。DNA 中鸟嘌呤和胞嘧啶所占的比例为 50%~58%。该菌可以产生果胶酶,分解烟草细胞间的中胶层而形成腐烂。接种后 48 h 即出现明显的腐烂症状,几天或一周左右就可蔓延至全株。

4.1.2　真菌

真菌在植烟土壤中普遍存在,特别是在潮湿、通风不良的环境中更易繁殖。其通过土壤中的孢子或菌丝进行传播,对烟草生长发育造成危害。真菌通常是多细胞微生物,是具有分枝的菌丝体,可形成菌丝状、球形或菌盘状的结构。它们通常以分解有机物质为生,有些真菌具有寄生性,生存依赖于宿主植物或其他生物。我国主要的烟草真菌性病害有:危害烟草幼苗的烟草炭疽病、烟草猝倒病和烟草立枯病;危害大田成株、引起全株死亡的烟草黑胫病;危害成株叶片、引起烂叶的烟草灰斑病、烟草赤星病;危害成株叶片、影响烟草产量和品质的烟草白粉病和烟草煤烟病。此外,还有对烟草具有毁灭性、目前在我国尚未发现而被列为对外检疫对象的烟草霜霉病。

1)烟草疫霉:是一种土壤传播的双鞭毛真菌类植物病原微生物,它在烟草中会引起黑胫病,并在各种植物中引起根腐病、叶片坏死和茎部病变。这种病原微生物属于鞭毛菌亚门、卵菌纲、霜霉目、腐霉科、疫霉属。

在烟草黑胫病的早期阶段,疫霉属病原微生物作为生物营养体从活细胞中获取营养,后来转变为引起宿主细胞死亡并促进病原微生物定殖的坏死营养体。在一定温度和高湿度条件下,疾病的发展非常迅速。这种疾病在烟草种植地排水不良的地区最为常见。

黑胫病是一种多周期性的土传病害,可能每个生长季从 5 月到 10 月都会发生多次病害。气生孢子在无性繁殖时产生,并作为长期存活的休眠结构,存活时间为 4~6 年。气生孢子数量多,是主要的存活结构,也是主要的接种源。这些孢子在温暖湿润的土壤中发芽,产生侵染植物的生长管或无性孢子囊。此外,还有一种无性结构和次级接种源,呈卵形、梨形或球形,称为孢子囊。这些孢子囊会产生,并且在适当的条件下,在接种后的 24 h 内直接发芽或释放游动孢子。游动孢子呈肾形,具有前置的纤毛和后置的鞭毛,可以将孢子导航到发生感染的根尖处。黑腐病需要水分才能发芽和移动,这是因为游动孢子可在土壤孔和积水中游动。雨水或灌溉溅起的水可能会感染健康植物的叶片,导致更多的次级病害周期重复发生。游动孢子朝着根尖周围的营养梯度和寄主伤口移动。一旦接触根表面,游动孢子就会囊化,并产生一个发芽管穿透表皮。感染导致根系系统性腐烂,叶片枯萎和叶绿素减退。此外,不同的烟草疫霉分离株在不同培养基上生长时,菌落类型有很大的形态变化,生长过程也可能不同。菌丝是异交的,需要两种交配类型才能产生性生存结构——卵孢子。许多田间只含有一种交配型,因此游动孢子很少发芽,也很少引起流行病。

黑胫病病原微生物在温度为 84~90 °F(29~32 ℃)的范围内生长繁殖。该病在许多农业生产地区很常见,因此许多适合温暖环境的作物是其主要寄主。黑胫病病原微生物需要水分才能发芽和移动。由于水是游动孢子和孢子囊的传播介质,因此土壤饱和时疾病的传播会加速。土壤中低洼潮湿的地区,长时间保持湿润,会有更多的病害发生。雨水或灌溉溅起的水可能会感染健康植物的叶片,导致更多的次级病害周期重复发生。土壤如果不饱和,则病害很少或没有,因此水管理至关重要。较适合的土壤 pH 为 6~7。土壤中的钙和镁含量也会影响疾病的进展。

2)烟草炭疽病菌:属半知菌亚门、腔孢纲、黑盘孢目、炭疽菌属。该病原菌最早被命名为 *Colletotrichum destructivum* O'Gara,后定名为 *Colletotrichum nicotianae* (1923 年),为烟草炭疽病病原菌。其菌丝体有分枝和隔膜,初为无色,随着菌龄增长,菌丝渐粗、变暗,内含大量原生质体,并在寄主表皮上变态形成子座,子座上着生分生孢子盘,分生孢子盘上密生分生孢子梗。孢子梗为无色、单胞、棍棒状,上着生分生孢子。分生孢子为长筒形、两端钝圆、无色、单胞,两端各有一油球。在分生孢子盘中生有暗褐色有隔膜的刚毛,该菌在自然条件下和人工培养条件下,形态大小有差异。

烟草炭疽病菌菌丝生长的温度范围为 4~34 ℃,生长较适宜的温度为 24~28 ℃,低于 4 ℃ 或高于 34 ℃ 时菌丝不能生长。致死条件为 55 ℃、5 min 或者 50 ℃、10 min;在干热条件下为 110 ℃、5 min 或者 100 ℃、40 min。分生孢子萌发较适宜的温度为 20~25 ℃,25 ℃ 以上时萌发率显著降低,其致死条件为 66.7 ℃、5 min。菌丝及分生孢子产生的适宜相对湿度为 70%~100%,当相对湿度低于 35% 时,菌丝不能生长,分生孢子不能萌发。该菌可生长的 pH 范围为 2~14,

适宜生长的 pH 为 5~8；当 pH 为 3~4 时，菌落出现畸形，pH 接近两极时，菌落生长缓慢，菌丝稀疏，对碱性环境忍耐力大于酸性环境。

烟草炭疽病菌在侵染寄主时，由分生孢子萌发形成附着胞，从叶片的正面和背面直接侵入，未见从气孔和伤口侵入的情况。侵入后形成初始菌丝，相邻细胞从初始菌丝形成的纤细菌丝丝状体侵染。在侵染点附近产生并扩散出毒素，可加快侵染过程。在最适温度、湿度条件下，4~5 天出现症状。被侵染组织的过氧化物酶活性升高并产生荧光物质。病土、带菌的肥料和种子是主要的初侵染来源，播种带菌的种子萌发时，潜伏于种子内外的菌丝即萌发，侵染子叶引起子叶发病，并在上面产生分生孢子，分生孢子借风雨传播进行再次侵染子叶。大田中的初侵染来源主要是病苗、土壤中的病残体及野生寄主。

3) 腐霉属：为鞭毛菌亚门、卵菌纲、霜霉目、腐霉科，是烟草猝倒病的病原菌。腐霉属真菌的共同特征是菌丝发达、无色、无隔膜，无性繁殖产生不同形态的孢子囊和游动孢子，有性繁殖产生特殊形状的雄器和藏卵器，两者交配形成厚壁的卵孢子。烟草猝倒病主要危害烟草幼苗，尤以 3~5 片真叶期易发病。被侵染的幼苗接近土壤表面部分先发病。发病初期，茎基部呈褐色水渍状软腐，并环绕茎部，幼苗随即枯萎倒卧地面，叶子依靠水分保持几天绿色或很快腐烂，苗床上呈现一块块空斑，如苗床湿度大，病苗周围可见密生一层白色絮状物。当 2 叶期幼苗根部染病，而茎上无病时，因根部腐烂，茎端上翘倒卧地上。镜检被害组织，易见到腐霉菌的卵孢子和无分隔的典型菌丝幼苗在 5~6 片真叶时被侵染，植株停止生长，叶片凋萎变黄，病苗根部呈水渍状腐烂，皮层极易从中柱脱落。当病菌从地面以上侵染时，茎基部常缢缩变细，地上部因缺乏支持而倒折，根部一般不变为褐色而保持白色。

4) 立枯丝核菌：属于半知菌亚门、丝核菌属，为烟草立枯病的病原菌。菌丝粗壮，有隔膜，多核，直径为 8~12 μm，幼嫩菌丝为无色，老熟菌丝呈浅褐色至黄褐色。菌丝有分枝，分枝处往往呈直角，并在其基部有缢缩。老菌丝常呈一连串桶形细胞，菌核则由桶形细胞菌丝交织而成，质地疏松，无规则形状，大的菌核直径为 10 μm 左右，小的菌核肉眼难辨，呈浅褐色、棕褐色至黑褐色。菌核间常有菌丝相连，抗逆力强，是保证病菌越冬的重要器官。

立枯丝核菌可以以硬块菌核的形式在土壤中存活多年。立枯丝核菌的硬块菌核具有厚实的外层，以确保其存活，并且可以作为该病原微生物的越冬结构。在一些罕见情况下(如有性世代)，该病原微生物也可能在土壤中以菌丝形式存在。该真菌通过植物生长或/和分解植物残渣释放的化学刺激物被植物吸引。病原微生物进入寄主的过程可以通过直接穿透植物表皮或通过植物的天然开口等方式来实现。菌丝接触到植物并附着在植物上，开始生长并产生压孢器，压孢器穿透植物细胞并使病原微生物从植物细胞中获取营养。病原微生物还可以释放分解植物细胞壁的酶，并在死亡组织内继续定殖和生长。

5）交链孢菌：属于半知菌亚门、交链孢属真菌，为烟草灰斑病病原菌。该病原菌的孢子梗散生于病斑上，呈黄褐色，直或曲，有 1～3 个隔膜，大小为 92.5 μm×9.1 μm。分生孢子呈黄褐色，多个串生，有椭圆形、长圆锥形和倒棍棒形 3 类，后两类占多数，孢子壁光滑，孢子大小为（13.28～46.48）μm×（6.61～15.94）μm，平均大小为 22.34 μm×9.11 μm，横隔孢子 1～6 个，纵隔孢子 0～3 个。病菌在 4～40 ℃均能生长，温度范围是 21～32 ℃，较适温度为 24～27 ℃。温度对孢子萌发的影响研究结果表明，较低的温度（4 ℃）对孢子萌发十分不利，孢子在 22～23 ℃均能正常萌发，最适萌发温度是 24 ℃，萌发率在 93%以上；而温度在 24 ℃～32 ℃时萌发率开始下降。病菌以菌丝体随病残体在土壤中越冬，以分生孢子为初侵染和再侵染接种体，借风雨传播。

6）链格孢菌：为烟草赤星病病原菌，属半知菌亚门、链格孢属真菌。分生孢子呈浅褐色，单生或丛生，菌丝无色透明，有分隔，形状多为直立；分生孢子萌发时颜色较浅，后逐渐变为浅褐色，通常在病斑表面形成一层黑色霉层。分生孢子大小不一，为（6.0～22.0）μm×（7.0～70.5）μm，分生孢子梗大小为（5～12.5）μm×（3～6）μm。不同品种分生孢子结构差异很大，存在核质交换现象。分生孢子壁有锯齿状突起，可能与孢子的侵染力、附着力和致病性有关。病原菌在 PDA 培养基上生长成白色菌落，逐渐变为褐色直至变成暗绿色菌落，21～28 ℃、湿度 100%的条件较适宜菌株生长和产孢，适宜的光照对病原菌的生长具有促进作用，暗处理能抑制菌株生长。病斑呈圆形或不规则圆形，产生同心轮纹，病斑中心有黑色或深褐色霉状物，是烟草赤星病病原菌的分生孢子和分生孢子梗。

烟草赤星病是烟叶成熟期的病害，在烟株打顶后，叶片进入成熟阶段并开始发病，条件适宜时病情会逐渐加重。烟草赤星病主要危害的部位是叶片，茎秆、花梗、蒴果。烟草赤星病先从烟株下部叶片开始发生，随着叶片的成熟，病斑自下而上逐步发展。烟草赤星病病斑最初在叶片上出现，为黄褐色圆形小斑点，后慢慢变成褐色。病斑的大小与湿度有关，湿度大则病斑大，干旱则病斑小，一般来说斑点直径最初不足 0.1 cm，之后逐渐扩大，病斑直径可为 1～2 cm。病斑呈圆形或不规则圆形、褐色，有明显的同心轮纹，边缘明显，外围有淡黄色晕圈。在感病品种上黄晕明显，致使叶片提前"成熟"或枯死。病斑中心有深褐色或黑色霉状物，为病菌分生孢子和分生孢子梗。病斑质脆易破，天气干旱时有可能在病斑中部产生破裂，病害严重时，许多病斑相互连接合并，致使病斑枯焦脱落，进而造成整个叶片破碎而无使用价值。茎秆、蒴果上产生深褐色或黑色圆形或长圆形凹陷病斑。

7）二孢白粉菌：属于子囊菌亚门、核菌纲、白粉菌目、白粉菌科、白粉菌属，为烟草白粉病的病原菌。叶片上着生的白粉是该菌的分生孢子和分生孢子梗及菌丝,为专性寄生菌。菌丝有分隔,透明,内含大量原生质颗粒。分生孢子梗无分枝且与菌丝垂直,有凹陷,大小一般为(80~120)μm×(12~14)μm,山东农业大学烟草研究室测定其大小为(47~200)μm×(10~13)μm,分生孢子着生在分生孢子梗顶端、串生、无色、单胞、圆筒形或椭圆形,大小为(20~32.2)μm×(12~15)μm,山东农业大学烟草研究室测定其大小为(24~47)μm×(10~21)μm。每一个分生孢子里有子囊壳,黑色、球形、无孔口,大小为80~140μm;子囊壳外生弯曲和数目不定的附属丝,内生10~15个子囊。子囊为长卵圆形,基部有不分支的短柄,大小为(58~90)μm×(30~35)μm;每个子囊内一般有2个子囊孢子,偶尔也可看到生有3个子囊孢子的现象。子囊孢子为单胞、无色至淡褐色、椭圆形,大小为(20~28)μm×(12~20)μm,有性世代较少发生。

烟草白粉病菌的分生孢子萌发的较适温度为19.5~23 ℃,最低温度为7 ℃,最高温度为32 ℃;萌发的较适宜相对湿度为60%~80%,相对湿度为20%和100%时也可见到分生孢子萌发,但在水膜中不能萌发。分生孢子生活力较差,相对湿度较高,如为80%~89%时可保持活力达12天,而在相对湿度较低(40%~58%)和在19~21 ℃温度条件下,仅可存活1~2天;夏季比冬季存活时间长。分生孢子尽管在暗处和亮处均可形成,但在暗处形成的孢子比在光照条件下形成的孢子成熟得慢,大多数分生孢子是在白天释放,以中午释放最多,下午1—3点为释放高峰期。子囊壳一般在生长季后期形成,将成熟的子囊壳浸在水中或置于饱和大气中,均可诱发子囊孢子的形成。

4.1.3　线虫和病毒

线虫和病毒在植烟土壤中广泛存在,其分布受土壤环境、宿主植物等因素影响。线虫主要通过土壤传播,而病毒主要通过昆虫、接种工具或受感染的植物组织进行传播。线虫是一种多细胞寄生性微生物,其幼虫阶段可以寄生于植物根系中,造成植株生长发育异常;病毒则是一种非细胞有丝分裂的微生物,其存在形式为蛋白质包裹的核酸,须依赖寄主细胞进行复制。

(1)线虫

由寄生线虫侵染引起的线虫性病害有烟草根结线虫病、烟草泡囊线虫病等,其中以烟草根结线虫病最为普遍、危害最为严重,可致烟株地下根部结疖肿大以至腐烂,地上部分表现为植株矮小、叶片发黄甚至死亡。世界上常见的危害烟草的根结线虫有4种,即南方根结线虫、花生根结线虫、爪哇根结线虫和北方根结线虫,其中前3种危害严重。

花生根结线虫:雌虫为梨形、乳白色,体长560.98 μm,口针长12.6 μm,口针基部球略向后倾斜,会阴花纹为圆至卵圆形,背弓中等高度,侧区的线纹没有波折,有些线纹伸至阴门角,阴门裂长39.8 μm。雄虫为蠕虫形、头区低平、唇盘与中唇融合、无侧唇、头感器明显、口针粗壮、侧区有四条侧线，导刺带新月形。

南方根结线虫：雄成虫为线状、尾端钝圆、无色，大小为（1.0～1.5）mm×（0.03～0.04）mm。雌成虫为梨形、乳白色、大小为（0.44～1.59）mm×（0.26～0.81）mm。生存适温为25～30℃，温度高于40℃或低于5℃时活动受到抑制，55℃条件下10 min致死。

爪哇根结线虫：雌虫会阴花纹具有一个圆而扁平的背弓，无或有很少线纹通过侧线，一些线纹弯向阴门，口针长14～18 μm，锥部朝背部弯曲不明显，通常后部加宽，杆部仅在后端稍加宽，基球短而宽，前端常有缺刻。雄虫头部大而平滑的唇盘和中唇融合。二龄幼虫全长402～560 μm，尾长51～63 μm，头端到口针基部为14～16 μm。

北方根结线虫：雌虫为梨形或袋状，唇区口孔呈六角形，唇盘与中唇不对称，排泄孔位于口针基部球后，会阴花纹为圆至卵圆形，背弓低平，侧线不明显，在尾端有一明显的刻点区，背腹线纹有时在侧区形成翼。雄虫为蠕虫形，头区隆起，与体躯界限明显，头帽侧面为圆弧形，唇盘与中唇融合，无侧唇，头感器为长裂缝状，口针粗壮，口针基部为圆球形，与杆部界限明显，侧区具4条刻线。

烟草根结线虫病在苗床期发病时地上部分一般无明显症状，至移栽时可见幼苗根部有米粒大小的根结，如果苗期发病严重，将出现叶片萎黄，生长缓慢等症状。

大田生长的前期，受害严重的植株长得矮小，叶片少而且小，严重时下部叶片的叶尖、叶缘褪绿变黄。生长的中后期，中下部叶片褪绿变黄加剧，叶尖和叶缘坏死、焦枯，有的下部的叶片整叶干枯、变黑。重病株明显矮化，高温午后有时出现整株萎黄的情况。前期病株根部形成大小不等的根结，须根明显减少，严重时只残留主根侧根，似"鸡爪状"。北方根结线虫形成的根结通常较小，仅限于部分根系；花生根结线虫形成的根结较大，常呈念珠状；南方根结线虫和爪哇根结线虫形成的根结巨大，几乎布满整个根系。根结多和土壤湿度大时，根上可萌生白色的不定根。中后期病根上衰老的大型根结组织常常变为褐色、坏死和腐烂。

病原线虫以虫卵和二龄幼虫形式在土壤、病残体或病组织内越冬，一般可存活1年。病原线虫也可在杂草或其他作物上度过烟草生长季节。病原线虫主要通过土壤和灌溉水、雨水、地表水等传播，还能通过带有线虫的粪肥扩散蔓延。温度等环境条件适宜时，虫卵开始陆续孵化为二龄幼虫。二龄幼虫在土壤水膜中可以游动，主动寻找寄主，通常从烟株根尖的伸长区侵入根内。幼虫利用口针对细胞壁不断穿刺而打开得以移动的通道。幼虫在移动过程中不取食，但可使沿途的细胞膨大。幼虫最后移至皮层或中柱组织，头部包埋在维管组织外围或中柱鞘内，开始固着取食。受到线虫刺激后，取食位点的数个细胞大量分裂但不形成细胞壁,而是转变为一胞多核的巨型细胞;同时虫体周围的细胞增生肥大,致使根表出现根结。二龄幼虫经过 3 次蜕皮后,发育为成虫。雄成虫可在交配后或不交配时直接离开根系,进入土壤,存活几周后很快死亡。雌虫成熟后产卵。卵产在胶质卵囊中,卵囊突出根结外或埋在根结内。国外报道病原线虫世代历期为 17~57 天;国内报道其世代历期为 30~70 天,每年发生 3~7 代。

　　大豆孢囊线虫:为危害烟草的孢囊线虫,孢囊呈深褐色、柠檬形;阴门锥突出明显,膜孔类型为双半膜孔,近半圆形;具有发达下桥,下桥附近有许多长条形泡囊。二龄幼虫为蠕虫形,口针发达,口针基部球强大;尾呈圆锥形,尾端钝圆,透明区明显且较长,约为尾长的 1/2。研究表明,在中国,侵染烟草和大豆的大豆孢囊线虫在形态、ITS 序列及 SSR 标记的遗传结构上没有区别,但寄主和环境适应性及寄生性差异明显。侵染大豆的大豆孢囊线虫几乎不能侵染烟草;侵染烟草的大豆孢囊线虫在烟草上繁殖良好,但只能够轻微侵染大豆,是大豆孢囊线虫新的生理分化类型。

　　烟草孢囊线虫病在烟草的苗期即可发生,严重时可造成烟株弱小、叶片发黄。在成株期,病株略有矮化,叶片瘦小、下卷,前端尖细、向下卷曲成钩状。叶缘、叶尖首先发黄,最后几乎整叶黄化,叶尖出现坏死。受害根系分叉较多,着生小米粒大小的白色或黄色球形颗粒(孢囊线虫的雌虫)。部分受侵染根系出现褐色坏死,最后整条根腐烂、干枯。枯死根上常常留有黑褐色的球形颗粒(孢囊线虫的孢囊)或颗粒脱落后呈现的坑穴。

　　病原线虫主要以虫卵形式在孢囊内越冬,在没有寄主的条件下,孢囊内的卵及幼虫在土壤里可存活数年,当寄主根部分泌出刺激物时,卵便会孵化,幼虫从孢囊内爬出进入土壤中,向寄主植物游动,并从靠近根尖端的部位侵入,然后通过几次蜕皮变为成虫,之后其腹部开始膨大并伸出根外,仅有头和颈留在根内,此时雄虫从根内退出同雌虫交配。从开始孵化到雌成虫成熟产卵大约需要 20 天,许多卵在几天内即孵化侵入根部。在温带一般每年在烟草寄主上发生 4~5 代。不是所有的幼虫都能从孢囊内在任何一个季节孵出,病土内总保持最少数量未孵化出的活的幼虫。有研究认为,如果病土在 10 年或更长时间未种植感病品种的寄主,当再种植时,病土内仍有足够数量的线虫发展成具有感染性的群体。除孢囊内有卵外,孢囊线虫还可向体外分泌黏胶物质,将卵产进去。每条雌虫可产数百粒卵。在田间,病原线虫主要通过土壤、流水、病苗与病株残体进行传播。

　　(2)病毒

　　由病毒侵染引起的烟草病毒性病害有近 10 种,其中发生普遍、危害较重的有烟草花叶病毒、黄瓜花叶病毒、烟草脉斑病毒、烟草蚀纹病毒、烟草环斑病毒。这些病毒病单独或混合发生,常造成烟株节间缩短、植株矮化、叶片皱缩扭曲,从而导致烟叶产量和品质明显下降,损失很大。

烟草花叶病毒（TMV）：是一种 RNA 病毒，为正单链 RNA 病毒，专门感染植物，尤其是烟草及其他茄科植物，其能使这些受感染的叶片斑驳污损，可侵染30 科 310 多种植物，引起烟草花叶病等病害，使受害植株出现花叶症状，生长不良，叶畸形。TMV 在世界范围内广泛分布，我国山东、河北、山西、四川、北京、上海等地均有。TMV 通过病苗与健苗摩擦或农事操作再侵染，另外蝗虫、烟青虫等有咀嚼式口器的昆虫也可传播 TMV。TMV 是人类发现的首例病毒，一直是病毒界研究的热点。Dmitrii Ivanowski 于 1892 年发现了 TMV 的存在；Wendell Meredith Stanley 于 1935 年从病叶榨汁中分离出 TMV 结晶，并发现其主要成分为蛋白质，由此于 1946 年获得了诺贝尔化学奖。之后，人们发现 TMV 中还存在RNA，是一种 RNA 病毒。后来，科学家们利用 X 射线衍射和电子显微技术揭示了该病毒的详细结构，解开了它的神秘面纱。

TMV 极其稳定，粒子为杆状，大小约 300 nm×18 nm；核衣壳呈螺旋状，核酸为单链 RNA。TMV 的 RNA 由 6395 个核苷酸组成，其 5′端有 m7GpppG 帽子结构，5′端帽子之后有一段 69 bp 组成的 5′端非翻译区；3′端无 Poly（A），3′端的非翻译区可折叠成一个类似 tRNA 的结构，能够接受组氨酸。TMV 的基因组共有4 个 ORF，相互重叠，能编码分子量分别为 126 kD、183 kD、30 kD、17.5 kD 的4 种蛋白质，形成由约 2130 个蛋白质亚基组成的烟囱状蛋白质外壳，这些蛋白质精细地控制着 TMV 的生命过程。其中 126 kD 的蛋白质包含甲基转移酶和解旋酶的共有基序，183 kD 的蛋白质则有病毒 RNA 聚合酶活性，30 kD 的蛋白质与病毒RNA 在寄主体内的胞间移动有关。

黄瓜花叶病毒（CMV）：主要靠蚜虫迁飞进行传染，同时能通过打顶、抹芽等农事操作中的汁液摩擦进行传染，CMV 主要在越冬蔬菜、农田杂草上越冬，烤烟现蕾前田间带毒蚜量较大，气候干旱，旺长前后气温波动较大，出现冷雨或热风时，病害往往较严重。发病初期叶脉透明、病叶变窄、扭曲、表面茸毛脱落、失去光泽，有的病叶粗糙、叶基部伸长、叶尖细长、病叶边缘向上翻卷，有时也出现黄绿相间的泡斑和根系发育不良、叶片变薄等现象。

本病的症状因侵染的黄瓜花叶病毒株系不同而有所差异。初期发病时，首先在心叶上表现为明脉症，叶色浓淡不均，出现黄绿相间的花叶症状严重时，叶片变窄、扭曲，伸直呈拉紧状，表皮茸毛脱落、失去光泽等。早期患病时，植株严重矮化，基本无利用价值。大田期的典型症状有：①叶片颜色深浅不均，出现典型的花叶症状；②上部叶狭窄、叶柄拉长，叶缘上卷，叶尖细长，呈畸形；③有时病叶上出现深绿色的泡斑；④中部叶或下部叶可形成闪电状坏死，呈褐色至深褐色；⑤小叶脉或中脉形成深褐色或褐色坏死。CMV 与 TMV 的症状区别：TMV 的病叶边缘时常向下翻卷不伸长，叶面绒毛不脱落，泡斑多而明显，有缺刻；而CMV 的叶片，病斑边缘时常向上翻卷，叶基拉长，两侧叶肉几乎消失，叶尖呈鼠尾状，叶面绒毛脱落，泡斑相对较少，有的病叶粗糙，如革质状。

马铃薯 Y 病毒（PVY）：寄主范围较广，可侵染多种茄科、藜科和豆科植物，由于病毒株系不同而表现出不同症状；病毒粒子呈线状，大小为 11 nm×（680~900）nm，钝化温度为 52~62 ℃，稀释限点为 100~1000 倍，体外存活期为 2~3 天；主要有脉带花叶型、脉斑型和褪绿斑点型。①脉带花叶型：烟株上部叶片呈黄绿花叶斑驳、脉间色浅、叶脉两侧深绿，形成明显的脉带，严重时出现卷叶或灼斑、叶片成熟不正常、色泽不均、品质下降、烟株矮化。②脉斑型：下部叶片发病，叶片为黄褐色，主侧脉从叶基开始呈灰黑或红褐色坏死，叶柄脆，摘下可见维管束变为褐色，茎秆上现红褐或黑色坏死条纹。③褪绿斑点型：初期与脉带型相似，但上部叶片有褪绿斑点，随后中下部叶片产生褐色或白色小坏死斑，病斑不规则，严重时整叶斑点密集，形成穿孔或脱落。

马铃薯 Y 病毒病又称烟草脉带病、烟草脉斑病毒病。在烟株发病初期出现明脉，不久形成花叶型的斑驳，随后小叶脉间颜色变淡，叶脉两侧的组织呈深绿色带状。受坏死株系侵染的病株，叶脉呈褐色至黑色坏死。

4.2　土壤中的有益微生物

植烟土壤中有许多有益微生物，它们对土壤的生态系统和植物的生长起着至关重要的作用。这些微生物包括细菌、真菌、放线菌和微藻等，它们具有固氮、溶磷、解钾、产生激素或抗生素等功能，对植株和其他微生物都有着重要的影响。

4.2.1　固氮微生物的种类与作用机制

固氮微生物是一类能够将空气中的氮气转化为植物可利用的氨的微生物。它们通过与植物共生或在土壤中自由生长，利用酶的作用将空气中的氮气还原成氨或其他有机氮化合物，供植物利用。固氮微生物能够显著提高土壤中的氮素含量，促进植物的生长发育。固氮微生物的种类繁多，包括自由生活的固氮细菌、共生固氮细菌甚至某些蓝藻。自由生活的固氮细菌如假单胞菌和光合细菌可以在土壤中自由固氮，而不需要与植物形成共生关系。共生固氮细菌如根瘤菌则与特定的植物(通常是豆科植物)根部形成共生关系，在根瘤中进行固氮作用。这些微生物的形态特征各异。例如，根瘤菌通常呈杆状或球形；而光合细菌可能呈现出更多样化的形态，包括螺旋形、球形或杆状；蓝藻则通常为丝状结构，可以在水体中形成大量的群落。

固氮微生物将大气中的 N_2 还原为 NH_3 的过程需要消耗大量能量，这些能量通常来源于微生物的新陈代谢。例如，根瘤菌通过与植物根部交换营养物质来获取能量，而自由生活的固氮细菌可通过分解有机质或进行光合作用来获取所需能量。

异养固氮菌种类众多，如芽孢杆菌属、兼性厌氧性的克雷伯氏菌属和红螺菌属、好氧性的固氮菌属、专性厌氧性的巴氏梭菌等。

氮固定杆菌属的细菌是大型椭圆形的革兰氏阴性杆菌。它们是好氧或兼性厌氧发酵型细菌，能够在没有氧的环境中生存。这些细菌通常存在于土壤或水中，其中一些与植物根部相关联，可能在根际区域形成共生关系。它们通过固氮酶复合体催化氮气发生还原反应，这一复合体在无氧或微氧条件下活性最高，存在氧气时，固氮酶会变得不稳定，活动会被抑制，但氮固定杆菌属的细菌的原形质膜表面结合了氧气呼吸系统，会消耗氧气产生三磷酸腺苷（ATP），通过消耗掉所有的氧气，防止氧气侵入细菌内部。此外，它们还可以利用氨和硝酸。该属的模式种是圆褐固氮菌，这种细菌能够在没有植物宿主的情况下，直接固定大气中的氮气，它们通过一个被称为"氮素固定"的生化过程，将大气中的氮气转化为氨或其他对植物有益的形式。

圆褐固氮菌在土壤中的活动对农业生产具有重要意义。它们能够提高土壤肥力，增加作物产量，同时减少化肥的使用，对环境保护也有积极作用。这种细菌在自然状态下广泛分布于中性或微碱性的土壤中，尤其是富含有机质的土壤中。在专业农业生产中，圆褐固氮菌可以作为生物肥料使用。通过将这种细菌与种子一起播种，或者将其作为土壤添加剂施入土壤，可以有效地提高作物对氮的吸收能力。此外，圆褐固氮菌还能产生一些对植物生长有益的激素和其他代谢产物。除了固氮能力，圆褐固氮菌还具有抗逆境能力强、促进植物根系发展、增强植物抗病力等多重功能。它们可以在较大的温度和 pH 范围内生存，并且能够抵抗多种植物病原微生物。因此，圆褐固氮菌不仅是提高土壤肥力的重要工具，也是保护作物免受病害的有效手段。

自养固氮微生物又分为化能自养固氮菌和光能自养固氮菌。化能自养固氮菌是一类能够利用无机物质作为能量来源来固定大气中的氮气的微生物，如氧化亚铁硫杆菌、硫氧化细菌和盐生硫杆菌属等，它们利用氧化还原反应所提供的能量进行固氮作用。光合固氮细菌是一类能够在无氧或微氧条件下通过光合作用固定大气中的氮气的细菌。这些细菌通过光合作用产生能量，将大气中的氮气转化为氨或其他形式，供植物直接利用。土壤中的光合固氮细菌主要包括蓝藻和绿硫细菌。

蓝藻，又称为蓝绿藻，是一类古老的光合生物，具有多样的形态，从单细胞到复杂的多细胞结构都有。它们通常呈蓝绿色，这是它们体内特有的叶绿素和藻蓝素所致。蓝藻在自然界中广泛分布，既可以在淡水环境中生存，也能在土壤、岩石表面甚至极端环境如热泉中生存。有的蓝藻具有明显的固氮能力。已做过研究或测定过固氮能力的蓝藻约有 160 种。其中绝大多数属于念珠藻目中的种类，如念珠藻、鱼腥藻、单歧藻、简孢藻、项圈藻、眉藻等。此外，色球藻目和真枝藻目的一些种类也有固氮能力。

固氮蓝藻是一种非常重要的微生物资源，它们通过细胞中固氮酶的作用，将大气中游离态的分子氮还原成可供植物利用的氮素化合物。同时，在其生长繁殖过程中不断分泌出氨基酸、多肽等含氮化合物和活性物质，加之固氮蓝藻死亡后释放出大量的氨态氮，大大增加了土壤肥力。固氮蓝藻固定的氮通过分泌、细胞破裂和降解等途径为植物提供氮，可以促进植株生长和提高产量，因此，具有替代化学氮肥的潜力。固氮蓝藻还可以改善土壤结构，并在吸收和封存大量 CO_2 实现碳减排和增加土壤有机质方面发挥了重要作用。在陆地生态系统中，蓝藻是土壤沙漠结皮中生物氮源的主要供给者，其生物固氮作用对氮元素生物地球化学循环具有重要意义。然而，现阶段仍缺乏对蓝藻固氮酶的多样性、起源及其进化历史的系统性研究，关于蓝藻协调遇氧失活固氮过程和光合产氧过程的适应性机制仍有待深入研究。束文圣教授团队与其合作者以 650 株具有谱系代表性的蓝藻基因组作为基础数据，利用保守的固氮酶编码基因评估蓝藻的固氮潜力，研究发现在固氮蓝藻中，存在两种不同类型的固氮基因簇，一种为祖先型，由固氮蓝藻祖先垂直遗传到各个类群；另一种为厌氧菌型，拥有这种类型的蓝藻数量稀少，其可能通过水平基因转移从厌氧细菌中获得。研究阐明了蓝藻固氮功能的起源与两个主要的进化事件相吻合，其一是蓝藻多细胞的起源，其二是大量基因家族的获得和扩张事件，研究结果揭示了它们是驱动蓝藻从非固氮蓝藻向固氮蓝藻演化的关键因素。固氮蓝藻在土壤中的存在和作用对于维持土壤肥力和生态平衡具有重要意义，也为农业生产提供了新的可能性。

绿硫细菌属于较为特殊的一类光合细菌，它们多数生活在缺氧或微氧环境，如稻田土壤和一些湿地环境中。其诞生在大约 35 亿年前地球的还原性环境中，能够从硫化氢、胶体状硫黄和硫代硫酸盐等物质中获得电子而进行厌氧的光合作用。这些细菌具有独特的绿色或棕色色素，能够吸收阳光进行光合作用。但与蓝藻不同，绿硫细菌通常不依赖氧气进行代谢，因此它们能够在缺乏氧气的环境中生存并进行固氮。固氮原理主要涉及一个叫作"固氮酶"的酶复合体，它能够催化大气中氮分子（N_2）与氢分子结合生成氨（NH_3）。这个过程需要大量的能量，通常通过水解三磷酸腺苷（ATP）来提供。生成的氨可以被转化为其他形式的氮，如亚硝酸盐、硝酸盐和有机氮化合物，这些形式的氮更容易被植物根系吸收。

根瘤菌是一种存在于土壤中的细菌，它们能够与植物建立共生关系，植物为根瘤菌提供合适的固氮环境及生长所必需的碳水化合物；作为回报，根瘤菌将氮气转变成含氮化合物，满足豆科植物对氮元素的需求。根瘤菌的固氮能力主要体现在其能够将大气中的氮气转化为植物可以利用的氮素营养，这个过程被称为生物固氮（BNF）。根瘤菌的固氮能力受到土壤中硝酸盐含量的影响。研究发现，硝酸盐含量高的土壤会抑制根瘤的发育,这是因为新器官(根瘤)的建立和资源向细菌伙伴的转移,使得共生固氮作用弱于土壤对硝酸盐的吸收。

联合固氮是指固氮微生物在植物根表或根皮层处进行固氮,但不像根瘤菌与豆科植物形成共生结构的固氮方式。1976 年,Baldani 等通过比较禾本植物与豆科植物的固氮方式发现,有一类固氮微生物大多生活在植物根表,与植物关系密切,互相利用,但不与宿主植物形成特异分化结构,因此提出联合固氮的概念。联合固氮菌包括定殖于植物根表的附生固氮菌和植物体内的内生固氮菌。常见的附生固氮菌有鱼腥藻属、类芽孢杆菌属、施氏假单胞菌等,常见的内生固氮菌有草螺菌属和雀稗属等。

4.2.2 磷溶解微生物的种类与作用机制

磷溶解微生物被定义为将不溶性无机磷和有机磷转化为可溶性磷的形式并调节农业生态系统中磷的生物地球化学循环的微生物,包括溶磷细菌(*phosphate solubilizing bacteria*,PSB)、溶磷真菌(*phosphate solubilizing fungi*,PSF)、溶磷放线菌(*phosphate solubilizing actinomyces*,PSA)和蓝藻。

土壤中溶磷细菌数量占磷溶解微生物的 1%~50%,溶磷真菌占 0.1%~0.5%。目前有 20 多个属的细菌具有溶磷能力,以芽孢杆菌属、假单胞菌属、根瘤菌属和大肠杆菌属为代表的磷溶解微生物是土壤中溶磷能力的最大的微生物群落。溶磷真菌比溶磷细菌的溶磷能力更强,其可以产生比溶磷细菌多 10 倍的有机酸,并且可以通过附着磷矿物来增加接触面积。青霉属、曲霉属、毛霉属、根霉属和丛枝菌根属是土壤中常见的溶磷真菌菌群。溶磷放线菌主要有链霉菌属和小单孢菌属,这些产孢放线菌能够在无机磷风化和土壤磷循环过程中溶解不溶性磷矿物。除了异养微生物,还存在具有无机磷溶解能力的自养微生物,例如有研究报道蓝藻菌株和能显著提高培养基中全磷和有效磷的含量。有多项研究发现了具有胁迫抗性的磷溶解微生物,这种微生物同时对植物生长有促进作用。在戈多尼亚土壤中发现了高盐条件下(NaCl 浓度 1.5 mol/L)$Ca_3(PO_4)_2$ 溶解能力为 393.5 ± 13.2 mg/L 的暹罗芽孢杆菌;嗜冷性溶磷细菌使种子发芽率提高了 92%,并显著提高了田间条件下鹰嘴豆的生化参数;耐寒冷胁迫的假单胞菌使番茄的果实产量分别增加了 9.8%(网室栽培)和 19.8%(田间试验);耐干旱胁迫的溶磷真菌的溶磷能力达到 206.65 mg/L,可以在干旱胁迫下促进双色高粱的生长。

土壤磷溶解微生物的种群密度可作为衡量负责土壤磷循环的微生物群落整体功能的一个代表性指标。研究发现,全球环境中磷溶解微生物种群密度的分布格局是根际与非根际土比沉积物和水体中含有更多的磷溶解微生物。我国各地土壤磷溶解微生物的种群密度与经度成正相关,与纬度成负相关,因此与干旱和寒冷地区相比,温暖和潮湿地区负责磷循环的微生物的代谢活性可能更高。磷溶解微生物在植物根际土壤中的数量远大于在非根际土壤中的数量，说明磷溶解微生物的群落分布具有明显的根际招募效应。磷溶解微生物的种群密度与 pH 无关，这表明磷溶解微生物可以在较大的 pH 范围内生长。

磷溶解微生物可通过不同的机制来提高土壤中可用磷的含量。首先，这些微生物能够分泌有机酸，如柠檬酸、草酸和乙酸等。这些有机酸可以与 Fe^{3+}、Ca^{2+}、Mg^{2+}、Al^{3+} 等阳离子螯合，释放磷酸根离子。溶磷真菌通过产生比溶磷细菌多 10 倍的有机酸，使液体和固体培养基中的 pH 降低 1~2 个单位，表现出更强的无机磷溶解能力。无机磷矿物在强酸性条件下几乎可以完全溶解。这也是一元羧酸的无机磷溶解效率低于具有较高酸度系数的二羧酸和三羧酸的原因。此外，其他生物现象也能释放磷酸盐离子，如磷溶解微生物呼吸酸化产生 H_2S 和 H_2CO_3 等酸性物质，将 PO_4^{3-} 转化成 HPO_4^{2-} 和 $H_2PO_4^-$，促进无机磷酸盐溶解。磷溶解微生物产生的胞外多糖（EPS）能够增强溶磷作用。

除了分泌有机酸外，磷溶解微生物还能够产生一系列的酶，如磷酸酶和脂肪酸酶。磷酸酶主要通过催化磷酸酯和酸酐水解来分解和矿化有机磷。这些酶主要来源于土壤微生物和植物细胞，而且根际的酶活性始终高于其他区域。磷酸酶的表达是磷溶解微生物将有机磷矿化为生物可利用正磷酸盐的关键因素。磷酸酶根据最佳 pH 的不同，分为酸性磷酸酶和碱性磷酸酶。植酸酶通过催化肌醇六磷酸中磷酸单酯键的水解，释放出肌醇磷酸酯和无机磷酸酯。植酸酶由 appA 或 phyA 基因编码，负责从土壤的植酸盐中释放磷。此外，磷溶解微生物还可以通过分泌释放降低土壤 pH 的各种有机酸和 H^+，将不溶性无机磷转化为可溶性正磷酸盐。无机磷的溶解主要与磷溶解微生物中小分子有机酸的分泌有关。这些酶能够分解土壤中的有机磷化合物，将其转化为植物可以直接吸收利用的无机磷。此外，一些磷溶解微生物还能够通过改变土壤微环境来促进磷的溶解。例如，它们可以通过固氮作用增加土壤中氮素的含量，从而间接提高磷元素的有效性。

吡咯喹啉合成酶家族（PQQ）在微生物溶解磷酸盐中起着关键作用，这是由于 PQQ 参与葡萄糖酸（GA）的分泌，葡萄糖直接氧化产生 GA 是微生物溶解有机磷的一个主要机制。已经证明 PQQ 的主要来源是微生物，能够合成 PQQ 的细菌主要有氧化葡萄糖酸杆菌、居中克吕沃尔氏菌、扭托甲基杆菌、草生欧文氏菌等。在微生物中插入或表达溶磷基因是提高其溶磷能力的方法之一。首次应用基因修饰以提高微生物菌株溶磷性能的研究，报道了革兰氏阴性菌草生欧文氏菌编码吡咯喹啉醌合成酶基因的克隆，含有重组质粒的克隆显示出更大的溶磷圈。最近有研究揭示了带有 gcd 基因的 *Acinetobacter sp. MR5* 和 *Pseudomonas sp. MR7* 对水稻磷吸收和生长的促进作用，与对照植株相比，经细菌处理的水稻植株中的植物磷含量增加了约 67%，谷物产量增加了约 55%。

磷溶解微生物利用多种机制影响根系发育和磷吸收，包括产生植物生长调节剂(即植物激素)和群体感应分子酰基高丝氨酸内酯等。磷溶解微生物通过分泌生长素(IAA)影响根的发育,研究表明,磷溶解微生物可以刺激番茄和小麦等植物的根生长并增强营养吸收。磷溶解微生物诱导根系参数(如生物量、长度、表面积和体积)的变化,可帮助植物吸收更多的土壤中的磷。磷溶解微生物特别是丛枝菌根真菌(AMF),还会与植物形成共生关系,吸引并丰富植物根周围的磷溶解微生物,促进磷从丛枝菌根真菌转移到植物。

总体来说,这些磷溶解微生物通过其特有的形态特征和作用机制,在植烟土壤中发挥着重要的作用,提高了土壤中有效磷的含量,从而促进了植烟植株的健康成长。

4.2.3 解钾微生物的种类与作用机制

解钾微生物的种类繁多,包括细菌和真菌两大类。巴氏生孢八叠球菌和胶质芽孢杆菌是两种典型的解钾细菌。巴氏生孢八叠球菌以前称为巴氏芽孢杆菌,是一种革兰氏阳性细菌。巴氏生孢八叠球菌通过分泌柠檬酸和草酸等有机酸,能够有效地溶解土壤中的钾矿物,释放出钾离子。巴氏生孢八叠球菌是土壤中的需氧性厌氧菌,是异养生物,需要尿素和氨盐。其能够通过产生和分泌尿素酶,诱导尿素的水解并将其作为能源,尿素水解后形成碳酸盐和氨。硅酸盐细菌通过产生黏性物质和多糖体,降低土壤 pH,增加土壤中可交换性钾的含量,从而提高钾的有效性。

在真菌中,曲霉属和青霉属是两种重要的解钾真菌。它们通过分泌酸性代谢产物和螯合剂,改变土壤中钾的形态,使其更易被植物吸收。这些真菌不仅能够溶解土壤中的钾,还能够分解有机质,释放出更多的营养素供植物吸收。

解钾微生物能分泌有机酸,如柠檬酸、草酸和乙酸等,这些有机酸能够与土壤中的钾矿物发生化学反应,将其转化为可溶性的钾离子。解钾微生物还能够产生特定的酶类,如脂肪酶和蛋白酶,分解土壤中的有机质,释放出钾离子。同时,某些解钾微生物能够分泌螯合剂,如有机酸和多糖,这些物质能够与土壤中的钾形成稳定的螯合物,增加钾的溶解度。此外,硅酸盐细菌等微生物还能够在土壤颗粒表面形成生物膜,通过生物膜中的代谢活动,改变土壤微环境,促进钾的释放。

4.2.4 其他有益微生物种类与作用机制

除了固氮微生物、磷溶解微生物和解钾微生物之外,还有许多其他类型的有益微生物存在于植烟土壤中。这些微生物可能会产生植物生长所需的激素,如吲哚乙酸素和赤霉素,促进植物的生长和发育;或者产生抗生素,抑制土壤中的病原微生物的生长,保护植物健康。它们的存在和活动都对植烟的生长和产量具有积极的影响。例如,一些微生物能够分泌激素类物质,这些物质可以直接或间接地影响植物的生长。其中，吲哚乙酸(IAA)是最常见的一种激素，它能够促进细胞伸长，促进根系发育，从而提高烟株的吸水和养分吸收能力。赤霉素(GA)主要影响植物细胞的分裂和伸长，促进叶片增大和茎秆增长。

此外，一些有益微生物还能够产生抗菌物质，如拮抗素、杀菌蛋白等。这些物质可以有效地抑制或杀死土壤中的病原菌，减少病害的发生。例如，链霉菌属微生物能够产生多种抗生素，它们在土壤中形成一定的菌群密度后能够有效控制多种土传病害。

除此之外，还有一些微生物通过分解土壤中的有机质来释放养分，提高土壤肥力。例如，纤维素分解菌能够分解土壤中的纤维素，释放出葡萄糖等简单糖类，供植物吸收利用。这不仅为烟株提供了丰富的养分来源，也改善了土壤结构。

4.3 植烟土壤保育中的微生物管理

烟草作为一种重要的经济作物，土壤的质量对于其产量和质量有着至关重要的影响。微生物在土壤中扮演着重要的角色，它们既可以促进土壤质量的提高，也可以控制有害微生物，减少土壤污染和植株病害。因此，合理利用有益微生物，对植烟土壤进行管理和保育，对于提高植烟产量和质量具有重要意义。本节将重点介绍利用有益微生物提高植烟土壤质量和控制有害微生物的技术和措施，以及微生物管理的整体策略与综合应用。

4.3.1 提高植烟土壤质量的技术和措施

1.微生物肥料

微生物肥料是一种含有大量有益微生物的肥料，这些微生物能够促进土壤中其他微生物的生长和繁殖，提高土壤的肥力和养分循环效率，并在土壤中形成一个复杂的生态系统，与植物和其他生物共同维持土壤的生态平衡。

微生物肥料中的有机质可以改善土壤的物理性质，提高土壤的孔隙度，增强土壤的保水保肥能力。同时，微生物肥料中的微生物可以通过分解有机质，释放出营养物质，提高土壤的肥力。

微生物肥料中的微生物可以与植物形成共生关系，帮助植物吸收土壤中的营养物质，提高植物的营养吸收效率。同时，其中的微生物还可以产生一些生物活性物质，如植物生长调节剂、抗生素等，这些物质可以促进植物的生长发育，提高植物的抗逆性。

微生物肥料的应用方法多种多样，常见的包括：在种植前将微生物肥料与基础肥料一起施入土壤中，使微生物充分与土壤接触并发挥作用；在植物生长期间，根据植物生长需要，适时施用微生物肥料作为追肥，补充土壤中的微生物数量，促进植物的生长；将微生物肥料溶解于水中，通过灌溉的方式施入土壤进行根部灌溉，使微生物迅速进入土壤，发挥作用；将微生物肥料溶解于水中，通过叶面喷施的方式，使微生物迅速进入植物体内，促进植物的生长；将微生物肥料与种子一起处理，使微生物附着于种子表面，随着种子一起播种，促进种子发芽和生长。

2. 微生物制剂

微生物制剂是一种含有活性微生物的制剂，经过培养、提取和加工而成，可以直接施用于土壤中，起到改良土壤、促进植物生长的作用。微生物制剂的研究和应用是现代农业科技发展的重要方向，它以生物技术为基础，利用有益微生物对农作物生长发育的促进作用，提高农作物的产量和质量，同时减少了化肥和农药的使用，有利于保护环境和实现农业的可持续发展。微生物制剂的种类繁多，按照其功能和应用，主要可以分为有益菌剂和生物农药两大类。

有益菌剂是指含有一定数量和种类的有益微生物，如固氮菌、磷解菌、植物生长促进菌等的制剂。这些微生物可以通过与植物共生，促进其生长发育，提高植物的抗逆性和产量。例如，固氮菌可以在植物根部形成菌根，通过固氮作用，将大气中的氮元素转化为植物可吸收的形式，从而提供植物生长所需的氮素。磷解菌可以分解土壤中的不溶性磷酸盐，使其转化为植物可吸收的形式，提供植物生长所需的磷素。植物生长促进菌则可以分泌一些生长素，如吲哚乙酸（IAA）、赤霉素等，促进植物的生长发育。

生物农药是一种利用微生物或其代谢产物对农作物病虫害进行防治的制剂，如枯草杆菌、拮抗菌等。这些微生物可以有效控制土壤中的病原微生物和害虫数量，减少植烟的病害发生。例如，枯草杆菌可以产生一种名为枯草杆菌素的抗生素，对许多病原菌有抑制作用。拮抗菌则可以通过产生抗生素或者竞争营养等方式，抑制病原菌的生长，从而防止病害的发生。

微生物制剂的研究和应用也面临着一些挑战。首先，微生物制剂的生产和应用需要精细的操作和管理，需要有专业的知识和技术。其次，微生物制剂的效果受到许多因素的影响，如土壤的类型、气候条件、作物的种类等，需要进行大量的田间试验和实践，以确定最佳的使用方法和条件。此外，微生物制剂的长期效果和安全性需要进一步的研究和评估。尽管面临一些挑战，但是随着科技的进步和人们对环保的重视，微生物制剂的研究和应用前景依然广阔。我们期待在不久的将来，微生物制剂能够在农业生产中发挥更大的作用，为我们的生活带来更多的福祉。

4.3.2　控制有害微生物的技术和措施

1. 改善土壤结构的措施

改善土壤结构是农业生产中的重要环节，尤其在控制有害微生物方面。土壤结构的优劣直接影响到作物的生长发育，因此，采取有效的措施改善土壤结构、提高土壤的生物活性，是提高农业生产效率、保障粮食安全的重要手段。

首先，合理的土壤管理措施可以改善土壤结构。耕作作为一项重要措施，能够打破土壤团聚体，增强土壤的通气性和水分保持能力。另外，翻耕可以深入土壤底层，疏松土壤，提高土壤的渗透性和排水性，从而改善土壤结构。对于耕作和翻耕这样的土壤管理措施，需要注意选择合适的时间和深度，一般来说，最佳的耕作时间是在土壤含水量适中、作物生长周期结束后的早期，而翻耕的深度应该根据土壤类型和作物需求来确定，通常为 20~30 cm。过度的耕作和翻耕会导致土壤的结构被破坏和侵蚀，应避免长期频繁地进行。

其次，覆盖技术可以有效减少水分蒸发，保持土壤湿润，进而促进土壤微生物的生长。耕作可以破碎土壤，改善土壤的通气性和保水性。覆盖技术的实施需要选择合适的覆盖材料和覆盖方式。常用的覆盖材料包括秸秆、塑料薄膜和植物残体等，应根据土壤类型、气候条件和作物种类选择适宜的覆盖材料。覆盖物的厚度和覆盖范围也需要合理安排，以达到减少水分蒸发、保持土壤湿润的效果。

然后，可以通过选择适合的土壤改良材料来改善土壤结构。有机肥料是一种常用的土壤改良材料，它可以提供丰富的有机质，改善土壤的肥力，提高土壤的生物活性；石灰是一种常用的调节土壤酸碱度的材料，它可以调整土壤的 pH，改善土壤的化学性质。这些材料的使用，可以提高土壤的抗病性和抗逆性，减少有害微生物对作物的危害。选择土壤改良材料时，需要考虑其成本、供应情况和对土壤的影响。有机肥料可以选择畜禽粪便、秸秆等，但要注意施用量和施用方法，以避免过量施用导致土壤污染和养分流失。对于石灰等调节土壤酸碱度的材料，应根据土壤的实际情况精确施用，避免造成土壤 pH 过高或过低的问题。

最后，通过种植绿肥、轮作、间作等方式也能够改善土壤结构，提高土壤的生物活性。绿肥可以提供丰富的有机质，改善土壤的肥力；轮作和间作可以打破有害微生物的生命周期，减少病虫害的发生。在种植绿肥、轮作和间作时，需要根据土壤类型、气候条件和作物的生长特点进行合理选择和安排。绿肥作物的种植要根据其生长周期和养分需求来确定，轮作和间作的种植方案要考虑作物之间的相互作用和互补效应，避免因连作而导致土壤疾病和虫害的大面积发生。

总的来说，这些措施都可以有效地改善土壤的物理性质，破坏土壤中有害微生物的生存条件。改善土壤结构需要从多个方面入手，既要改善土壤的物理性质，也要改善土壤的化学性质和生物性质。只有这样，才能真正做到控制有害微生物，保障农业生产的安全和效率。

2. 防治病害的措施

针对植烟生长过程中常见的病害，采取科学的防治措施是非常重要的。首先，通过加强田间管理，如合理密植、间套作、轮作等，减少病原微生物的传播和扩散。其次，及时发现病害的发生，采取有效的防治措施，如喷施生物农药、化学药剂等，可控制病害的发展。同时，加强对植烟品种的选育和培育工作，培育抗病性强、适应性广的新品种，可降低病害对植烟的危害。

防治病害的田间管理策略主要包括合理密植、间套作、轮作等。合理密植是指在单位面积内种植较多的植株，这样有助于减少空间利用，提高产量。但密植容易造成植株之间的拥挤，增加病害传播的可能性。因此，在密植的同时，要保持良好的通风、透光条件。间套作是指通过在植烟田间种植其他作物，打破病害的连续寄主，减少病原微生物在土壤中的滋生和传播。轮作指定期更换种植位置，使土壤中的病原微生物无法长期积累，减少病害的发生。轮作中应注意选择对植烟生长有利的前茬作物，并注意适当施用有机肥料，保持土壤的肥力和通气性。

对于病害需要及时进行监测与诊断，定期巡视田间，观察植株的生长状况和病征表现，如叶片是否出现变色、萎缩、斑点等。对疑似感染病害的植株进行取样，进行病原菌的分离培养和鉴定，以确定病害类型和严重程度，并利用现代科技手段，如植物病理学的 PCR 技术，快速、准确地检测病原微生物，及时采取有效的防治措施。

防治病害也可以采用生物防治及化学防治的手段。在生物防治的过程中应选择防治目标病害的生物农药，如真菌拮抗剂、细菌制剂等。生物防治的施用方法包括根部灌溉、喷雾、土壤覆盖等，应根据病害类型和发生阶段选择合适的施用时机和剂量。采取化学防治需选择具有高效、低毒、低残留的化学农药，如杀菌剂、杀虫剂等。化学农药的施用应遵循正确的方法和剂量，避免过量使用导致环境污染和药害。

在进行病害防治的过程中，应注意保护自身安全，穿戴好防护服、口罩等装备。避免在高温、强风等不利施药天气条件下施药，以免药剂流失或对周围环境造成污染。应定期清理田间杂草和病死植株，以减少病害的滋生。应早发现、早防治，对于已经发生的病害要及时采取措施进行治疗，以避免病害扩散和加重。

4.3.3 微生物管理的整体策略与综合应用

微生物管理在农业生产中具有重要的作用，是一项复杂而系统的工作，需要综合考虑土壤环境、作物生长特性、微生物种类和功能等因素，制定合理的管理策略。在实际应用中，应根据不同的土壤类型、气候条件和种植方式，选择合适的微生物管理技术和措施，进行综合应用。同时，应加强对微生物管理技术的研究和推广，提高植烟生产的效益和可持续发展能力。

在微生物管理中，需要根据不同的功能需求，选择合适的微生物种类进行利用。例如，可以选择具有磷解磷酸酶活性的微生物来提高土壤中磷的有效性，促进作物的生长发育。

土壤是微生物生长繁殖的主要环境，其物理、化学和生物性质对微生物的生存和活动有着直接影响。在微生物管理中，需要综合考虑土壤的质地、酸碱度、有机质含量等因素，制定合理的管理策略。例如，在酸性土壤中可以选择酸性耐受菌株进行管理，在碱性土壤中则需要选择耐碱性微生物进行管理，在富含有机质的土壤中可以通过增施有机肥来促进微生物的生长繁殖。

气候条件对微生物的生长和活动也有着重要的影响，因此在微生物管理中需要考虑不同的气候条件，选择合适的管理技术和措施。例如，在干旱地区选择施用耐旱性微生物菌剂，而在湿润地区需要选择耐湿性微生物进行管理。

不同的种植方式对土壤微生物的生长和活动也有所影响，因此在微生物管理中需要根据不同的种植方式调整管理策略。例如，在连作地区可以选择具有抗连作障碍能力的微生物进行管理，以减轻土壤连作带来的负面影响。

微生物管理技术的研究对于提高植烟生产的效益和可持续发展能力具有重要意义。通过对微生物的种类、功能和作用机制等方面进行深入研究，可以为微生物管理提供科学依据，提高管理的准确性和效率。通过对微生物管理技术的推广，可以帮助农民更好地利用土壤微生物资源，减少对化肥和农药的依赖，提高土壤质量和作物产量，实现农业生产的高效、环保和可持续发展。政府应加大对微生物管理技术推广的政策支持，促进微生物管理技术与现代农业产业的深度融合，建立健全的产业合作机制，共同推动微生物管理技术在植烟生产中的广泛应用。同时，应加强微生物产品的研发和市场推广，为微生物管理技术的推广应用提供有力保障。

微生物管理作为一项复杂而系统的工作，需要综合考虑土壤环境、作物生长特性、微生物种类和功能等多方面因素，制定合理的管理策略和措施。在实际应用中，应根据不同的土壤类型、气候条件和种植方式选择合适的微生物管理技术和措施，加强对微生物管理技术的研究和推广，提高烟草生产的效益和可持续发展能力。

第 5 章 土壤保育中烟草根际 微生物的促生作用

扫码查看本章彩图

5.1 引言

5.1.1 背景介绍

烟草是我国重要的经济作物之一，我国烟草种植面积和产量居世界第一位。在烟叶生产过程中，水分和肥料直接影响着烟叶的生长发育、烟叶品质和产量，是烟叶生产环节必不可少的物质资源，也是人们用以有效调控烟叶产量和品质的重要物质。据统计，我国烟区灌溉面积 971 万亩，灌溉面积占总植烟面积的 65% 左右，许多烟区的灌溉条件差，烟叶生产几乎完全依靠自然降雨，制约着烟叶生产水平的提高。南方烟草一般二三月育苗，四五月种入大田，八九月得以收获，在种植过程中，前期低温导致根系活力低、根系生长慢，种植后期高温导致烟叶假熟、提前脱落。因此，合理调配土壤中的水肥平衡，促进种植前期烟草生长、提高根系活力，并解决烟叶假熟、提前脱落的问题，是本章的关键所在。

作物根系大小及其空间分布构型与作物对土壤水分和矿质元素的吸收能力密切相关。深耕或深松等现代耕作模式可打破犁底层等障碍层，降低土壤容重，调节土壤三相比，同时增加土壤有效孔隙，提高土壤蓄水储熵性能，为作物根系生长发育创造一个水、肥、气、热相协调的耕层结构。研究发现，许多大量元素对烟草的产量和品质有较大的影响：钾元素是烟草吸收量最大的营养元素，供应充足的钾元素是获得优质烟叶的重要条件，研究表明，在速效钾含量不足的土壤中，适量施用钾肥可以促进烤烟生长发育、干物质积累及其对钾的吸收，从而提高烟叶产量和品质。镁元素与烟草生长状况之间也有密切关系，适量镁元素的供应能促进烟株根系发育，有效提高烟株对矿质营养的吸收利用，有利于烟株生长发育。据研究，施用镁肥能提高有效叶片数，增加株高，明显改善各部位叶片大小和单叶重，单株镁累积量与根系活力和单株根系总活力之间均呈正相关关系。单施有机肥对烟草产量影响不大，但会显著降低上等烟比例和总氮、烟碱含量。关于提升烟草品质，现有的研究较多的是分析烟草的营养吸收特点，营养元素对烟株的产量和品质的影响等，且大部分研究为单因子试验，这些研究较难反映出水肥交互作用对烟草产量和品质的影响及相互关系，难以弄清以肥调水、以水促肥的机理。

水分是烟草生长发育和形成产值的基础，不但影响烟草长势，决定物质合成和生命进程，还影响根系活力，特别是在伸长期对烟草根系发育有很大影响。烟叶是以叶片作为收获器官的作物，对水分尤为敏感，在干旱条件下，叶片萎蔫，变小增厚，开片受阻；水分再分配造成底烘，有效叶数减小，烟株生育期推迟，成熟落黄不良，严重影响烟叶产量和品质。北方烟区在烤烟生长前期干旱严重，植株生长缓慢；南方烟区虽然雨量充沛，但往往集中在烟草生育前期和中期，生育后期阶段性干旱时常发生，导致上位叶不能正常落黄，严重影响上位叶的质量和可用性。同时南方各烟区降雨量在季节和年际间变化也较大，在烟草生长期间时常发生不同程度的干旱，造成烟叶产量和质量很不稳定。肥料是打开水土系统生产效能的钥匙，合理施肥能促进根系的发育，增加根系数量，加深根系深度，增强根系的生理功能和活力。肥料对水分有补偿效应，干旱条件下施肥能提高土壤水势，改善干旱条件下烟草生长受抑制的不良反应和改善烟草的生理功能，提高水分利用率。因此，合理调控水肥供应，使烟草生长发育过程中达到最佳的水肥耦合模式是确保烟叶优质适产的关键，也是当前及今后烟草行业研究的重点之一。

微生物菌肥是经过特殊工艺制成的含有活菌的生物肥料，具有增加土壤肥力、增强植物对养分的吸收、提高作物抗逆能力等功能。植烟土壤中含有大量微生物，这些微生物对其种子萌发，幼苗活力，植物生长发育、营养吸收、抗逆能力以及作物产量都能产生很大的影响。耿广东等发现：泡囊－丛枝菌根（VA 菌根）可显著改善植株对矿质营养的吸收，促进蔬菜生长发育；与黄瓜形成共生关系的菌根真菌的外生菌丝可以延伸至根系不能到达的土壤空间，起到扩大根系有效吸收空间的作用；磷溶解微生物可以溶解土壤中的不溶性磷元素或难溶性磷元素，供植物体吸收利用。张朝辉等通过制备解钾菌肥和小区试验发现，施用解钾菌肥可显著增加烤烟草根际细菌数量和解钾菌的数量，减少放线菌的数量和现蕾期真菌的数量。因此，破译植物微生物组对于鉴定可用于改善植物生长和提高根系活力的微生物是至关重要的。笔者课题组成员前期从烟草种植土壤环境中分离筛选出了几株能够显著提高根系活力、促进烟草吸收利用矿质元素的微生物，用于开展配套发酵工艺研究，进行微生物菌剂和功能性生物有机肥的研发。

本章针对烟草种植过程中，种植前期低温导致根系活力低、根系生长慢，种植后期高温导致烟叶假熟、提前脱落的问题，通过研究成熟期不同品种烟叶的根际微生物群落特征、根系活力、根系生长情况以及营养利用效率，解析上述因素与烟叶假熟、提前脱落的关联机制，并通过深层翻耕、配施有机肥和添加微生物菌剂的手段，促进烟草种植前期的根系生长、提高根系活力，并解决烟叶假熟、提前脱落的问题，为烟叶生产增量提质提供理论依据以及可靠的技术手段。

5.1.2 研究目的与意义

烟草根际微生物在土壤保育中发挥着关键作用，其对农业可持续发展的理论与实践具有深远的影响。它们通过促进氮、磷、钾等元素的循环，提供养分，并辅助植物更有效地吸收和利用土壤中的养分。同时，这些微生物通过拮抗病原微生物，抑制土壤中的病害，保护植物的健康。此外，它们还通过产生生物黏合剂，助力土壤结构的改善，提高土壤的通透性和保水性。通过合成生长激素，烟草根际微生物促进植物的生长发育，对植被的产量和品质产生积极影响。总体而言，烟草根际微生物在土壤生态系统中扮演着维持土壤健康、促进植物生长、维护生态平衡的重要角色。

1）养分循环与提供：烟草根际微生物通过生物固氮作用，将空气中的氮气转化为植物可吸收的铵氮，同时促进磷的溶解。这种养分循环不仅为植物提供了关键的营养元素，还有助于减少化肥的使用，降低环境污染风险。

2）土壤结构的改善：烟草根际微生物产生的生物胶体和黏合剂有助于土壤颗粒的黏合，以及形成稳定的土壤结构。这不仅提高了土壤通透性、抗侵蚀性，还有助于增强土壤的保水能力，减缓水分流失。

3）生物防御与拮抗：烟草根际微生物通过产生抗生素、竞争营养资源等方式，拮抗土壤中的病原微生物，降低植物疾病发生的可能性。这减少了对化学农药的依赖，有助于实现农业生产的生态友好和可持续性。

4）提高植物抗逆性：烟草根际微生物通过与植物根系互动，调节植物基因表达，提高其对逆境因素（如干旱、盐碱等）的抵抗力。这对于适应气候变化和不稳定的环境条件下的农业生产具有重要价值。

5）减少化学农药使用：烟草根际微生物的拮抗作用和促进植物生长的特性减少了对化学农药的需求，从而有助于减轻环境压力，维护土壤生态系统的稳定性。

6）提高农业生产效益：烟草根际微生物通过促进植物生长、提高养分利用效率，有助于提高农业生产的产量和品质。这为实现可持续农业发展提供了生产基础。

总体而言，烟草根际微生物在土壤保育中的关键作用不仅在理论上为农业可持续发展提供了深刻的认识，同时在实践中为实现农业可持续生产提供了切实可行的策略。

5.2　烟草根际微生物的多样性与生态功能

5.2.1　烟草根际微生物多样性的背景与意义

烟草根际微生物群落的差异在很大程度上受到环境条件的影响,包括土壤类型、气候、植被类型等。烟草根际微生物群落在不同环境条件下呈现显著差异。在酸性土壤和碱性土壤中,微生物对土壤 pH 的敏感度不同,导致酸性土壤中可能有大量的产生酸性磷酸酶的微生物,而在碱性土壤中可能以产生碱性磷酸酶的微生物为主。贫瘠土壤和肥沃土壤中的微生物群落也存在差异,受土壤养分可用性和丰富度的影响。气候条件的差异,例如温带和热带地区,可能导致微生物群落的适应性差异,热带地区可能存在更多适应高温高湿的微生物。此外,天然植被和农田中的烟草根际微生物群落也有显著差异,农田中受到化肥和农药的影响,而天然植被中更多是受土壤中固有微生物的影响。这些差异在微生物多样性和功能方面产生了一定影响。

烟草根际微生物群落的组成与结构也因环境的变化而变化。烟草根际微生物群落涵盖了多个微生物类别,包括细菌、真菌和古菌,其各自在烟草根际中扮演着重要的角色。在细菌群落中,固氮细菌如根瘤菌和固氮菌大量存在,它们的活动有助于将大气中的氮气转化为植物可吸收的氮源。此外,磷溶解细菌,如假单胞菌和芽孢杆菌等,在烟草根际中发挥着关键作用,如提高磷的可利用性、促进植物的生长。真菌群落中的丛枝菌根真菌(AMF)与烟草形成共生关系,通过与植物根系互动,提供磷和其他养分,同时获取植物合成的有机碳作为能源,增强了植物与真菌之间的协同效应。相对而言,古菌在烟草根际中的研究相对较少,但有迹象表明它们可能在土壤中参与有机物的分解和养分循环,为烟草根际生态系统的稳定性和功能提供潜在的贡献。这些微生物的协同作用构成了复杂的烟草根际微生物群落,对于维持土壤生态系统的平衡、促进植物生长以及提高土壤养分利用效率具有重要作用。深入理解这些微生物的功能和相互关系,对于实现农业可持续发展和提高农作物产量至关重要。

烟草根际微生物群落的多样性对土壤和植物健康产生显著影响。更高的微生物多样性通常与更为健康的植物和土壤生态系统相关联,因为多样性的微生物群落能够提供更丰富的生态功能,包括对土壤养分的更有效利用、抗病抗逆性的提高,以及更稳定的土壤结构。烟草根际微生物之间形成了复杂的相互作用网络,包括拮抗和共生等相互关系。这些微生物之间的相互作用不仅影响彼此的生长繁殖,也直接影响土壤生态系统的稳定性和功能。拮抗作用可以减缓病原微生物的发展,共生关系则有助于植物获取养分,在微生物之间形成有益的互动。

总体而言,深入理解烟草根际微生物群落的多样性和相互作用网络,对于优化农业生产、维护土壤健康以及推动农业可持续发展至关重要。不仅为更有效地利用土壤资源提供了理论基础,也为生态友好型农业实践提供了指导方针。

5.2.2 促生功能的分类与机制

烟草根际微生物通过多种机制展现出促生功能,主要包括营养元素的转化与提供、生长激素的合成与调节,以及对病原微生物的拮抗与抑制。

烟草根际微生物在提供营养元素方面表现出显著的促生功能,主要分为氮素转化和磷元素提供两类。对植物的养分供应起到了重要的作用,为植物的生长和发育提供了基础支持。

烟草根际微生物在生长激素的合成与调节方面也发挥着促生的功能,主要分为赤霉素合成和生长素合成两类。微生物通过产生激素合成相关的酶,调节植物激素水平,直接影响植物的生长。此外,微生物与植物根系的相互作用也通过植物-微生物信号交流的方式,促使植物产生激素或调节生长激素的合成,进而影响植物的生长发育。这种互动机制为植物提供了额外的生长支持,表现出了烟草根际微生物在调节植物生长时复杂性和多样性。

烟草根际微生物在拮抗和抑制病原微生物方面表现出重要的生物防御功能,主要分为病原菌拮抗和真菌拮抗两类。一方面,一些微生物如假单孢菌和芽孢杆菌展现出对植物病原微生物的拮抗作用,通过产生抗生素来抑制病原微生物的生长,从而保护植物免受病害的侵袭。另一方面,丛枝菌根真菌(AMF)通过形成共生关系,能够抑制土壤中的一些植物病原真菌,为植物提供防护。拮抗病原细菌通过产生抗生素,直接干扰病原微生物的生长过程,同时通过与病原微生物竞争营养和生存空间,减缓或阻止病原微生物的发展。与植物根系的互动还能激活植物的防御机制,增强植物对病原微生物的抵抗性。这些综合性的拮抗机制显示了烟草根际微生物在保护植物免受病害侵害方面的重要作用,为植物的健康生长提供了有效的保障。

总体而言,烟草根际微生物通过上述机制展现出促生功能,为植物提供营养、调节生长激素水平,同时通过拮抗和抑制病原微生物的方式维护植物的健康。这些相互作用有助于提高植物的抗逆性、促进植物生长,并在土壤生态系统中发挥重要的生态学功能。

5.3　微生物与植物互动的分子机制

5.3.1　根际生物与植物根系的信号交流

植物释放的信号物质，包括植物激素、有机酸、氨基酸和次生代谢产物等，构建了根际环境中的信号语言。这些物质在调控植物生长发育的同时，影响了根际微生物的群落结构。

植物激素：植物通过根分泌物释放植物激素，如生长素、赤霉素、脱落酸等。这些激素在根际环境中充当信号分子，调控植物生长发育的各个阶段。

有机酸：根分泌物中含有有机酸，如柠檬酸和苹果酸。这些有机酸可溶解土壤中的矿物质，增加养分的可吸收性，并影响根际微生物的群落结构。

氨基酸：植物释放氨基酸，作为植物根际微生物的营养源之一，促使微生物与植物根系建立共生关系，实现互惠共生。

次生代谢产物：除基础代谢产物外，植物释放的次生代谢产物，如挥发性有机物，可能具有抗菌和招引有益微生物的作用。

感知植物激素：微生物通过感知植物激素的存在，例如生长素的释放，以识别植物根系的生长状态和需求。同时微生物通过感知植物激素、特定化合物和化学信号，与植物根系建立互动，形成共生关系。

特定化合物感知：微生物能够感知根际环境中的特定化合物，包括植物释放的有机酸和氨基酸，从而确定植物根际位置。

化学互作：微生物通过感知根际环境中的化学信号，与植物根系建立互动。这种互作可导致微生物的趋化性响应，即向植物根系方向移动。

根际信号物质的释放与感知机制是植物与微生物之间复杂而密切的互动，对于理解植物根际生态系统的动态变化以及实现农业可持续发展具有重要意义。

5.3.2　根际微生物对植物基因表达的影响

1. 生长调节与代谢途径的变化

在根际生态系统中，根际微生物对植物的生长调节和代谢途径会产生深远影响。通过调控植物生长素（如赤霉素）的合成和信号传导，微生物影响了植物的生长发育，包括根系和地上部分的形成与分化。

生长素（auxins）：根际微生物可能促进植物生长素的合成，生长素的增加可能导致根系和茎的发育增强。生长素在植物的细胞分裂和伸展中起着关键作用，从而影响植物整体的形态结构。

赤霉素（gibberellins）：微生物的存在可能刺激植物赤霉素的产生，其对于促进植物的生长、芽发育等具有重要影响。

脱落酸（abscisic acid，ABA）：根际微生物可能调控植物脱落酸的合成，影响植物的生长和发育过程。ABA 在植物的逆境应答中发挥着重要作用，调节植物对胁迫的反应。

微生物的存在改变了植物的碳、氮、磷等代谢途径，促进了养分的吸收，提高了养分利用效率。这种互动机制扩展到植物的次生代谢途径，可能激活次生代谢产物的合成，提高植物的抗逆性和抗病性。

碳代谢：微生物与植物根系的相互作用可以影响植物的碳代谢途径，包括光合作用和呼吸，提高了植物对光能的利用效率，促进了碳的积累。

氮代谢：一些根际微生物具有固氮能力，影响植物的氮代谢途径，且可提供额外的氮源。

磷代谢：磷溶解微生物能够溶解土壤中的磷，提高植物对磷的吸收率，影响了植物的磷代谢途径，增强了植物的磷利用能力。

激活次生代谢：微生物的存在可能激活植物的次生代谢途径，导致次生代谢产物的合成，这些物质对植物的抗逆性和抗病性起到重要作用。

总体而言，根际微生物与植物之间的相互作用对于优化植物的生理状况、提高养分利用效率以及增强植物的逆境适应性具有重要意义。

2. 根际微生物对植物抗逆性的调控

根际微生物对植物抗逆性的调控体现在多个方面。根际微生物通过抑制病原微生物、引导逆境胁迫响应以及提高抗氧化防御机制的活性，调控植物的生理状态，增强植物的抗逆性，从而使植物更能适应复杂多变的环境条件。

首先，微生物通过产生抗生素或引发植物的抗病性，协助植物抵御病原菌的侵袭，从而提高植物的抗逆性。一些根际微生物具有生产抗生素的能力，通过抑制植物病原微生物的生长来保护植物。这种抑制作用可帮助植物抵御真菌、细菌或病毒的侵袭，从而提高植物的抗逆性。某些微生物还能引发植物的抗病性反应，激活植物的防御机制，如产生抗病相关蛋白质和次生代谢产物，提高对病原微生物的免疫力。

其次，微生物的存在能够引导植物进行逆境胁迫响应，激活相关基因的表达，增强植物对不利环境的适应能力，包括对低温、干旱、盐碱等逆境的调节能力。

最后，根际微生物可能通过诱导植物的抗氧化防御系统，提高植物对氧化应激的抵抗力，减轻氧化损伤。包括产生抗氧化酶和抗氧化物质，帮助清除细胞内的有害氧化物质，有助于维持细胞膜的完整性，促进植物在逆境条件下的生存和生长。

这种综合性的调控机制有助于维持植物的生理完整性，提高植物在复杂环境中的存活和生长能力，对于农业生产和农业可持续发展具有重要意义。

3. 根际微生物对植物基因表达的影响

根际微生物对植物基因表达的影响是多方面且复杂的。

首先，微生物通过表观遗传调控，如 DNA 甲基化和组蛋白修饰，直接改变植物基因的表达水平，包括在 DNA 分子上添加或移除甲基基团，以及在组蛋白上进行乙酰化、甲基化等修饰过程。这些修饰直接影响染色质的结构，从而影响基因的可读性和可访问性。

其次，微生物与植物根系相互作用引发信号传导通路的激活或抑制，通过植物激素和次生代谢产物等信号分子影响基因表达。微生物释放的信号分子与植物根系中的受体相互作用，触发一系列信号传导过程，最终影响细胞内的基因表达。这种信号传导通路的调控涉及多种信号分子，如植物激素和次生代谢产物。

最后，一些根际微生物可能激活植物的共生基因，促进植物与微生物的共生关系形成，有助于植物更好地适应环境。这种共生基因的激活包括调节共生信号分子的合成和感知。

综合而言，根际微生物通过表观遗传调控、信号传导通路的调节以及共生基因的激活，直接或间接地影响植物基因的表达。这种影响是微生物与植物相互作用的结果，对植物的生长发育、应对逆境、形成共生关系等方面具有深远影响。

5.4　烟草根际微生物与土壤质地的相互作用

5.4.1　微生物对土壤结构的影响

（1）生物黏合剂的产生与作用

在根际微生物中，一些细菌和真菌通过代谢活动产生生物黏合剂。这些生物黏合剂包括多糖、胶质物质以及黏合性蛋白质等。这些物质的生成主要发生在植物根际土壤环境中。

颗粒黏附：生物黏合剂能够附着在土壤颗粒表面，形成一层胶状物质，促使颗粒之间相互黏附。这种附着作用有助于土壤颗粒形成更为结实的结合，增进土壤颗粒之间的连接。

形成土壤聚合体：生物黏合剂的存在促使土壤中的颗粒通过黏附过程形成更大的团聚体，称为土壤聚合体。这些聚合体在土壤中起到胶结剂的作用，可提高土壤的稳定性，有助于改善土壤通透性和水分保持能力。

生物黏合剂的产生与作用对土壤结构的形成和维护具有重要作用。通过促进土壤颗粒之间的黏附和聚集，生物黏合剂有助于形成更为稳定和有机质丰富的土壤结构，为植物提供更适宜的生长环境。

（2）根际微生物通过多种方式对土壤颗粒的聚集与团聚产生积极影响

首先，植物根系分泌的有机酸、植物激素和根黏液具有黏附性，能够溶解土壤中的矿物质、形成土壤胶体，促进颗粒之间的黏结。

其次，微生物在根际区域代谢时产生的有机物和胶体物质能够改变土壤物理性质，促进颗粒黏附并形成较大的团聚体。

此外，一些微生物形成的生物胶囊，即黏性的外包围物质，有助于微生物附着在土壤颗粒上，进而促使颗粒的聚集，形成更为稳定的土壤结构。

综合而言，根际微生物通过根系分泌物、代谢产物和生物胶囊等方式，对土壤颗粒的聚集与团聚产生正面影响。这些作用有助于形成稳定的土壤结构，提高土壤的透气性和水分保持能力，并创造有利于植物生长的土壤环境。

5.4.2 土壤孔隙度与水分保持

孔隙结构的维护是土壤中微生物重要的生态功能之一。微生物通过以下方式维护土壤的孔隙结构。

形成土壤团聚体：微生物产生生物胶囊和分泌多糖等物质，促进土壤颗粒的黏附和聚集，形成较大的土壤团聚体。这些团聚体构成了土壤孔隙结构的骨架，提高了土壤的结构稳定性和通透性。微生物的生态活动在土壤中创造出利于水分渗透和根系生长的微观环境。

分解有机质：微生物参与土壤中有机质的分解过程，产生有机酸和胶体物质。这些物质有助于土壤颗粒之间的结合，维持孔隙结构的稳定性。有机质分解还释放出一些胞外酶，进一步促进土壤团聚体的形成，有益于土壤结构的改善。

通过这些活动，微生物维持着土壤的透气性、水分渗透性和结构的持久稳定性，对于维持土壤的肥力、植物生长以及整个生态系统的健康都至关重要。

水分调控中的微生物作用涵盖多个方面。

土壤有机质可增加土壤的保水能力：微生物的代谢活动产生的有机质能够显著提高土壤的持水能力，形成具有更高吸水性的土壤结构，有助于增加土壤对水分的保持能力，减缓水分的流失，为植物提供更稳定的水分环境。

根际微生物与植物的共生关系：微生物通过根际区域与植物根系互动，促进植物根系的生长。植物根系的扩展有助于形成更多的根系孔隙，增加土壤的透气性和水分渗透性。这种共生关系使得植物能更有效地吸收水分，同时维持土壤的良好通透性。

　　微生物分泌胞外多糖：一些微生物分泌胞外多糖，这些多糖具有吸附水分的特性，形成一种保水膜。这种保水膜有助于在干旱条件下维持土壤水分，为植物提供额外的水分资源。这对于提高生态系统中的植物抗旱性和水分利用效率具有重要作用。

　　通过这些水分调控机制，微生物不仅维持了土壤结构的稳定，还影响了水分的分布与循环，对整个生态系统的健康和稳定起到了关键作用。

5.5　作物生产中的应用与效果

5.5.1　根际促生型微生物应用案例

　　长沙烟区烟叶大田生产存在前期遭遇极端天气导致还苗期长，根系生长缓慢、活力低，后期地上高温，地下部分水分、养分供应不足等问题。针对以上问题，开展烟株早生快发关键技术研究，通过调节根际微环境，促进大田生育前期烟株早生快发，增加根系数量和扎根深度，增强根系的生理功能和活力，从而均衡烟株地上与地下供需关系，提高烟株抗逆性。烟草的根际土壤中含有大量微生物，这些微生物对烟株生长发育、营养吸收、抗逆能力以及烟草产质量都能产生很大的影响。通过改善烟株根际微生态环境来促进烟草生长并从根际土壤中筛选具有良好促生和抗逆作用的有益菌群，日益为人们所重视。本书通过单细胞拉曼分离和高通量测序技术，挖掘能有效促进烟株早生快发的功能微生物类群，并分离筛选、复配、制备出高效根际促生微生物功能菌剂。在此基础上，结合可降解地膜覆盖、耕层深翻、增施有机肥等农艺措施，形成基于微生物功能菌剂的烟株早生快发的关键技术，从而解决长沙烟区烟叶大田生产存在的问题，为烟叶优质生产提供理论依据以及可靠的技术支撑。

1. 根际微生物特征分析

（1）横市镇基地单元烟草根际土壤微生物特征分析

　　根系发达和发育不良烟草根际土壤微生物群落 α 多样性有显著的差异（表5-1），在发达根系（HS_WDR）根际环境中微生物群落的多样性和丰富度要显著高于不发达根系（HS_UDR）的根际环境。利用 MRPP、ANOSIM 和 ADONIS 统计分析检验群落差异的显著性（表5-2），结果表明 HS_WDR 和 HS_UDR 根际土壤中微生物组成的差异是极显著的（$p < 0.001$）。

表 5-1　HS_WDR 和 HS_UDR 根际土壤微生物群落 α 多样性

多样性指数	HS_WDR	HS_UDR
Chao1 指数	31694±33428*	23298±3774
ACE 指数	35688±386*	26214±4243
Simpson 指数	0.9986±0.0010*	0.9929±0.0039
Shannon 多样性指数	8.52±0.42*	7.33±0.63
Observed OTU 指数	15368±1820*	11017±2100
Pielou 均匀度指数	0.88±0.03*	0.79±0.05

注：*表示在 $p < 0.05$ 水平差异显著。

表 5-2　HS_WDR 和 HS_UDR 根际土壤微生物群落差异分析

相异度	MRPP		ANOSIM		ADONIS	
	δ	p	R	p	F	p
欧氏距离	2547.4	0.000999	0.5	0.001	0.341	0.001
布雷-柯蒂斯距离	0.601	0.000999	0.74	0.001	0.302	0.001

　　根际土壤微生物群落 β 多样性的 PCA 和 NMDS 分析（图 5-1）表明，发达（WDR）和不发达（UDR）根系根际土壤微生物群落的结构有明显差异。PCA 分析的两个主轴解释了 75.02% 的微生物群落变异，表明它们可以较好地代表根际土壤微生物群落组成的特征，其中 PC1 解释的变异为 63.00%，PC2 解释的变异为 12.02%。

　　根际土壤微生物群落组成分析（图 5-2）结果表明：HS_WDR 和 HS_UDR 根际

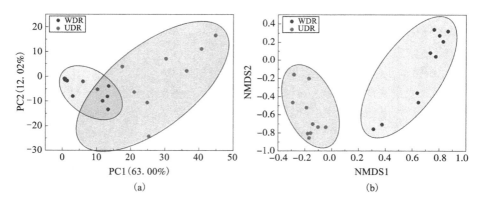

(a)　　　　　　　　　　　　　(b)

图 5-1　HS_WDR 和 HS_UDR 根际土壤微生物群落 β 多样性的 PCA 分析和 NMDS 分析

(扫本章二维码查看彩图)

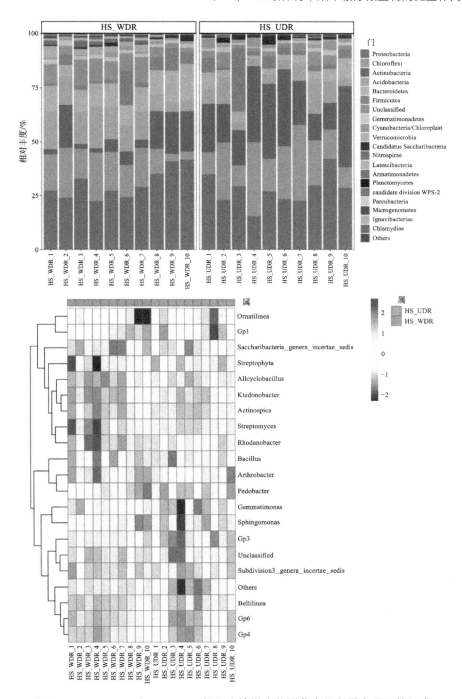

图 5-2　HS_WDR 和 HS_UDR 根际土壤微生物群落在门和属水平下的组成

（扫本章二维码查看彩图）

土壤环境中变形菌门丰富度都较高，但是放线菌门和绿弯曲门在两者之间的丰富度差异较大，例如放线菌门在 HS_WDR 烟田根际土壤微生物中丰富度较低，而在 HS_UDR 烟株根际土壤微生物中丰富度较高，但绿弯曲门情况完全相反。HS_WDR 和 HS_UDR 微生物群落在属水平主要由链霉菌属、纤线杆菌属、罗珂杆菌属和芽孢杆菌属等属组成。

HS_WDR 和 HS_UDR 根际土壤微生物群落组间差异分析结果表明（图 5-3），Actinobacteria 门中的 *Actinospica* 和 *Streptacidiphilus* 属，Chloroflexi 门的 *Ktedonobacter* 属等微生物在不发达根系根际环境中的相对丰度要显著高于发达根系根际环境。然而 Acidobacteria 门中的 *Gp*6、*Gp*4、*Gp*7 和 *Gp*18 属，Bacteroidetes 门中的

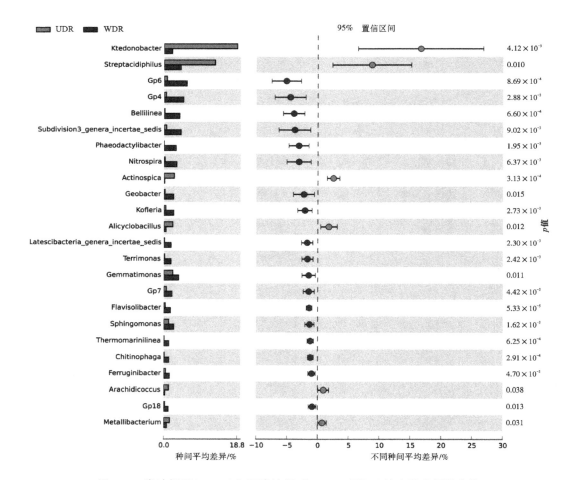

图 5-3　发达根系（WDR）和不发达根系（UDR）根际环境中的差异微生物

Chitinophaga、*Ferruginibacter*、*Flavisolibacter*、*Phaeodactylibacter* 和 *Terrimonas* 属，
Verrucomicrobia 门中的 *Subdivision3_genera_incertae_sedis* 属等微生物在发达根系根
际环境中的相对丰度要显著高于不发达根系根际环境。这些微生物可能具备促进
烟草根系早生快发和植物促生功能，且已有报道表明具有溶磷、解钾、产铁载体
和产 IAA 等功能的微生物可以促进烟株生长发育，因此，本项目后续将提取这些
微生物的 16S rDNA 序列，并定向地配制选择培养基，进行功能微生物的筛选
分离。

　　根际土壤微生物群落的分子生态网络分析(图 5-4)结果表明，HS_WDR 和
HS_UDR 的模块性值分别为 0.691 和 0.794，均大于 0.4，表明微生物群落分子生
态网络都具有模块化特征。HS_WDR 网络中具有 1544 个节点和 6492 条连接(其
中 94.98% 为正相关连接)，而 HS_UDR 网络中只有 1408 个节点和 3340 条连接
(其中 78.68% 为正相关连接)。与不发达根系根际环境相比，在发达根系根际环
境中，微生物生态网络更加复杂，参与网络构成的 OTU 更多，微生物之间的相互
作用更加频繁，微生物物种间协同作用较强，且微生物之间更容易形成聚团现
象，即在微生物生态网络中体现为聚集的模块。

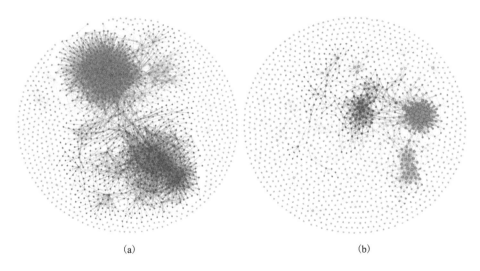

(a)　　　　　　　　　　　　　　　　　(b)

图 5-4　HS_WDR(a)和 HS_UDR(b)根际土壤微生物群落的分子生态网络分析

　　不同的节点在分子生态网络中发挥着不同的作用，采用参数 Z_i 来衡量一个
节点在分子生态网络所在模块中的连通性，值越高表明节点在模块中的作用越
大。参数 P_i 用来衡量一个节点在分子生态网络不同模块间的连通性，值越高
表明节点与其他模块的联系越紧密。根据每个节点的 Z_i 和 P_i 值将所有节点划分

为四类，如图 5-5 所示，模块内连接点和模块间连接点的数量标注在图上相应区域。分子生态网络中绝大多数节点为普通节点，均无网络节点。HS_WDR 网络中存在 51 个模块内连接点和 3 个模块间连接点，HS_UDR 网络中存在 35 个模块内连接点和 6 个模块间连接点。*Clostridium sensu stricto*、*Altererythrobacter*、*Gemmatimonas*、*Leclericia*、*Stenotrophomonas*、*Sphingomonas*、*Methylobacterium*、*Lyssinibacillus* 和 *Pluralibacter* 等属的 OTU 在 HS_WDR 网络中充当关键节点。

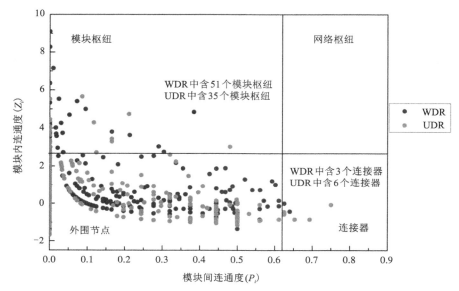

图 5-5　HS_WDR 和 HS_UDR 根际土壤微生物分子生态网络节点 Z_i-P_i 图

对微生物功能的变化情况进行了 KEGG 富集分析，如图 5-6 所示。结果表明在不发达根系（UDR）根际土壤中，微生物的病毒感染、病原微生物感染、耶不赞氏传染等疾病相关的功能要显著多于发达根系根际土壤；而在发达根系（WDR）根际环境中新霉素、卡那霉素、庆大霉素等抗生素的微生物合成功能要显著优于不发达根系根际环境，说明根际环境中微生物抗病能力的提高有利于根系的发育。此外，在发达根系根际环境中，微生物氮代谢、组氨酸代谢丰度更高，说明根系环境中氮素循环和氨基酸的合成有利于根系的生长发育，在构建根系微环境时应有效提升微生物氮循环驱动能力和氨基酸代谢能力。

（2）流沙河基地单元烟草根际土壤微生物特征分析

流沙河基地单元烤烟草根际土壤微生物群落 α 多样性分析如表 5-3 所示，发达根系（LSH_WDR）与不发达根系（LHS_UDR）根际土壤微生物群落的 α 多样性指数均无显著差异。

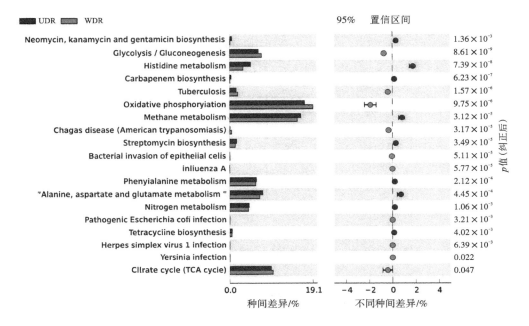

图 5-6　横市发达根系(WDR)和不发达根系(UDR)根际土壤微生物功能分析

表 5-3　LSH_WDR 和 LHS_UDR 根际土壤微生物群落 α 多样性

多样性指数	LSH_WDR	LSH_UDR
Chao1 指数	33793±2661	33897±4268 *
ACE 指数	38481±2977	38571±4915 *
Simpson 指数	0.9994±0.0004	0.9990±0.0008
Shannon 指数	8.91±0.18	8.81±0.33
Observed OTU 指数	17279±1021	17038±1739
Pielou 均匀度指数	0.91±0.01	0.90±0.02

注:标注 * 代表两者之间有显著性差异。

　　根际土壤微生物群落 β 多样性的 PCA 和 MDS 分析(图 5-7)则表明,发达 (LSH_WDR)和不发达(LSH_UDR)根系根际土壤微生物群落的结构无明显差异。 PCA 的两个主轴解释了 73.39% 的微生物群落变异,可以较好地代表根际土壤微 生物群落组成的特征,其中 PCA1 解释的变异为 63.18%,PCA2 解释的变异为 10.21%。

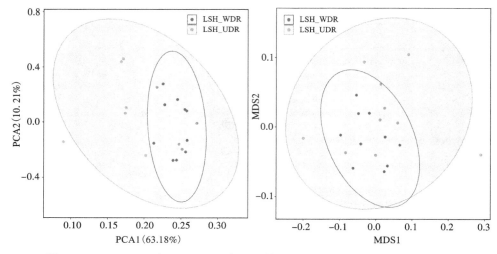

图 5-7　**LSH_WDR 和 LSH_UDR 根际土壤微生物群落的 PCA 和 NMDS 分析**

　　发达（LSH_WDR）和不发达（LSH_UDR）根系根际土壤微生物群落（图 5-8）在门水平上主要由 Proteobacteria、Acidobacteria、Bacteroidetes 和 Chloroflexi 等门组成，在属水平上主要由 Gp1、Gp3、Rhizomicrobium、Rudaea 和 Gp2 等属组成。在属水平上的差异分析表明，Gp3、Desulfobacca、Gp2、Gp24、Nitrospirillum 和 GP7 等属微生物在发达根系根际环境中的相对丰度要显著高于不发达根系根际环境。

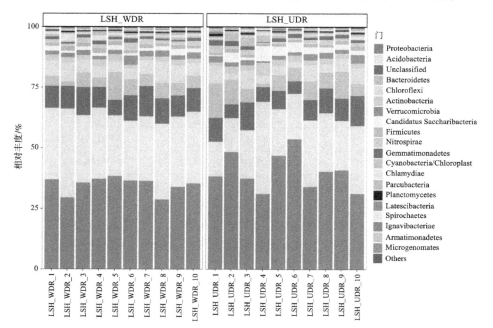

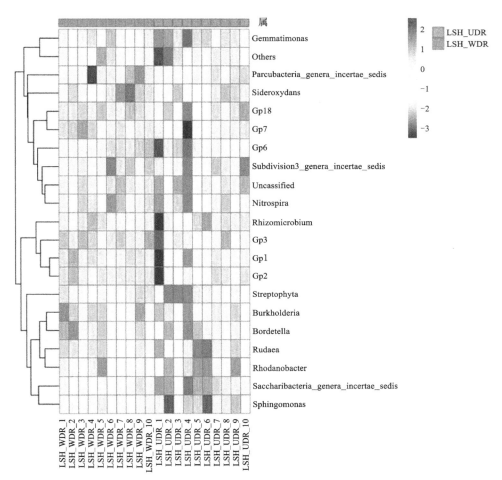

图 5-8　LSH_WDR 和 LSH_UDR 根际土壤微生物群落在门和属水平的组成

（扫本章二维码查看彩图）

　　根际土壤微生物群落的分子生态网络分析（图 5-9）结果表明，LSH_WDR 网络中具有 1170 个节点和 1801 条连接（其中 73.40% 为正相关连接），而 LSH_UDR 网络中只有 832 个节点和 1299 条连接（其中 91.69% 为正相关连接）。与不发达根系根际环境相比，在发达根系根际环境中，微生物生态网络更加复杂，参与网络构成的 OTU 更多，微生物之间的相互作用更加频繁，微生物物种间协同作用较强，且微生物之间更容易形成聚团现象，即在微生物生态网络中体现为聚集的模块。

　　不同的节点在分子生态网络中发挥着不同的作用，根据每个节点的 Z_i 和 P_i 值将所有节点划分为四类，如图 5-10 所示，模块内连接点和模块间连接点的数

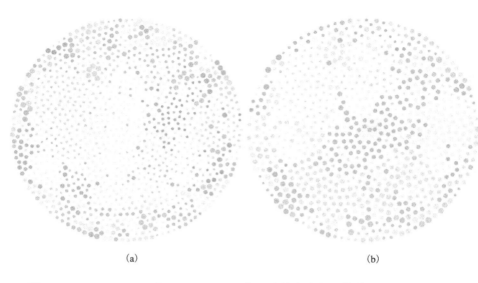

图 5-9　LSH_WDR(a) 和 LSH_UDR(b) 根际土壤微生物群落的分子生态网络分析

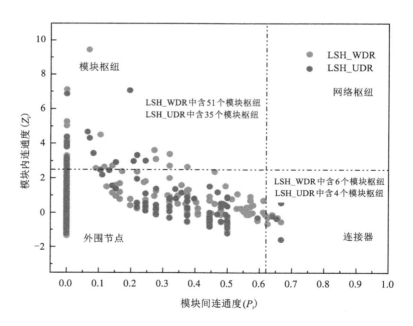

图 5-10　LSH_WDR 和 LSH_UDR 根际土壤微生物分子生态网络节点 Z_i-P_i 图

量标注在图中相应区域。分子生态网络中绝大多数节点为普通节点，均无网络节点。LSH_WDR 网络中存在 25 个模块内连接点和 6 个模块间连接点，LSH_UDR 网络中存在 20 个模块内连接点和 4 个模块间连接点。*Altererythrobacter*、*Gemmatimonas*、*Stenotrophomonas*、*Sphingomonas*、*Methylobacterium*、*Lyssinibacillus* 和 *Pluralibacter* 等属的 OTU 在 LSH_WDR 网络中充当关键节点。

（3）小结

1）根际土壤微生物多样性越丰富、物种越多，烟草根系越发达，因此，可以通过提高根际土壤微生物丰富度促进烟草早生快发。

2）功能分析表明，根际微生物群落的病毒感染、病原微生物感染、耶不赞氏传染等疾病相关的功能会抑制烟草根系的发育，但新霉素、卡那霉素、庆大霉素等抗生素的微生物合成功能可有效促进烟草根系发育，且氮循环和氨基酸合成功能是烟草根系发育的有效促进因素，在构建根系微环境时应有效提升微生物养分循环驱动能力和氨基酸代谢能力。

3）微生物分子生态网络中微生物集团的形成有助于促进烟草根系的发育。

4）烟草根际环境中 *Clostridium sensu stricto*、*Altererythrobacter*、*Gemmatimonas*、*Leclericia*、*Stenotrophomonas*、*Sphingomonas*、*Methylobacterium*、*Lyssinibacillus* 和 *Pluralibacter* 等属的微生物可促进根系的发育。

5.5.2　烟草根际早生快发微生物产品的应用

张宇羽发现苗床添加 EM 菌肥和胶质芽孢杆菌菌肥能够显著提高烟苗根系活力，增强烟草幼苗的抗性，并且提高烟草幼苗对营养元素 N、P、K 的吸收率；曹明锋发现对主栽品种 K326 施用微生物菌肥能够促使烟株吸收更多的钾素，提高烟叶含钾量，增强烟叶的燃烧性和阴燃持火力；张朝辉等通过制备解钾菌肥和小区试验发现，施用解钾菌肥可显著提高烤烟草根际细菌数量和解钾菌的数量，降低放线菌的数量和现蕾期真菌的数量。据报道，籼稻富集了更高比例的氮循环相关细菌，从而导致籼稻系环境中的氮转化过程比粳稻品种更有效，更能明显促进植物的生长。在环境中磷含量较低时，丛枝菌根真菌能够增加磷的利用效率进而促进根系生长，植物根际促生菌和根瘤菌通过溶解、矿化等方式能够将无机磷等植物不易获得的营养物质进行转化，来满足其必需的营养吸收。同时，微生物还能产生植物激素、挥发性化合物等物质促进植物生长，PGPR 产生的挥发性化合物可以促进根毛发育并提高根际中磷酸盐的利用率。在植物根际生长的微生物群落（丛枝菌根真菌、植物根际促生菌、根瘤菌）通过激素调控、固氮、溶磷以及释放挥发性化合物等机制调控根系构型，根际微生物的这些特性具备作为微生物菌剂的潜力，但微生物菌剂研发过程中面临的最大挑战是在复杂的环境条件下开发稳定的配方。在生产过程中，厂家通常在产品中添加助剂与活性剂等成分，同时将产品生产成不同种类的制剂，以最大程度地保持微生物菌剂产品从生产贮存到使用过程的稳定、高效和安全。目前，我国微生物菌剂的加工技术与发达国家之间还存在很大的差距，主要表现为制剂有益菌数量较少、活性较低，制剂质量不稳定。

（1）根系早生快发微生物制剂的作用机理研究

研究微生物菌剂施用后对根际微生物群落结构、根际代谢物、土壤理化性质及根系性状的影响；研究微生物菌剂与植物根系之间的基因表达调控网络，识别菌剂关键调控基因并深入分析其在植物生长激素合成、抗逆性及养分吸收等方面的作用；分析微生物关键代谢物与植物根系分泌物、根系性状的互作机制。

（2）根系早生快发微生物制剂廉价碳源、氮源替代技术

确定适合微生物菌剂的廉价碳源，如禽畜粪水、厨余垃圾等；通过实验设计和优化方法，确定最佳碳源浓度和供应策略，以提高微生物生长和代谢活性。寻找可以替代传统氮源的廉价替代品，如棉籽粉、豆粕、尿素等。优化氮源替代品的浓度，以满足微生物菌剂发酵过程中的氮需求，同时降低生产成本。分析微生物在不同碳源和氮源条件下的生长动力学，确定微生物菌剂对不同碳源氮源的适应性，优化培养基配置。评估采用廉价碳源和氮源替代技术对微生物菌剂生产成本的影响。

（3）根系早生快发微生物制剂的低成本高密度发酵原理与技术

采用优化后的发酵培养基，系统研究温度、pH、搅拌速率和补料策略等参数对菌群发酵过程的影响，以确定最大菌体密度下的培养条件，并通过中试和放大试验验证操作发酵工艺的可行性和稳定性，为扩大和稳定工业生产规模提供实验依据。通过优化培养条件和操作策略，使微生物在较短时间内达到较高的生物量，从而提高产物的制备速度和产量。分别在发酵优化前后两种不同发酵模式下培养菌群，以对数期中期和稳定期作为关键时间点取样，研究根系早生快发微生物菌剂在高密度发酵模式内的不同生长阶段和同一生长阶段的不同发酵模式间样本的转录组特征、代谢组特征和微生物群落结构，分析样本间基因表达模式相关性并筛选差异表达基因、分析样本代谢产物种类及丰度、分析微生物群落结构组成动态变化。

（4）根系早生快发微生物制剂的制备技术

研究不同剂型（水剂、颗粒等）对发酵菌群活菌数、比例、货架期和效价的影响，结合制备成本，明确生物效价最高的早生快发微生物菌剂最佳剂型。在保证高效菌群的活性、细胞数、菌体种类及比例等波动最小的情况下，筛选出高效拮抗菌群制剂时所需的最适载体、分散剂、润湿剂、稳定剂和保护剂等单因素条件。进而通过对筛选出的最适单因素添加不同比例的正交试验，得出最佳制剂配方。

（5）微生物制剂工业化生产流程分析

以工业化产品生产开发为目标，研究微生物菌剂制备土壤调理剂或功能菌肥的各项条件与指标，确定微生物菌剂工业化产品稳定的菌种种类与比例；开展工业化产品的制备流程与优化条件研究，重点考虑板框压滤与喷雾干燥等流程与常规调理剂或肥料的匹配条件，综合考虑成本、效率等因素，确定最佳的生产方案；分析制备的工业化产品货架期、效价及功能菌的有效活菌数、菌量和比例；开展工业化产品两年三地的田间试验。

（6）根系早生快发微生物制剂的施用技术

结合小区和田间试验，综合考虑微生物菌剂施用措施、施用量、施用时间对烟草根系生长的影响；优化产品施用方式（施用量、施用条件、施用时期），形成适合不同烟田、不同条件、不同施用年限背景的根系早生快发微生物产品施用技术，保障产品的田间效果，并降低施用成本。

根系促生型菌剂由鞘氨醇单胞菌、乳杆菌、芽孢杆菌、菌根菌等益生微生物共同组成。鞘氨醇单胞菌等将土壤中复杂有机物如纤维素等分解为高活性的小分子易吸收物质；乳杆菌等可将土壤中矿物中的不溶性物质溶解为高有效性的氮磷钾等养分，供植物直接吸收利用；菌根菌可增大植物根系的吸收面积；多菌群协作促进烟草根系对各类养分的吸收、提高根系活力、促进根系早生快发。对菌剂连续三年（2021—2023 年）在宁乡、浏阳等地开展了应用示范，示范面积超过500 亩，成效突出。其中菌剂处理后土壤速效磷增加了 25 mg/kg（约 45%）、速效钾增加了 220 mg/kg（约 35%）、硝态氮增加了 280 mg/kg（约 35%）、铵态氮增加了 11 mg/kg（约 500%）；同时总根长增加了 300 cm（25%）、根系体积增加了4 cm³（约 10%）、根尖数增加了 900 个（约 10%）、根鲜重增加了 40 g（约 30%），有效解决了根系生长慢的问题；株高增加了 8.5 cm（约 8%）、叶片数增加了1~2 片、叶宽增加了 2~3 cm、最大叶面积增加了 60 cm²（约 8%）。

5.6　未来研究方向与挑战

5.6.1　尚未解决的问题与知识空白

尽管对烟草根系微生物的研究已经取得了一些进展，但仍存在一些未解决的问题和知识空白。

1）微生物多样性与功能关系的深入研究：尽管目前已经知道了烟草根际与各类微生物的相互作用，但对于微生物多样性与其功能之间的精细关系仍需深入研究。了解不同微生物的具体功能及其在根系中的贡献，有助于更好地理解微生物在烟草根系中的生态角色。

2）根际信号物质的全面解析：对于烟草根系释放的信号物质，尤其是植物激素、有机酸等的全面解析，以及这些信号物质与微生物的详细相互作用机制，仍存在知识空白。深入了解这些信号物质的释放与感知对于揭示根际微生物与植物互动的细节至关重要。

3）抗逆机制的研究：虽然已知微生物可以通过多种途径提高植物的抗逆性，但对烟草根系的具体抗逆机制尚未完全阐明。关于微生物如何帮助烟草根系应对逆境条件，包括病原微生物侵染、干旱和盐胁迫等，还需要进行更深入的研究。

4）烟草根际微生物的社会生态学研究：对于烟草根际微生物在自然环境中的分布、竞争与合作关系，以及其与其他土壤生物的互动，在社会生态学层面的研究相对较少。这方面的研究有助于全面了解烟草根际微生物群落的生态网络。

5）生态系统的动态长期监测与模拟：长期监测与模拟研究可以更好地理解烟草根系微生物群落的时空动态变化，以及其与环境因素的关系，有助于预测根际微生物群落对于气候变化和人类活动的响应。

解决这些问题和填补知识空白将有助于更全面、深入地理解烟草根系微生物的生态学、生理学和分子学特性，为农业生产和土壤生态系统的可持续性管理提供更有效的科学依据。

5.6.2 新技术在烟草根际微生物研究中的应用展望

新技术在烟草根际微生物研究中的应用展望涉及多个方面，其中一些关键的技术包括以下几点。

1）高通量测序技术：随着高通量测序技术的不断发展，特别是 16S rRNA 基因和 ITS 区域的测序，可以更深入地了解烟草根际微生物的多样性和群落结构。元基因组学技术则有助于揭示微生物的功能潜力。这些技术的广泛应用将提供更全面、准确的微生物群落信息。

2）功能基因组学：通过功能基因组学，可以研究微生物的代谢潜力、抗逆机制和对植物的促生功能，有助于深入了解微生物在根际的生态功能和与植物的互动。

3）多组学方法：结合多组学方法，如蛋白质组学、代谢组学和转录组学，可以全面解析微生物和植物根系之间的相互作用，有助于揭示植物与微生物之间的分子机制。

4）微生物群落定量分析：利用定量 PCR、流式细胞术等技术，可以对烟草根际微生物群落的数量进行准确测定。这对于了解微生物的动态变化、不同物种的相对丰度以及其对环境变化的响应具有重要意义。

5）单细胞测序技术：单细胞测序技术使对烟草根际微生物中个体微生物的基

因组和功能进行更为精细的研究成为可能，有助于解析微生物群落中个体微生物的特异性功能和适应策略。

6）分子显微生态学：利用分子显微生态学技术，如荧光原位杂交（FISH）和流式荧光原位杂交（flow-FISH），可以在微尺度上直接观察烟草根际微生物的分布、数量和活性状态。

7）人工智能和数据挖掘：利用人工智能和数据挖掘技术，可以处理和分析大规模的微生物组学数据，发现微生物群落中的模式、关系和潜在的生态学规律。

这些新技术的应用有望提高对烟草根际微生物的理解水平，加深对其与植物互动、土壤健康和生态系统功能的认识。通过这些先进技术的运用，可以更好地引导农业实践、推动可持续土壤管理和促进农业生产的可持续性发展。

第 6 章 烟田连作障碍发生的微生物生态机制

扫码查看本章彩图

连作已成为集约化、现代化农业生产中最常见的生产模式，然而，在连续使用几年后，连作模式已经出现障碍。已有一些研究探讨了连作对土壤微生物的影响，但很少有研究关注经历连作障碍的土壤与抵抗这些障碍的土壤之间的区别。我们收集了连续种植烟草 10 年和 20 年的土壤样本，研究了经历连作障碍的土壤与抵抗障碍的土壤在土壤性质和细菌群落方面的差异，以预防和控制连作障碍。结果显示，抵抗连作障碍的样本中的土壤有机质（SOM）、有效磷（AP）、总氮（TN）、硝酸盐氮（NO_3^--N）和细菌多样性的测试结果显著高于存在连作障碍的样本。此外，SOM、AP、TN 和铵态氮（NH_4^+-N）显著影响了细菌群落。在所有变量中，NH_4^+-N 解释了细菌群落变异的最大比例。利用分子生态网络（MENs）推测了一些关键类群，包括酸杆菌 *Gp*1、酸杆菌 *Gp*2、酸杆菌 *Gp*16 和 *WPS*-1_*genera_incertae_sedis*。它们的相对丰度在上述两种条件下显著变化。总体而言，土壤养分含量和细菌多样性的减少，以及一些关键类群丰度的显著变化，可能是导致土壤传播病害增加和烟草生产潜力或质量降低的重要因素。因此，在农业生产中，可以通过轮作、间作或使用专用生物肥料和土壤调理剂来调节土壤–作物–微生物生态系统的稳定性，以减轻连作障碍。

6.1 连作障碍概念、影响及成因

连作障碍是指在同一块土壤种植同种类型的作物或近缘作物导致该作物生长发育不良、产量和品质下降的现象。在大规模农业和园艺集约化生产中长期单一栽培同一种经济作物，这种土地利用模式造成的作物产质量问题也称作连作障碍。据统计，易发生连作障碍的作物主要包括豆科、茄科和十字花科植物等。在常规的管培制度下，同一块地长期种植烟草导致其生长发育迟缓、产量质量下降以及病害发病率增加。

连作种植影响作物对土壤中某些营养元素的吸收和积累，导致作物因营养不良而生长缓慢。一方面，作物在生长发育过程中因缺乏某些特殊营养元素而出现病症，如土壤缺硼引起萝卜褐心、番茄果实畸形、品质变差等。研究表明，烟草连作种植导致土壤各种形态的氮元素增加，某些益生菌如氨化细菌和硝化细菌等变少，土壤硝化能力显著降低，从而降低了烟草吸收营养元素(如氮元素)的能力。此外，连作时间越长，烟叶淀粉及还原性糖含量越低，表明连作明显降低了烟草对营养元素的吸收和积累。另一方面，连作导致作物生长发育缓慢，如番茄幼苗老化、出现畸形果实。研究表明，连作引起花生个体生长缓慢，植株高度、单株饱果数和产量均减少 10% 左右。

连作还会影响土壤微生物的活性，改变土壤微生物的群落结构，导致土壤不同病害的发病率增加。土壤微生物是土壤-作物生态系统的重要组成部分，直接参与土壤的形成和发育与物质循环。研究表明，烟草连作对细菌的影响很大，对放线菌的影响最小。此外，连作时间对不同病菌的影响不同，在连作超过 10 年的烟地中，真菌、细菌和放线菌的数量均有变化，如青枯病病原菌的数量增加，提高了烟草感染青枯病的概率。

导致连作障碍形成的因素有很多，主要包括植物自身分泌物、微生物群落结构和功能以及土壤理化性质等，这些因素彼此联系，相互影响。

(1)植物的化感作用、自毒作用

化感作用是指植物在生长发育过程中产生的代谢产物对其他植物产生的直接或间接不良影响。植物通过茎叶挥发、茎叶淋溶、根系分泌和残体腐解等过程向周围环境释放化感物质，通过抑制周围其他植物的细胞分裂、细胞生长，影响其体内生长素、赤霉素和脱落酸等激素的水平，并通过破坏细胞结构、改变酶活性抑制蛋白质合成和氨基酸运输。自毒作用是一种特殊的化感作用，是指植物在生长发育过程中产生的代谢物直接或间接抑制同种其他个体的生长。研究表明，植物生长发育过程中根系分泌某些有毒物质，这些物质在土壤中大量积累会给后续种植的植物带来致毒作用，导致作物减产。从作物分泌物中鉴定出的自毒物质主要是酚酸类化合物，而苯甲酸、对羟基苯甲酸等同样对作物吸收营养物质有阻碍作用，且能够抑制植物生长发育。自毒物质导致细胞膜发生严重的去极化作用，破坏细胞膜的完整性和渗透性，严重影响细胞酶功能及其对营养物质的吸收，最终抑制植物的生长发育。酚酸类物质通过抑制种子萌发过程所需关键酶类物质(如咖啡酸和绿原酸等)的吸收，从而影响植物生长发育。此外，自毒物质也会抑制 Mg-卟啉的合成，加速叶绿素的降解，从而降低叶绿素的含量，而气孔关闭使二氧化碳的进入受阻，从而降低植物的光合速率。

(2)微生物群落结构和功能

微生物是连作障碍形成的一个重要影响因素。研究表明，植物根系分泌物中含有化感自毒物质，而这些物质对微生物群落物种多样性的影响明显。土壤中自毒物质可引发微生物群落结构失衡，从而引发土传病害，而后者是导致连作障碍的一个重要因素。

土传病害是指作物连作之后在植物根系周围的有益菌数量减少，菌群平衡被打破，土壤中拮抗菌数量减少。土传病害主要发生在植物根部或茎部，以根部土壤为传播媒介进行病害传播，使作物的产量质量受到影响。常见的土传病害包括：①半知菌亚门真菌侵染引起的立枯病；②丝核属和小菌核属侵染引起的菌核病；③瓜果腐霉属鞭毛菌亚门真菌侵染引起的猝倒病；④腐霉、镰刀菌和疫霉侵染引起的根腐病等。研究表明，土壤传染性病虫和微生物引起日本约70%的土壤发生连作障碍。烟草连作使土壤根际益生菌数量减少，致病菌数量增加，严重破坏根际土壤微生物群落平衡，导致土壤生态环境恶化。此外，烟草连作时间长短对土壤根际微生物的影响不同。在短期内（小于5年）连作种植烟草对土壤微生物群落的影响较小，但连作时间超过10年土壤微生物的活性明显降低。

（3）土壤理化性质

土壤理化性质的改变也是导致连作障碍发生的一个重要因素。同一种植物长期连作后，其根系分泌物如二氧化碳、氨基酸及有机酸等在植物根系附近富集，导致土壤理化性质改变，土壤养分失衡，从而抑制植物生长发育。

不同植物对不同营养元素的吸收能力不同。同一种作物长期连作后，作物长期吸收某一种特定元素，导致该元素在连作土壤中出现亏缺；此外，也会造成某种未吸收或吸收较少的元素大量富集，使土壤营养元素失衡，植株在生长发育过程中无法吸收充足的营养元素，导致植株生长发育不良。研究表明，烟草连作种植土壤中有效氮、磷均出现不同程度的富集。此外，连作土壤中有机质含量降低，土壤中有效氮、磷和钾的含量随pH的升高而升高，严重影响土壤营养元素平衡，导致烟草生长发育迟缓，烟叶产量质量下降。

土壤次生盐渍化及酸化也会造成连作障碍。土壤次生盐渍化及酸化是指连作种植过程大量施肥、季节性覆盖和水分蒸发等导致土壤水分变少，土壤下层肥料和盐分在表面形成一层白色盐分层，且因大量施加化肥，土壤pH下降，出现土壤酸化的现象。导致土壤盐渍化的主要离子包括 Ca^{2+}、NO_3^-、SO_4^{2-} 和 Cl^- 等，这些离子的增加使土壤渗透压增大，根系吸肥能力、吸水能力变弱，且伴随土壤pH下降，土壤锰离子和铝离子的有效性增加，导致植物生长发育不良。随着烟草连作时间延长，表层及次层土壤pH越来越低，土壤出现明显的酸化现象。在连作种植烟草过程中，为增加烟草产量，每年施加大量肥料如氮肥、磷肥及生理酸性肥料硫酸钾等，这些肥料的长期使用是造成土壤酸化的重要原因之一。此外，烟草的根系发达，超70%的根系在15 cm以下的土壤中，根系分泌的大量有机酸及某些土壤微生物的代谢物质也会导致土壤pH降低。

6.2　连作发生烟田的微生物群落特征

6.2.1　连作障碍发生烟田土壤特性

样品来自湖南省湘西土家族苗族自治州龙山县大安乡(29°54′N，109°68′E)。当时正值烤烟的成熟期，所种植的品种为 K326。大安乡地区年平均气温 10.4 ℃，年平均降雨量 1677 mm。取样点 A(连作 10 年)：木鱼坪(29°48′N，109°63′E，海拔 1076 m)，包括已抵抗连作障碍(A_RCCO)或正经历连作障碍(A_CCO)的烟田。取样点 B(连作 20 年)：马脚坪(29°48′N，109°61′E，海拔 1171 m)，包含已抵抗连作障碍(B_RCCO)或正经历连作障碍(B_CCO)的烟田。取样点 C(连作 20 年)：桃子村(29°51′N，109°68′E，海拔 1120 m)，包括已抵抗连作障碍(C_RCCO)或正经历连作障碍(C_CCO)的烟田。遵循随机、同质、多点混合的基本原则，按 S 形分布采用抖落法收集烟草根际土壤样品。每处烟田采集 10 份根际土壤样品，共 60 份土壤样品。将根际土壤通过 2 mm 的网格后，可去除其中的杂质，包括根和石头，然后把根际土壤分成两部分，装入自封袋。一部分立即放入液氮中冷冻，并保存在-80 ℃环境中直到进行 DNA 提取。另一部分保存在干冰中，运送到实验室，并保存在 4 ℃环境中直到进行根际土壤理化特性分析。

三个采样点根际土壤 pH 显著不同(A>B>C)，不过在每个采样点，已抵抗连作障碍(RCCO)与正经历连作障碍(CCO)烟田之间的 pH 没有显著差异(表 6-1)。RCCO 根际土壤有机质、速效磷、总氮和硝态氮含量均显著高于 CCO 根际土壤($p<0.05$)；铵态氮则呈现相反的变化趋势，CCO 根际土壤显著高于 RCCO 根际土壤($p<0.05$)(表 6-1)。

表 6-1　根际土壤理化特性

处理类型	pH	有机质 /%	速效磷含量/ (mg·kg^{-1})	总氮含量/ (mg·kg^{-1})	铵态氮含量/ (mg·kg^{-1})	硝态氮含量/ (mg·kg^{-1})
A_RCCO	6.52±0.07	1.97±0.19*	85.53±8.95*	1393.79±56.38*	0.31±0.06	158.99±12.77*
A_CCO	6.47±0.07	1.74±0.20	66.48±6.36	1157.38±45.52	6.67±0.94*	61.47±5.33
B_RCCO	6.16±0.03	2.34±0.18*	123.64±18.59*	1826.76±120.13*	0.76±0.31	222.27±27.08*
B_CCO	6.14±0.06	1.68±0.09	41.02±3.43	1519.51±293.33	22.04±3.43*	125.97±20.56
C_RCCO	4.34±0.08	2.65±0.16*	119.48±12.87*	1914.19±91.70*	6.19±0.43	80.14±7.46*
C_CCO	4.29±0.02	2.36±0.05	103.32±12.50	1731.04±72.24	9.52±0.87*	64.18±10.36

注：* 表示经过配对 T 检验，同一采样点的 RCCO 和 CCO 之间在 0.05 水平上有显著差异。

6.2.2　连作障碍发生烟田根际土壤细菌群落组成

在所有样本中，共获得 2612617 个高质量的 16S rRNA 基因序列，由不同的测序深度引起的任何偏差都已被消除。在进一步分析之前，对所有样本随机选择 30471 个序列（reads）进行重采样，生成重采样的 OTU 表。对代表性序列进行 RDP 数据库注释后，将测序数据聚类为 971 属和 36 门。在门的水平，Proteobacteria、Acidobacteria、Actinobacteria 与 Gemmatimonadetes 是根际土壤细菌的主要门类[图 6-1(a)]。*Gemmatimonas*、*Acidobacteria Gp*6、*Acidobacteria Gp*16 以及 *Gaiella* 是根际土壤中的优势属[图 6-1(b)]。

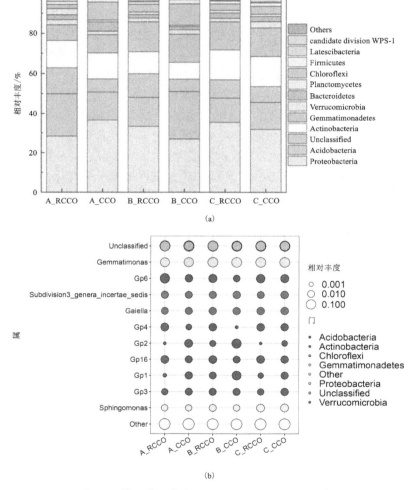

图 6-1　根际土壤细菌群落在门水平(a)和属水平(b)的相对丰度

(扫本章二维码查看彩图)

采用 Shannon、Simpson、Inverse Simpson、Pielou 均匀度等 α 多样性指数判断根际土壤细菌群落的多样性变化,结果表明不同采样点样品间具有相似性(表6-2)。A、B 位点 RCCO 根际土壤的 Shannon 指数、Simpson 指数、Inverse Simpson 指数、Pielou 均匀度指数均显著高于 CCO 根际土壤($p<0.05$),但 C_RCCO 根际土壤的 Shannon 指数、Simpson 指数、Inverse Simpson 指数、Pielou 均匀度指数未显著高于 C_CCO 根际土壤。皮尔逊相关分析表明,多样性指数受根际土壤理化特性的影响。速效磷与各多样性指数呈显著正相关,而铵态氮与各多样性指数呈显著负相关($p<0.05$)。有机质含量除 Inverse Simpson 指数外,其余多样性指数均呈显著正相关($p<0.05$)。总氮与 Shannon 指数呈显著正相关,土壤 pH 与 Simpson 指数呈显著负相关($p<0.05$)。

表 6-2 RCCO 和 CCO 根际土壤的 α 多样性指数

处理	Shannon-Weiner 指数	Simpson 指数	Inverse Simpson 指数	Pielou 均匀度指数
A_RCCO	9.050±0.098*	0.99974±0.00005*	4033.969±812.189*	0.949±0.005*
A_CCO	8.676±0.332	0.99912±0.00039	1592.434±1445.796	0.914±0.021
B_RCCO	9.018±0.162*	0.99946±0.00021*	2176.009±1011.768*	0.939±0.010*
B_CCO	8.385±0.225	0.99849±0.00044	730.798±262.916	0.896±0.015
C_RCCO	8.967±0.165	0.99955±0.00017	2495.159±873.352	0.937±0.011
C_CCO	8.960±0.123	0.99953±0.00023	2443.344±778.553	0.937±0.010

注:*表示经过配对 T 检验,同一采样点的 RCCO 和 CCO 之间在 0.05 水平上有显著差异。

为了判断 RCCO 和 CCO 的根际土壤细菌群落组成的差异,我们进行了 PCoA 和 NMDS 分析和相异性检验(ADONIS、ANOSIM 和 MRPP)。RCCO 和 CCO 的根际土壤细菌群落组成的结构 PCoA 分析[图 6-2(a)]和 NMDS 分析[图 6-2(b)]

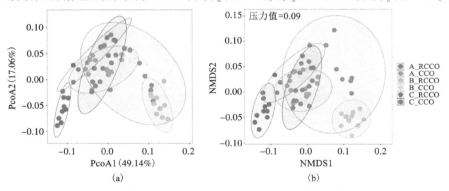

图 6-2 根际土壤细菌群落的主坐标分析(PCoA)(a)和非度量型多维尺度分析(NMDS)(b)

(扫本章二维码查看彩图)

结果表明，RCCO 和 CCO 根际土壤细菌群落结构分离良好。PCoA 的两个主轴解释了 66.20%的细菌群落变异，表明它们可以代表根际土壤细菌群落组成的特征，其中 PCAo1 解释的细菌群落变异为 49.14%，PCAo2 解释的细菌群落变异为 17.06%。RCCO 和 CCO 的根际土壤细菌群落组成存在显著差异，基于 Bray-Curtis 距离的 ADNOIS、ANOSIM 和 MRPP 分析进一步证实了这一差异($p<0.001$)（表 6-3）。

表 6-3　连作对根际土壤细菌群落结构影响的相异性检验

处理一与处理二	ADONIS		ANOSIM		MRPP	
	R^2	p	R	p	δ	p
A_RCCO 与 A_CCO	0.390	**0.001**	0.991	**0.001**	0.632	**0.001**
B_RCCO 与 B_CCO	0.376	**0.001**	0.999	**0.001**	0.608	**0.001**
C_RCCO 与 C_CCO	0.231	**0.001**	0.856	**0.001**	0.664	**0.001**

注：相异性检验使用 MRPP、ANOSIM 和 ADONIS 三种不同的方法，基于 Bray-Curtis 距离。加粗字体表示统计有显著差异($p<0.05$)。

从热图的相对丰度和颜色变化上，可以很清楚地看到 RCCO 和 CCO 根际土壤细菌群落结构的差异（图 6-3）。在纲水平上，CCO 根际土壤细菌种类较少，而

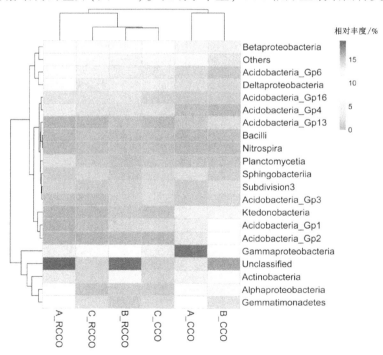

图 6-3　在所有样本中检测到的细菌在纲水平的热图分析

（扫本章二维码查看彩图）

RCCO 根际土壤细菌种类较多。此外，根据热图的样本聚类分析，可将样本分为两组，所有的 RCCO 和 C_CCO 聚类在一起。这与 PCoA 和 NMDS 的结果一致，其中 C_CCO 没有明显地与 C_RCCO 分离。

对 OTU 表进行属水平分类汇总后，A_RCCO、A_CCO、B_RCCO、B_CCO、C_RCCO 和 C_CCO 根际土壤细菌群落中分别有 734 属、766 属、727 属、589 属、705 属和 687 属。进一步的结果表明，在 A、B、C 三个采样点的 RCCO 和 CCO 根际土壤细菌群落组成中分别有 39 属、30 属和 27 属存在显著差异（$p < 0.05$）（图 6-4）。具体表现为在 A_RCCO 中有 17 个属的相对丰度显著高于 A_CCO，22 个属的相对丰度显著低于 A_CCO（$p < 0.05$）。在 B_RCCO 中有 16 个属的相对丰度显著高于 B_CCO，14 个属的相对丰度显著低于 B_CCO（$p < 0.05$）。在 C_RCCO 中有 11 个属的相对丰度显著高于 C_CCO，16 个属的相对丰度显著低于 C_CCO（$p < 0.05$）。

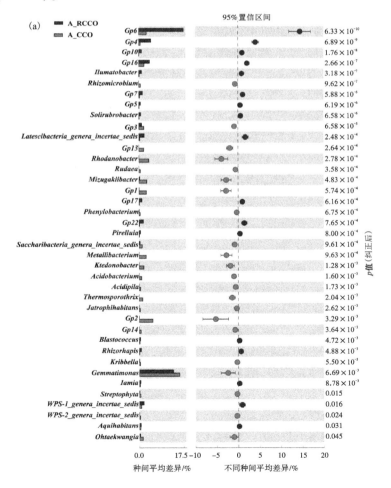

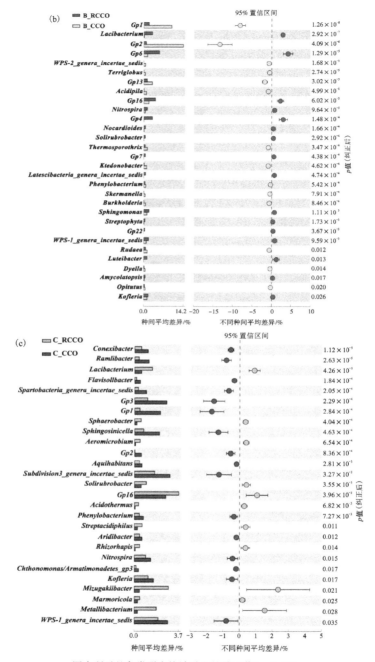

图中所示的各类群在统计学上差异显著($p<0.05$)。

图6-4 在属水平上 A_RCCO 和 A_CCO（a）、B_RCCO 和 B_CCO（b）、C_RCCO 和 C_CCO（c）中相对丰度（>0.5%）增加或减少的细菌类群

研究发现，共有 6 个属在所有采样点之间具有显著性差异（$p<0.05$）。所有 RCCO 根际土壤中，*Acidobacteria Gp*1、*Acidobacteria Gp*2、*Phenylobacterium* 相对丰度显著减少，*Acidobacteria Gp*16 和 *Solirubrobacter* 相对丰度显著增加（$p<0.05$）。在 A_RCCO 和 B_RCCO 中 *WPS-1_genera_incertae_sedis* 的相对丰度显著增加，而在 C_RCCO 中 *WPS-1_genera_incertae_sedis* 的相对丰度较低。在 A 和 B 采样点 RCCO 和 CCO 根际土壤细菌群落组成间有 12 个属差异显著（$p<0.05$），*Acidipila*、*Acidobacteria Gp*13、*Ktedonobacter*、*Thermosporothrix*、*WPS-2_genera_incertae_sedis* 和 *Rudaea* 的相对丰度在 A_RCCO 和 B_RCCO 中降低（$p<0.05$），*Acidobacterium Gp*22、*Acidobacterium Gp*4、*Acidobacterium Gp*6、*Acidobacterium Gp*7 和 *Latescibacteria_genera_incertae_sedis* 的相对丰度在 A_RCCO 和 B_RCCO 中增加（$p<0.05$）；而 *Streptophyta* 的相对丰度在 A_RCCO 中显著降低，但在 B_RCCO 中显著增加。在 A 和 C 采样点 RCCO 和 CCO 根际土壤细菌群落组间有 12 个属差异显著（$p<0.05$）。A_RCCO 和 C_RCCO 中的 *Acidobacterium Gp*3 相对丰度明显降低，而 *Rhizorhapis* 相对丰度显著增加（$p<0.05$）。*Metallibacterium* 和 *Mizugakiibacter* 在 A_RCCO 中的相对丰度显著降低，但在 C_RCCO 中相对丰度增加。A_RCCO 中的 *Aquihabitans* 相对丰度显著增加，但在 C_RCCO 中显著降低。在 B、C 两个采样点间只有 3 个属差异显著（$p<0.05$），B_RCCO 和 C_RCCO 中 *Lacibacterium* 的相对丰度显著增加。*Kofleria* 和 *Nitrospira* 在 B_RCCO 中的相对丰度显著增加，但在 C_RCCO 中显著降低。

6.2.3　根际土壤理化特性与细菌群落的关联性分析

为了研究根际土壤理化特性对细菌群落的影响，我们进行了 CCA 分析、Envfit 分析和 VPA 分析。结果表明，根际土壤理化特性对土壤细菌群落有重要影响。CCA 分析（图 6-5）发现根际土壤 pH、有机质、速效磷、总氮和铵态氮均对根际土壤细菌群落组成有重要影响。Envfit 分析结果进一步证实，根际土壤细菌群落组成的变化与根际土壤 pH、有机质、速效磷、总氮和铵态氮有显著的相关性（$p<0.05$），这些变量总共解释了 17.56% 的根际土壤细菌群落变异。VPA 分析（表 6-4）表明，铵态氮对根际土壤细菌群落变异的独自解释量为 3.780%，铵态氮与其他根际土壤理化特性交互作用对根际土壤细菌群落变异的解释量为 6.256%，铵态氮总共可以解释 10.036% 的群落变异。在本研究测定的所有根际土壤理化特性中，铵态氮解释了较大比例的根际土壤细菌群落变异。相比之下，根际土壤速效磷和有机质分别解释了 8.879% 和 7.337% 的变异；然而，80.656% 的根际土壤细菌群落变异不能用本研究测得的根际土壤理化性质来解释。皮尔逊相关分析表明，在门水平上，Proteobacteria、Actinobacteria 和 Candidate division WPS-1 的相对丰度与根际土壤有机质和铵态氮呈显著正相关；相反，Acidobacteria 和 Chloroflexi 与根际土壤有机质、速效磷和总氮呈显著负相关

（$p<0.05$）。在属水平上，*Acidobacteria Gp*16、*Acidobacteria Gp*4、*Sphingomonas*、*WPS*-1、*Solirubrobacter* 与根际土壤有机质、速效磷、总氮呈显著正相关，与土壤 pH 呈显著负相关（$p<0.05$）。

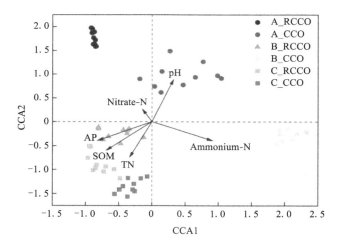

图 6-5 根际土壤理化特性与细菌群落的典范对应分析

（扫本章二维码查看彩图）

表 6-4 根际土壤理化特性与细菌群落的方差分解分析

变量	独自解释量/%	交互作用解释量/%	其他变量解释量/%	未能解释的量/%
pH	1.255	3.314	14.775	80.656
有机质	0.480	6.857	12.007	80.656
速效磷	0.466	8.413	10.465	80.656
总氮	0.114	3.899	15.331	80.656
铵态氮	3.780	6.256	9.308	80.656
硝态氮	1.081	1.608	16.655	80.656

6.2.4 基于随机矩阵理论的 MENs

本文采用 A_RCCO、A_CCO、B_RCCO、B_CCO、C_RCCO 和 C_CCO 的 16S rRNA 基因序列构建了 6 个基于 RMT 的分子生态网络。通过各项指标来评估分子生态网络的拓扑结构特征。分子生态网络的拓扑结构特征见表 6-5，在 B、C 位点中，B_CCO（755 个节点，1877 条连接）和 C_CCO（777 个节点，1830 条连接）的节点和连接数均高于 B_RCCO（606 个节点，1324 条连接）和 C_RCCO

（405 个节点，1357 条连接）；在 A 位点则相反，A_RCCO（1179 个节点，3050 条连接）中的节点和连接数比 A_CCO（399 个节点，1742 条连接）中的节点和连接数更多。此外，B_CCO（9.060）和 C_CCO（8.772）的平均路径距离比 B_RCCO（8.690）和 C_RCCO（5.532）的平均路径距离长，说明 B_RCCO 和 C_RCCO 分子生态网络的连接比 B_CCO 和 C_CCO 分子生态网络的连接更紧密。而 A 位点的平均路径距离 A_RCCO（8.826）比 A_CCO（4.725）长，说明 A_CCO 分子生态网络的连接比 A_RCCO 分子生态网络的连接更紧密。A_RCCO（96.13%）、A_CCO（99.77%）、B_RCCO（97.36%）、B_CCO（98.14%）、C_RCCO（98.82%）和 C_CCO（97.81%）的正相关连接数均高于负相关连接数，说明连作条件下根际土壤细菌群落的合作关系大于竞争关系。6 个分子生态网络均符合幂律分布模型，A_RCCO、A_CCO、B_RCCO、B_CCO、C_RCCO 和 C_CCO 的 R^2 值分别为 0.902、0.839、0.887、0.896、0.826 和 0.891，其分子生态网络图如图 6-6 所示。

表 6-5　A_RCCO、A_CCO、B_RCCO、B_CCO、C_RCCO 和 C_CCO
中细菌群落的分子生态网络及其随机网络的主要拓扑特征

	网络拓扑特征	A_RCCO	A_CCO	B_RCCO	B_CCO	C_RCCO	C_CCO
经典网络	阈值	0.880	0.900	0.880	0.890	0.880	0.880
	节点数/个	1179	399	606	755	405	777
	连接数/条	3050	1742	1324	1877	1357	1830
	R^2	0.902	0.839	0.887	0.896	0.826	0.891
	正相关连接比例/%	96.13	99.77	97.36	98.14	98.82	97.81
	平均连通性	5.174	8.732	4.370	4.972	6.701	4.710
	平均路径距离	8.826	4.725	8.690	9.060	5.532	8.772
	平均测地距离	6.687	3.445	6.120	5.723	3.715	6.348
	平均聚类系数	0.203	0.261	0.239	0.257	0.320	0.207
	模块性（模块数）	0.847（69）	0.552（25）	0.827（39）	0.803（70）	0.552（24）	0.803（46）
随机网络	平均测地距离±标准差	3.626±0.014	2.669±0.015	3.556±0.020	3.392±0.020	2.782±0.019	3.479±0.018
	平均聚类系数±标准差	0.022±0.002	0.168±0.009	0.030±0.004	0.041±0.004	0.124±0.008	0.037±0.004
	平均模块性±标准差	0.422±0.003	0.257±0.004	0.473±0.005	0.418±0.004	0.327±0.005	0.444±0.004

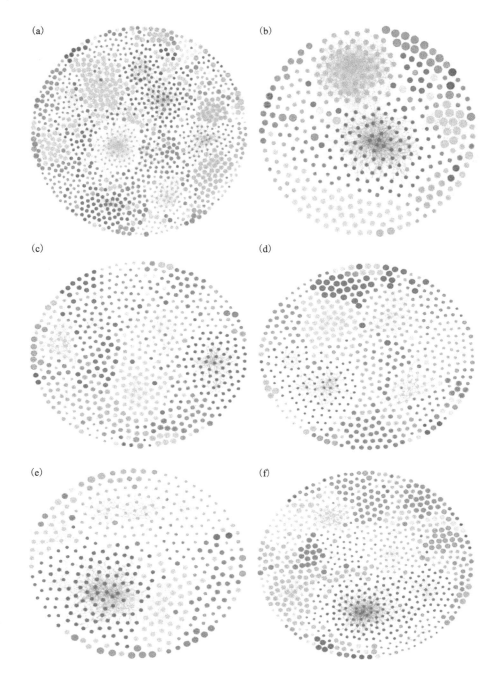

图 6-6　基于 RMT 构建的 A_RCCO(a)、A_CCO(b)、B_RCCO(c)、
B_CCO(d)、C_RCCO(e)、C_CCO(f)分子生态网络

根据分子生态网络中的 Z_i 和 P_i 值，各节点被划分为四个类型（普通节点、模块内连接节点、模块间连接节点和网络连接节点），如图 6-7 所示。6 个网络中普通节点数占 95.88%，模块内连接节点数占 4.05%（A_RCCO 中 44 个、A_CCO 中 18 个、B_RCCO 中 26 个、B_CCO 中 31 个、C_RCCO 中 14 个、C_CCO 中 34 个），模块间连接节点数占 0.07%（A_CCO 中 1 个、A_RCCO 中 1 个、C_CCO 中 1 个）。模块内连接节点和模块间连接节点在分子生态网络中起着至关重要的作用，被认为是整个网络的基石。通过对关键节点对应的 OTU 注释结果进行汇总，发现在所有网络中，一些门的成员，如 Proteobacteria、Acidobacteria、Gemmatimonadetes 和 Actinobacteria 在分子生态网络中充当基石。A_RCCO 和 A_CCO 根际土壤细菌群落中某些属的相对丰度存在显著差异，如 *Acidobacteria Gp*2、*Acidobacteria Gp*3、*Acidobacteria Gp*6、*Acidobacteria Gp*16 和 *Gemmatimonas*，也在分子生态网络中充当模块内连接节点而发挥重要作用。B_RCCO 和 B_CCO 根际土壤细菌群落中一些相对丰度差异显著的属，如 *Acidobacteria Gp*2、*Acidobacteria Gp*4、*Acidipila* 和 *Kofleria*，也在分子生态网络中充当模块内连接节点而发挥重要作用。C_RCCO 和

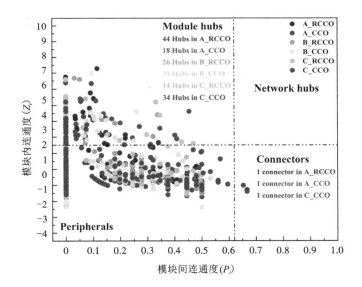

所有的节点根据 Z_i 和 P_i 值被划分为四类，其中模块内连接节点 $Z_i>2.5$ 且 $P_i<0.62$；网络连接节点 $Z_i>2.5$ 且 $P_i>0.62$；模块间连接节点 $Z_i<2.5$ 且 $P_i>0.62$；普通节点 $Z_i<2.5$ 且 $P_i<0.62$。

图 6-7　分子生态网络节点的 Z_i-P_i 图

（扫本章二维码查看彩图）

C_CCO 根际土壤细菌群落中，一些属的相对丰度存在显著差异，如 *Acidobacteria Gp3*、*Acidobacteria Gp16*、*Metallibacterium* 和 *Subdivision 3_genera_incertae_sedis*，也在分子生态网络中充当模块内连接节点而发挥重要作用。模块内连接节点 OTU_508，107、OTU_390，723（*Acidobacteria Gp2*）、OTU_389，540、OTU_609，012、OTU_241，597、OTU_516，099（*Lacibacterium*）、OTU_171，484 同时在两个不同的网络中发挥重要作用。OUT_23，717 为 A_RCCO 的分子生态网络中的模块间连接节点，OUT_403，321 为 A_CCO 的分子生态网络中的模块间连接节点，OUT_612，184（*Sphingomonas*）为 C_CCO 的分子生态网络中的模块间连接节点。

6.3 连作发生的微生物生态机制

目前土壤性质包括 pH 和有机质含量，被认为是影响土壤微生物群落形成的主要因素。土壤 pH 是影响微生物群落组成和结构以及多样性的关键因素，但在本研究中，RCCO 和 CCO 根际土壤的 pH 没有显著差异，为了进一步明确土壤 pH 对烟草连作障碍的影响，在以后的研究中我们将收集更多年份和更多的样本，并利用其他方法（如宏基因组学）来研究受土壤 pH 影响较大的微生物类群。以前的研究表明，在连作制度下土壤养分含量会下降，本书的结果也证明了这一点。RCCO 根际土壤中有机质、速效磷、总氮、硝态氮含量显著高于 CCO 根际土壤（p <0.05）。相关性分析表明，土壤 pH、有机质、速效磷、总氮和铵态氮对根际土壤细菌群落结构有显著影响，其中铵态氮对根际土壤细菌群落变异的解释量较大。我们推测，根际土壤养分含量的下降可能是导致连作障碍的一个重要因素。

土壤微生物群落对维持土壤健康和抑制作物病害具有重要作用。以前的研究表明，土壤微生物多样性降低是作物发生土传病害的主要原因。本书的结果表明，RCCO 根际土壤中的 Shannon 指数、Simpson 指数、Inverse Simpson 指数和 Pielou 均匀度指数均高于 CCO 根际土壤。这表明，较高的土壤细菌群落 α 多样性有利于作物的健康生长，这与前人对土壤细菌群落变化的研究一致。van Elsas 等的研究表明，更丰富的微生物多样性可能可以抑制细菌性病原微生物对作物的侵染。PCoA、NMDS 分析和相异性检验结果表明，RCCO 根际土壤细菌群落结构与 CCO 根际土壤存在显著差异。同时，通过热图分析发现，在纲水平上，样品被分为两组，但 C_CCO 与 C_RCCO 聚集在一起，这与 PCoA 和 NMDS 分析结果一致。在连作模式下，可能通过影响烟草根际土壤微生物群落结构而导致连作障碍。组间差异分析结果表明，根际土壤细菌群落组成在属水平上发生了明显的变化。在所有采样点中，*Acidobacterium Gp1*、*Acidobacterium Gp2*、*Acidobacterium Gp16* 和 *WPS-1_genera_incertae_sedis* 的相对丰度在 RCCO 和 CCO 根际土壤中均有显著差异。从分子生态网络分析中发现，*Acidobacterium Gp*1、*Acidobacterium Gp*2、*Acidobacterium Gp*16 和 *WPS*-1_*genera*_*incertae*_*sedis* 被鉴定为分子生态网络中的模块内连接节点。由此推测，这些属在根际土壤细菌群落中起着重要的作用。据报道，*Acidobacteria* 可作为益生菌促进作物生长，并且 *Acidobacteria* 亚群（*Acidobacteria Gp*16）在抑病土壤中的丰度较高。此前的研究还表明，*Acidobacteria* 可能通过与其他细菌（例如 Proteobacteria）合作，在植物多糖降解中发挥关键的生态作用，为网络中的其他微生物物种提供碳源。这些都表明，根际土壤中微生物群落多样性、组成及结构的变化与连作障碍密切相关。

连作可改变微生物物种之间的复杂关系，受多种因素影响。分子生态网络的演变可为研究连作模式下的细菌群落重组提供独特的见解。微生物群落分析表明，连作能够显著影响网络拓扑结构（包括群落特征和网络组成），并可能通过改变物种之间的相互作用影响细菌群落结构。对于连作如何改变分子生态网络的组成和结构，目前还没有公认的解释。在本文的研究中，连作障碍导致 B 和 C 采样点的分子生态网络中节点和连接数增加，A 采样点的分子生态网络中的节点和连接数减少（表 6-5）。B、C 两个采样点 CCO 根际土壤分子生态网络的平均路径距离小于 RCCO，A 采样点则相反，这可能是由于 B 和 C 两个采样点已经连续种植了 20 年烟草，而 A 采样点在取样时只连续种植了 10 年烟草，在 CCO 根际土壤细菌群落中存在更多的相互作用和更紧密的联系。此外，6 个网络中几乎所有的连接（>95%）都是正相关的。这意味着连作多年后，根际土壤细菌群落总体上具有较好的协同关系。

本章的结果为研究连作障碍机理及缓解策略提供了理论依据，对指导农作物生产具有重要的现实意义。调控土壤微生物群落是缓解连作障碍的可行途径，将成为未来农业研究的一个重点。轮作、间作、施用专用生物肥料和土壤改良剂等多种措施可以调节土壤微生物群落，但要实现实际应用还需要进一步研究。轮作和间作是传统而有效的种植方式，可以减少土传病害的发生和避免出现连作障碍，有利于提高农业生态系统的生产力，并有效调节土壤微环境。研究表明，轮作或间作会影响土壤微生物群落结构和多样性，降低病原菌的丰富度，减少土传病害。开发专用生物肥料缓解作物连作障碍是当前的研究热点，生物肥料与土壤微生物群落的相似性越高时其连作障碍缓解效果越差，生态位之间的高度相似性可能导致来自生物肥料的微生物与土壤土著微生物群落之间激烈的竞争。土壤改良剂也被广泛用于缓解连作障碍，Shen 等的研究发现，生物炭、石灰和牡蛎壳粉可以影响根际土壤细菌群落组成，改善土壤 pH，提高细菌丰度和多样性，抑制青枯病等土传病害。

连作障碍是土壤-作物-微生物生态系统中一些特定因素导致的，如土壤理化特性、土壤酶活性、微生物群落结构和根系分泌物，都与连作障碍密切相关，然而目前对连作障碍发生机制的了解仍不全面，导致不能有效地缓解连作障碍。因此，有必要继续深入研究与连作障碍有关的因素，揭示其发生机制。为防治和管理连作引起的作物病害奠定更全面的基础，同时减少农用化学品（杀虫剂和肥料）的使用，并提高作物的生产潜力和质量。

6.4　结论

1）RCCO 根际土壤的有机质、速效磷、全氮、硝态氮含量和细菌群落多样性显著高于 CCO 根际土壤，RCCO 与 CCO 根际土壤细菌群落结构也存在显著差异。RCCO 根际土壤中，*Acidobacteria Gp*1、*Acidobacteria Gp*2、*Phenylobacterium* 的相对丰度显著减少，*Acidobacteria Gp*16 和 *Solirubrobacter* 的相对丰度显著增加。

2）根际土壤 pH、有机质、速效磷、全氮和铵态氮含量是影响细菌群落结构的重要因素，其中铵态氮对根际土壤细菌群落变异的解释量较大。

3）分子生态网络中的基石节点，如 *Acidobacteria Gp*1，*Acidobacteria Gp*2，*Acidobacteria Gp*16 和 *WPS*-1*_genera_incertae_sedis* 的相对丰度在 RCCO 和 CCO 根际土壤间存在显著差异，这些关键微生物相对丰度的改变可能是导致连作障碍发生的重要因素。

第 7 章 植烟土壤保育 的微生态制剂制备

扫码查看本章彩图

　　湖南省烟草叶部病害主要是赤星病和野火病，其中赤星病由赤星病菌引起，是一种真菌性病害；而野火病属暴发性细菌病害，两种叶部病害一直不同程度地对烟叶生产造成损失。目前湖南烟草叶部病害的防治以化学防治为主，但化学防治中，农药残留对卷烟制品安全性的影响，以及病原菌抗药性的产生限制了农药的大规模使用。因此，实施生物防治是烟草农业生产中的一项重要工作，开发新型高效的生物菌剂产品对湖南省烟草行业的发展具有重要的意义。笔者项目组在第一期的研究中，从烟草中筛选出了 3 个具有拮抗烟草赤星病和野火病的微生物菌群，2017—2019 年小区和大田试验中防效均在 65% 以上，2019 年在郴州等地开展 1000 亩的推广应用，最高防效达到 70%，在烟田叶部病害防治中表现出了巨大的应用潜力。但是，如何在产品化过程中保持菌剂中微生物群落结构的稳定性和菌株的活性是微生物菌剂大规模推广应用所面临的关键问题。

　　微生物菌剂是从自然中分离出的有益微生物经筛选鉴定后，再经发酵、混合、干燥等工艺加工成的活菌制剂，其效果在很大程度上取决于制剂自身所含有益菌的种类、数量、抗逆性、活性及周围的生命活动因素。在生产过程中，厂家通常在产品中添加助剂与活性剂等成分，将产品生产成不同种类的制剂，以最大程度地保持微生物菌剂产品从生产贮存到使用过程的稳定、高效和安全。目前，我国微生物菌剂的加工技术与发达国家之间还存在很大的差距，主要表现为剂型单一、制剂质量不稳定，助剂（保护剂和增效剂）研究不足，因此微生物菌剂的产品加工质量已成为成功开发新型微生物菌剂的瓶颈问题。可湿性粉剂因为其工艺成熟、效果稳定、高效，已成为世界微生物菌剂加工技术发展的一个新趋势。优化微生物菌剂粉剂的制备工艺、改善产品中各类助剂的种类和配比，是提高可湿性生物防治粉剂稳定性和活性的关键因素。

　　微量元素是影响烟叶内在品质的重要因素，虽然其在烟株中的含量很少，但是每种元素都有其特定的功能，在烟草生长过程中必不可少。目前，微量元素的补充方法一般有四种：种子浸种、土壤基肥、叶面喷施和基质浸润。由于烟草种子小、湖南植烟土壤土质疏松,叶面喷施是最适合湖南烟草产地补充微量元素的施肥措施。通常情况下,微量元素肥料可以联合农药、钾肥、氮肥等配合喷施,但是关于微量元素肥料与拮抗菌群联合喷施的报道还很少。这种多功能复合型生物防治菌剂在拮抗烟草病害的同时补充烟株生长所需的微量元素,对于提高烟叶产量和质量具有重要意义。但是,烟草对微量元素的需求在烟草生长的不同阶段是有差别的,如何保证菌肥中拮抗微生物群落结构的稳定和菌株活性,以及如何将微量元素固定在烟叶表面并且使其在特定的生长阶段被烟草吸收是生物防治菌剂研究的关键问题。

从当前烟草叶部病害生物防治的实际出发,以前期分离筛选出的高效拮抗烟草赤星病和野火病的菌群为基础,针对微生物菌剂生产和施用过程中效果不稳定、贮藏时间短的问题,以及镁、硼、钼等关键性微量元素对烟叶品质产生重要影响的实际问题,创造性地将叶部病害拮抗菌群与中微量元素混合制备成多功能复合型微生物生物防治菌剂,通过优化拮抗菌群的发酵工艺、可湿性干粉的制备工艺,改良菌剂产品中助剂的种类和配方,制备成菌剂成分稳定、菌株活性高的可湿性干粉产品。通过小区及大田试验,确定菌剂产品中微生物的活性、对叶部病害的防治效果以及对烟草产量和质量的影响,获得经济、稳定、环保的多功能生物防治菌剂产品,在湖南省进行推广和应用。

7.1　高效拮抗菌群种类特征鉴定及工业发酵技术建立

7.1.1　拮抗菌种筛选、测序和生理生化检测

通过不同培养基分离筛选菌群中对烟草赤星病和野火病病原菌具有明显拮抗作用的菌株。送生工生物工程(上海)股份有限公司完成拮抗菌种 16S rDNA 测序。测序后在 NCBI 上进行同源性分析,构建系统发育树。对柠檬酸盐、V-P 反应、葡萄糖产酸、吲哚反应、淀粉水解反应、接触酶反应等利用生理生化指标参照《伯杰细菌鉴定手册》和《常见细菌系统鉴定手册》进行观察测定。结合生态学和生理生化测定结果鉴定菌种的分类。基于菌株的功能特性和系统发育分析结果,按照一定比例合理复配高效菌群。

7.1.2　拮抗菌群工业发酵条件优化

1. 种子液制备

用接种环挑取新鲜的拮抗菌群,并将其接入 LB 液体培养基中,将培养基置于 30 ℃,160 r/min 的振荡培养箱中培养 12 h。

2. 菌体生物量测定

将微生物功能菌群发酵液用浓度为 0.85% 的生理盐水稀释 10 倍，然后测定其在 600 nm 处的吸光值，用 OD600 表示其生物量。将高效菌群种子液接种至基础培养基（LB 培养基）中，每隔一段时间取样，测定其 OD600 值。

3. 发酵培养基碳源优化

以基础发酵培养基 LB 培养基为基础，将碳源分别换成葡萄糖、乳糖、麦芽糖、蔗糖、淀粉，其他成分保持不变。以 250 mL 三角瓶装液 50 mL，设置温度 30 ℃、转速 180 r/min、培养时间 48 h、接种量 3% 为基础发酵条件。发酵培养完成后，通过分光光度法测定菌液在 600 nm 处的最大吸光值，以此比较不同碳源发酵条件下菌群生长密度。碳源优化实验共设置 3 次重复。

4. 发酵培养基氮源优化

在最适碳源培养基基础上，将培养基中的酵母粉分别替换为硫酸铵、尿素、牛肉膏+酵母粉（1∶1）、蛋白胨+酵母粉（1∶1）、胰蛋白胨+酵母粉（1∶1），其他成分保持不变。用 250 mL 三角瓶装液 50 mL，设置温度 30 ℃、转速 180 r/min、培养时间 48 h、接种量 3% 为基础发酵条件。发酵培养完成后，通过分光光度法测定菌液在 600 nm 处的最大吸光值，以此比较不同氮源发酵条件下菌群生长密度。氮源优化实验共设置 3 次重复。

5. 确定初始 pH

以采用最佳碳、氮源的发酵培养基为基础培养基，用 250 mL 三角瓶装液 50 mL，设置温度 30 ℃、转速 180 r/min、培养时间 48 h 为基础培养条件。用浓度为 2 mol/L 的 NaOH 溶液和 HCl 溶液调节 pH，使培养基初始 pH 分别为 5.0、6.0、7.0、8.0、9.0，测定 OD600 值，确定最适发酵初始 pH。

6. 确定接种量

以采用最佳碳、氮源的发酵培养基为基础培养基，用 250 mL 三角瓶装液 50 mL，设置初始 pH 8.0、温度 30 ℃、转速 180 r/min、培养时间 48 h 为基础培养条件，分别将 2%、4%、6%、8% 的菌群接种量接入新鲜培养基中，测定 OD600 值，确定最佳发酵接种量。

7. 确定发酵温度

以采用最佳碳、氮源的发酵培养基为基础培养基，用 250 mL 三角瓶装液 50 mL，设置转速 180 r/min、初始 pH 8.0 为基础培养条件，分别于 20 ℃、25 ℃、30 ℃、35 ℃、40 ℃、45 ℃ 发酵，测定 OD600 值，确定最佳发酵温度。

8. 温度、接种量、装液量三因素正交实验优化

为进一步确定最佳培养条件，缩短条件设置范围，设定温度、接种量、装液量分别为发酵因素 A、B、C，进行 L9(33) 三因素正交试验，各因素均取 3 个水平，试验因素组合为 A1B1C1、A1B2C2、A1B3C3、A2B1C1、A2B2C3、A2B3C1、

A3B1C3、A3B2C1、A3B3C2,发酵 48 h 后利用酶标仪测定发酵液 OD600 值确定菌体生长量。

7.1.3 结果与分析

1. 拮抗菌种鉴定和生理生化特性

试验过程中从菌群 C 共分离筛选出芽孢杆菌属的菌株 13 株,分别命名为 L-1、L-2、L-3、L-4、L-5、L-6、S-1、S-2、S-3、S-4、S-5、S-6、S-7;勒克氏菌属的菌株 7 株,分别命名为 Y-1、Y-2、Y-3、Y-4、Y-5、Y-6、Y-7。

系统发育树结果显示 Y-2、Y-7、Y-5、Y-3、Y-1、Y-4、Y-6 与勒克氏菌属的 *adecarboxylata* 亲缘关系最近[图 7-1(a)],系统发育树显示 L-1、L-2、L-3、L-4、L-5、L-6 与芽孢杆菌属中的 *albus* 亲缘关系最近[图 7-1(b)],S-1、S-2、S-3、S-4、S-5、S-6、S-7 与芽孢杆菌属中的 *cereus* 亲缘关系最近[图 7-1(c)]。

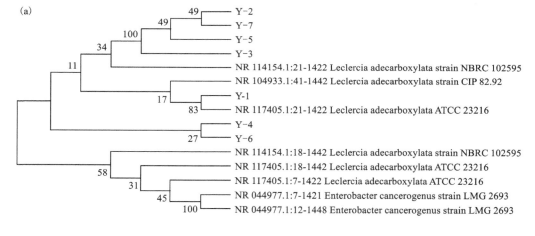

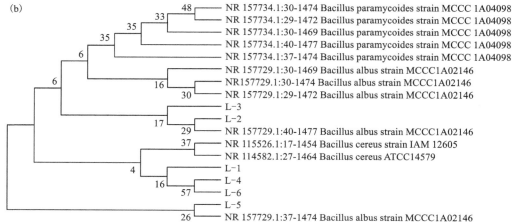

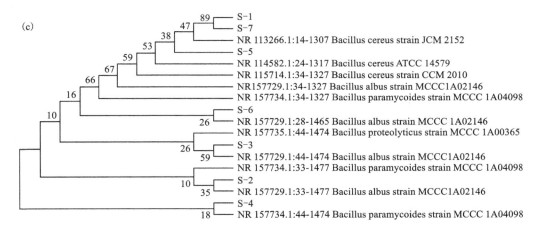

图 7-1　拮抗菌株的系统发育树

　　参照《伯杰细菌鉴定手册》和《常见细菌系统鉴定手册》，芽孢杆菌属大多数不能利用柠檬酸盐、不能发生淀粉水解反应和吲哚反应，可以发生 V-P 反应、接触酶反应阳性；勒克氏菌属与之不同的是能发生吲哚反应和淀粉水解反应。表 7-1 显示的是拮抗菌株的生理生化测定结果，结合系统发育树分析结果，确定 L-1、L-2、L-3、L-4、L-5、L-6、S-1、S-2、S-3、S-4、S-5、S-6、S-7 为芽孢杆菌属，Y-2、Y-7、Y-5、Y-3、Y-1、Y-4、Y-6 为勒克氏菌属，这两个菌属功能上互补，能充分发挥生物防治菌剂的效果。

表 7-1　拮抗菌株的生理生化特性

	柠檬酸盐利用	V-P 反应	葡萄糖产酸	吲哚反应	淀粉水解反应	接触酶反应
L-1	-	+	+	-	-	+
L-2	-	+	+	-	-	+
L-3	-	+	+	-	-	+
L-4	-	+	+	-	-	+
L-5	-	+	+	-	-	+
L-6	-	+	+	-	-	+
S-1	-	+	+	-	-	+
S-2	-	-	+	-	-	+
S-3	-	+	+	-	-	+

续表7-1

	柠檬酸盐利用	V-P反应	葡萄糖产酸	吲哚反应	淀粉水解反应	接触酶反应
S-4	-	+	+	-	-	+
S-5	-	+	+	-	-	+
S-6	-	+	+	-	-	+
S-7	-	+	+	-	-	+
Y-1	-	+	+	+	+	+
Y-2	-	+	+	+	+	+
Y-3	-	+	+	+	+	+
Y-4	-	-	+	+	+	+
Y-5	-	+	+	+	+	+
Y-6	-	+	+	+	+	+
Y-7	-	-	+	+	+	+

注:"+"表示阳性反应;"-"表示阴性反应。

2. 拮抗菌群高效发酵技术

分别以葡萄糖、蔗糖、果糖、乳糖、麦芽糖和淀粉为碳源进行试验,结果显示,当培养基碳源为葡萄糖时,菌体发酵密度最高,培养基碳源为蔗糖、乳糖、麦芽糖、淀粉时,对菌体的促生长效果次之,而培养基碳源为果糖时,菌体生长较为缓慢。综上,拮抗菌群发酵最适碳源为葡萄糖。

分别以硫酸铵、尿素、牛肉膏+酵母粉、蛋白胨+酵母粉和胰蛋白胨+酵母粉为氮源进行试验,结果显示,当氮源为胰蛋白胨+酵母粉时,菌体浓度较高。差异性分析显示,以硫酸铵和胰蛋白胨+酵母粉作为氮源时,菌体浓度水平接近,但与其他种类的氮源相比,菌体浓度水平有较大差异,因此可以优先考虑胰蛋白胨+酵母粉和硫酸铵作为拮抗菌群发酵的最佳氮源。

令 pH 分别为 5.0、6.0、7.0、8.0 和 9.0 进行试验,结果显示,当发酵源 pH 为 8.0 时,菌体浓度达到最大,当发酵液 pH 偏酸性时,对菌体生长影响不大,但当发酵源 pH 呈碱性时,菌体浓度降低,因此过高的 pH 会抑制菌体生长。

令接种量分别为 2%、4%、6%、8% 进行试验,结果显示,接种量为 6% 时,菌种浓度达到最大,其他接种量处理差异不显著。

令培养温度分别为 20 ℃、25 ℃、30 ℃、35 ℃、40 ℃、45 ℃ 进行试验,结果显示,温度在 35 ℃ 时,菌体浓度达到最大。

将发酵条件中的温度(A)、接种量(B)、装液量(C)按照因素表组合,采用葡萄糖为碳源、胰蛋白胨+酵母粉为氮源的发酵培养基作为基础培养基，以初始 pH 8.0、转速 180 r/min、培养时间 48 h 为基础培养条件进行发酵培养，培养完成后，通过分光光度法测定菌液在 600 nm 处的最大吸光值，并计算各因素 K_i 及其平均值 k 和极差。

$R_{接种量} > R_{温度} > R_{装液量}$，因此各因素对试验指标影响的主次顺序依次为 B、A、C，即接种量影响最大，其次是温度和装液量，对于每个因素，A2、B3、C2 分别为 A、B、C 的最优水平，最佳组合为 A2B3C2，即温度 35 ℃、接种量 7%、装液量 125 mL。因此该菌群的最适培养温度为 35 ℃，最适接种量为 7%，最适装液量为 125 mL。

7.2　可湿性粉剂制备及防效测定

7.2.1　材料与方法

1. 发酵液准备

用接种环挑取新鲜的内生细菌，并将其接入 LB 液体培养基中，装液量为 125 mL/500 mL，pH 为 8.0，培养温度为 35 ℃，摇床以 180 r/min 振荡培养 18 h 备用。

2. 载体筛选

在可湿性粉剂中，通常载体占比最大，载体的选择对制剂的性能影响很大。合适的载体应该具备以下特点：对菌体生长没有影响或者影响很小；不改变或极少改变菌群中的细菌种类、比例及活性等；吸附容量大；流动性强；价格合理等。根据这几方面的指标确定最佳载体。

选择常用的 4 种载体：白炭黑（500 目）、滑石粉（800 目）、高岭土（1250 目）和硅藻土（800 目），将这 4 种载体与高效菌群发酵液进行混合，通过检测载体的悬浮率、润湿时间及对微生物菌群结构及功能活性的影响，筛选出一种悬浮率高、润湿时间短、对功能菌群影响较小的载体作为优质载体。

选择上述 4 种材料作为载体，将发酵液与载体混合制成母液，均匀地涂抹在一次性培养皿中，在 60 ℃鼓风烘干，并研磨制成母粉，进行润湿性、悬浮率测量，以此考察载体对菌剂的生物相容性，用平板菌落计数法测定各制剂的活菌数的含量，选择最优载体。

3. 助剂筛选

（1）分散剂筛选

分散剂的选择是制备可湿性粉剂的关键。为了使带有固相颗粒的水性涂液

（悬浮液）稳定，不发生呈粥样聚结成团现象，在涂液中添加分散剂，得到密实、均匀和光滑的涂层。选择常用的 4 种分散剂（三聚磷酸钠、木质素磺酸钠、羧甲基纤维素钠、PEG800）分别与母粉混合均匀。

首先，通过目测分散情况进行粗筛：分散等级分为优、良、劣 3 级，优是指在水中呈云雾状自动分散，颗粒不沉淀；良是指在水中自动分散，有颗粒下沉，下沉缓慢或轻摇后分散；劣是指在水中不能自动分散，呈颗粒状下沉或絮状下沉，经强烈摇动后才能分散。经粗筛后选择分散情况为优的分散剂进行细筛，测量各分散剂的湿润时间、悬浮率及各分散剂对菌群生物量和抑菌活性的影响，筛选出一种对高效拮抗菌群效果最佳的分散剂。

（2）润湿剂筛选

润湿剂能够降低水的表面张力，使水能展布在固体物料表面，或透入其表面，从而把固体物料润湿。按照实际情况，在施用可湿性粉剂时需要将其配成悬浮液以供工作人员喷施，这有助于液体迅速及时地展布于靶体表面，从而快速有效地发挥其活性。将 3 种润湿剂（洗衣粉、十二烷基苯磺酸钠、吐温 80）分别与母粉混合均匀，根据各制剂湿润时间、悬浮率及各润湿剂对微生物菌体量的影响，筛选出一种对高效拮抗菌群效果最佳的润湿剂，以及稳定性最佳的高效生物防治菌。

按 10% 添加量，将上述 3 种润湿剂分别与母粉混合均匀后用粉碎机进行粉碎，测定制剂的悬浮性、润湿性和不同润湿剂对活菌数的影响平板对峙效果。测定各制剂的悬浮率，遵循悬浮率越高分散性越好的原则，比较各种分散剂的分散效果。

（3）稳定剂筛选

稳定剂是可以提高各种物质的稳定性能的化学物质，其主要通过减缓化学反应，保持化学平衡，降低物质的表面张力，减少光和热对物质的分解或氧化作用。将 3 种稳定剂（$CaCO_3$、K_2HPO_4、KH_2PO_4）分别与高效菌剂混合，在最适发酵条件下进行培养，通过观察菌群的活性、种类及数量等参数的变化情况，筛选出使高效生物防治菌可湿性粉剂的稳定性达到最优的助剂。

按 2% 的添加量，将上述 3 种稳定剂分别与母粉混合均匀后用粉碎机进行粉碎，测定制剂的悬浮性、润湿性和不同润湿剂对活菌数的平板对峙效果。测定各制剂的悬浮率，遵循悬浮率越高分散性越好的原则，比较各种分散剂的分散效果。

（4）保护剂筛选

考虑到制剂的生产最终是为了应用实际农业生产，为防止田间环境因子，如自然界温度、湿度、光照等，对微生物可湿性粉剂的影响和提高菌体在环境中的稳定性，需要在制剂中加入与其相容的保护剂。将 3 种保护剂（抗坏血酸、羧甲基纤维素、十二烷基硫酸钠）分别与高效菌剂混合，按 0.1% 的添加量分别与高效菌剂发酵液混合，梯度稀释后涂布在 NA 平板上，一部分置于距离 254 nm 紫外灯

40 cm 处照射 1 h，另一部分直接于 30 ℃温度下培养，对照组不加保护剂，计算存活率。根据菌体存活率筛选出最佳保护剂。

按 0.1% 的添加量，将上述 3 种保护剂分别与母粉混合均匀后用粉碎机进行粉碎，测定制剂的悬浮性、润湿性和不同润湿剂对活菌数的平板对峙效果。测定各制剂的悬浮率，遵循悬浮率越高分散性越好的原则，比较各种分散剂的分散效果。

4. 润湿时间测定

量取 100 mL 的标准硬水于 250 mL 的烧杯中，并将烧杯放置于 (25±5) ℃的无振荡水浴锅中，其液面与水浴锅中的液面齐平。称取 1.0 g 样品（具有代表性，即不成团、结块的均匀粉末），将全部样品从与烧杯口齐平位置一次性均匀地倾倒在该烧杯的液面上，但不要过分地搅动液面。加入样品后立即用秒表计时，直至样品全部湿润为止，记下样品湿润所需的时间（留在液面上的细粉可忽略不计），重复 5 次，取其平均值，作为该样品的润湿时间。

5. 悬浮率测定

按 GB/T 14825—2023 的规定进行悬浮率的测定，具体方法：取经过灭菌处理的容量为 200 mL 的烧杯，称取样品 0.1 g（精确至 0.01 g），并放置于 (30±2) ℃盛有 50 mL 标准硬水的 100 mL 量筒中，适度摇荡使样品分散，然后用 (30±1) ℃标准硬水稀释至 100 mL，并塞好塞子；以量筒底部为轴心，将量筒在 1 min 内上下颠倒 30 次；之后打开塞子，将量筒垂直放入无振荡的水浴锅中，避免阳光直射，放置 30 min；用吸管在 10~15 s 内将 9/10（即 90 mL）悬浮液抽出后，不要挑起和摇动量筒内的沉降物，确保吸管的顶端总是在液面下几毫米处；将移出的 9/10（即 90 mL）悬浮液混合均匀，用移液枪吸取 1 mL 悬浮液，按规定测定移出液的总菌量。

悬浮率 X 的计算公式：

$$X = (m_2/m_1) \cdot 100\%$$

式中：m_1 为制剂的总菌量（cfu）；m_2 为移出的 9/10 悬浮液的总菌量（cfu）。

标准硬水的配制：准确称取无水氯化钙 6.08 g、氯化镁 2.78 g，用无菌蒸馏水溶解并定容至 2 L，即为标准硬水母液，无菌蒸馏水稀释 10 倍后即为标准硬水。

6. 板框压滤参数优化

利用板框压滤机，使发酵菌液经过机械过滤后形成滤饼，浓缩菌液至固态，压滤过程中的过滤压力及过滤后滤饼顶水量等参数对菌体影响较大，具体选择方法如下：

过滤压力的选择：设置 6 组，每组高效菌群发酵液 2000 g，用板框压滤机进行过滤，压力分别为 0.1 MPa、0.2 MPa、0.3 MPa、0.4 MPa、0.5 MPa、0.6 MPa。记录各组完全过滤所需时间，滤液、滤饼质量，滤饼中菌群的数量、活性、组成及比例，最后计算收率。在保证优势属 *Stenotrophomonas*、*Bacillus* 等的相对丰度之和不低于 70%的条件下，收率最高时的压力为最佳。

过滤后滤饼顶水量的选择：过滤完成后，可以采用向板框继续加水的方法，使滤饼里残留的菌体分离出来，但是加水相当于稀释过滤液，加水过多会对后续操作造成影响，因此也要控制加水量。分别取 5 组处理后的高效菌剂发酵液 2000 g，用板框压滤机过滤，过滤压力为 0.4 MPa，过滤完后分别继续加水 0 mL、100 mL、200 mL、300 mL、400 mL，继续过滤。检测滤饼质量和滤饼中菌群的数量、活性、组成及比例，计算出各组收率。在保证优势属 *Bacillus* 等的相对丰度之和不低于 70%的条件下，收率最高时的顶水量为最佳。

7. 微量元素配比

通过文献查询叶面微肥最佳施用量，在可湿性生物防治粉剂基础上，分别加入浓度为 1%、5%、10%的 $MgSO_4$ 和浓度为 1%、2%、3%、4%、5%的 $MnSO_4$，加水稀释 100 倍后，鉴定其悬浮性、润湿性、分散性等产品性能，并通过平板对峙实验检验其对赤星病和野火病的防治效果。

8. 生物防治粉剂防效测定

为检验多功能复合型可湿性粉剂产品对烟草赤星病和野火病的防病效果，笔者研究团队于 2021 年 6 月，分别在湖南省郴州市嘉禾县和永州市新田县进行了田间小区试验。

（1）试验小区种植方式

每个小区种植 3 列烟草，每行等密度种植 30 株烟草，其他管理按当地常规措施和方式。

（2）小区设置

设置 1 个阴性对照组 CK；设置 3 个处理组 Treat、Treat_Mg 和 Treat_Mn，分别喷施可湿性生物防治粉剂 BA、BA_Mg 和 BA_Mn；设置 1 个阳性对照组 KM，喷施浓度为 4%的春雷霉素；每组重复 3 次，共计 15 个小区。

（3）施用量

阴性对照组 CK 每小区施用 6 L 水；处理组 Treat、Treat_Mg 和 Treat_Mn 分别将 0.45 g BA、0.45 g BA_Mg 和 0.45 g BA_Mn 粉剂兑水 6 L 施用；阳性对照组 KM 将 60 g 浓度为 4%的春雷霉素兑水 2 L 施用。

（4）用药方法

对烟田病害情况进行查看，在初次观察到零星病斑时，开始用药。使用喷雾的方法，将生物防治粉剂均匀喷施至烟草叶片正反两面。每隔 7 天用药一次，共计 2 次。

（5）病害调查

调查试验烟田生物防治粉剂喷施 0 天、7 天、14 天后赤星病和野火病的发病情况。调查每个小区中间一列 30 株烟草的全部叶片，病害分级标准及调查方法参考《烟草病虫害分级及调查方法》(GB/T 23222—2008)进行，按发病严重程度分为 9 个等级。

(6)数据分析

采用 Microsoft Excel 对调查得到的数据进行分类汇总、计算试验烟田赤星病和野火病的发病率、病情指数和相对防治效果。使用 SPSS 软件进行进一步的统计和方差分析，使用 Origin 软件绘图。

发病率、病情指数和相对防治效果的计算方法如下：

$$发病率=(发病叶数/调查总叶数)\times100\%$$
$$病情指数=[\sum(各级病叶数\times该病级值)/(调查总叶片数\times最高病级值)]\times100\%$$
$$相对防治效果=[(对照组病情指数-处理组病情指数)/对照组病情指数]\times100\%$$

7.2.2 结果与分析

1. 载体筛选

白炭黑的悬浮率最高为 80.26%，润湿时间较短，在 10 s 左右，活菌数最高，为 9.0×10^8 cfu/mL；高岭土的润湿时间最短为 9 s，悬浮率较低，为 35.17%，活菌数含量较少，为 2.1×10^8 cfu/mL。

采用平板对峙法测定不同母粉对烟草野火病和赤星病病原菌的拮抗作用。采用白炭黑、硅藻土、滑石粉、高岭土作为制作可湿性粉剂的母粉材料，这 4 种母粉在平板对峙实验中都出现了明显的抑菌圈，其中使用白炭黑作为载体的菌群的抑制效果明显优于其他 3 种材料。因此综合考虑载体吸附量、制剂润湿性和悬浮率，以及载体对靶标病原菌的抑菌活性，选取白炭黑作为可湿性粉剂的最佳载体。

2. 助剂筛选

(1)分散剂筛选

木质素磺酸钠的活菌数是最多的，悬浮率最好，润湿时间较短。将靶标病原菌悬浮液加入熔融态培养基，制成混菌平板。称取 0.1 g 混合后的助剂并将其溶于 1 mL 水中，加入凝固后的平板，在 30 ℃下培养 72 h 后用十字交叉法测量抑菌圈直径。4 种分散剂助剂均表现出一定的抑菌效果，其中木质素磺酸钠和三聚磷酸钠的抑菌圈明显大于 PEG800 及羧甲基纤维素钠，这可能与分散剂促进了拮抗菌群的扩散有关。综合考虑，应该选取木质素磺酸钠作为分散剂。

(2)润湿剂筛选

润湿时间是润湿剂筛选时所考虑的重要因素之一，润湿时间最短的是十二烷基苯磺酸钠，悬浮率最高的是吐温 80，3 种润湿剂活菌数均在 1×10^8 cfu/mL 以上。

3 种润湿剂均可产生抑菌圈且抑菌圈直径接近，表明这 3 种润湿剂抑菌效果接近。综合考虑，应该选取吐温 80 作为润湿剂。

（3）稳定剂筛选

K_2HPO_4 活菌数最高为 5.50×10^8 cfu/mL，且抑菌活性较好，故选取 K_2HPO_4 作为稳定剂。

（4）保护剂筛选

紫外线保护剂能够保护可湿性粉剂在应用过程中不受外部环境中紫外线对其菌体的影响，起到保护菌体的作用，在实际生产中是一种重要助剂。羧甲基纤维素活菌数含量最高，为 1.50×10^8 cfu/mL，抑菌活性最好，因此，选取羧甲基纤维素作为紫外线保护剂。

3. 板框压滤参数优化

过滤压力越大，过滤速度越快，所需过滤时间越短。生产中隔膜板框式过滤机最大过滤压力为 0.6 MPa，压力过大，生产过程越危险且能耗越大，设备损耗也越大。从生产成本和安全性考虑，过滤压力宜选 0.5 MPa。

滤饼顶水加水量越大，过滤后滤饼收率越高，但同时，滤液体积会增加，相当于增加了后续处理工作量。加水量在 10%~20% 时总收率基本一致，为 96% 左右，滤饼大小也基本一致，故选择加水量为发酵液体积的 10%。

4. 可湿性粉剂制备

50 L 发酵罐发酵前接入 2 个高压高温灭菌的 5 L 的装样瓶，在 pH 为 8、转速为 180 r/min、温度为 35 ℃条件下发酵 48 h 后，泵出 10 L 新鲜发酵液。

在超净工作台将发酵液分装至 500 mL 收菌瓶中，装液量为 400 mL，将其与 2% 白炭黑载体、1% 木质素磺酸钠、1% 吐温 80、0.2% K_2HPO_4 和 0.01% 羧甲基纤维素等助剂均匀混合后，以 10000 r/min 冷冻离心 10 min 后将菌体均匀地涂抹至玻璃培养皿中。封口后将其放置于 -80 ℃ 冰箱预冻 4~5 h，再经冷冻干燥即可得到可湿性粉剂。

5. 微量元素配比

向可湿性生物防治粉剂中分别加入 1%、5% 和 10% 的微量元素 $MgSO_4$，检测结果显示，加入 5% $MgSO_4$ 的综合性能最优，悬浮率为 80.26%，润湿时间为 12.67 s，分散性优异，特别是活菌数依旧保持在 9.0×10^9 cfu/mL，故可湿性生物防治粉剂微量元素 $MgSO_4$ 最佳配比为 5%。

向可湿性生物防治粉剂中分别加入 1%、2%、3%、4% 和 5% 的微量元素 $MnSO_4$，检测结果显示，加入 3% $MnSO_4$ 的综合性能最优，悬浮率为 78.43%，润湿时间为 8.62 s，分散性优异，特别是活菌数依旧保持在 9.0×10^9 cfu/mL；但加入 2% $MnSO_4$ 的除润湿时间比加入 3% $MnSO_4$ 的除润湿时间多了 1.5 s 外，其余产品性能均无显著性差异，故在可湿性生物防治粉剂工业化生产中，$MnSO_4$ 微量元素配比选择 2%。

平板对峙实验在室内进行，将烟草野火病和赤星病纯培养病原菌分别置于 LB 和 PDA 液体培养基中，于 28 ℃下振荡培养 12 h，并配制成稀释 5000 倍的菌悬液备用；将待测拮抗微生物粉剂与液体培养基按 1∶100 置于 1/2 LB 液体培养基中，于 28 ℃下振荡培养 24 h。将稀释过的病原菌菌悬液与 1/2 固体培养基以 3∶2000 的比例混匀后倒入平板，然后用半径为 5 mm 的无菌打孔器进行十字形打孔，在孔内加入 100 μL 待测菌液，且在培养皿底部标记供试菌群编号和接种时间。同时取一平皿，只加入烟草病原菌作为对照。28 ℃下恒温培养，待对照长满整个培养皿时，观察实验组有无抑菌圈形成并测量抑菌圈的大小。加入 5% $MgSO_4$ 和 2% $MnSO_4$ 的可湿性生物防治粉剂均具有较好的拮抗烟草赤星病和野火病病菌的效果。

综上，在可湿性生物防治粉剂（BA）的基础上，通过分别加入 5%的 $MgSO_4$ 和 2%的 $MnSO_4$，可得到多功能复合型微生物生物防治粉剂 BA-Mg 和 BA-Mn，产品性能检测结果表明，BA-Mg 和 BA-Mn 均具有较好的悬浮性、润湿性和分散性，悬浮率分别为 80.26% 和 78.43%，润湿时间分别为 12.67 s 和 8.62 s，分散性优异，活菌数依旧保持在 $9.0×10^9$ cfu/mL 左右，且均具有明显抑菌圈。

6. 可湿性生物防治粉剂防效

（1）郴州田间小区试验

如表 7-2 所示，经可湿性生物防治粉剂 BA、BA_Mg、BA_Mn 和 4%春雷霉素第 1 次处理 7 天后，3 个处理组 Treat、Treat_Mg、Treat_Mn 和阳性对照组 KM 赤星病发病率均显著低于同期阴性对照组 CK。特别是可湿性生物防治粉剂表现优异，相比对照组，Treat、Treat_Mg 和 Treat_Mn 3 个处理组赤星病发病率分别降低了 38.9%、40.3% 和 42.1%，显著高于 KM 组的 20.3%。第 2 次处理再 7 天后，阴性对照组 CK 的发病率高达 96.43%，而可湿性生物防治粉剂处理组 Treat 和 Treat_Mn 赤星病发病率分别为 78.02% 和 68.94%，显著低于其他组，这表明可湿性生物防治粉剂 BA，特别是 BA_Mn 具有优异且稳定的赤星病防控效果。

表 7-2　郴州赤星病发病率调查结果

组别	赤星病发病率/%	
	一次喷施（7 天）	二次喷施（14 天）
CK	78.68±14.84a	96.43±8.97a
Treat	48.04±13.13bc	78.02±13.24bc
Treat_Mg	46.96±10.11c	84.24±19.69ab
Treat_Mn	45.53±16.76c	68.94±13.52c
KM	62.73±18.96b	96.67±7.24a

注：同一列不同字母表示差异显著（$p<0.05$），后同。

如表 7-3 所示，经可湿性生物防治粉剂 BA、BA_Mg、BA_Mn 和 4%春雷霉素第 1 次处理 7 天后，处理组 Treat、Treat_Mg 以及阳性对照组 KM 的野火病发病率均显著低于同期阴性对照组 CK，分别降低了 81.6%、82.4% 和 85.2%，处理组Treat_Mn 效果虽不显著，但也将野火病发病率降低了 64.9%。第 2 次处理再经过7 天后，阴性对照组 CK 野火病发病率几乎翻了一番，处理组 Treat_Mg 将野火病发病率较好地控制在了 5.22%，处理组 Treat_Mn 对野火病的防控效果依然较差。处理组 Treat 对野火病有很好的防控效果，二次喷施 14 天后，野火病发病率从19.5%降低到了 3.2%左右。

表 7-3　郴州野火病发病率调查结果

组别	野火病发病率/%	
	一次喷施(7 天)	二次喷施(14 天)
CK	10.22±11.63a	19.53±20.01a
Treat	1.88±3.24b	3.16±6.73b
Treat_Mg	1.80±4.12b	5.22±7.53b
Treat_Mn	3.59±6.17ab	10.83±11.91ab
KM	1.51±3.19b	6.52±5.91b

如表 7-4 所示，经可湿性生物防治粉剂 BA、BA_Mg、BA_Mn 和 4%春雷霉素第 1 次处理 7 天后，处理组 Treat、Treat_Mg、Treat_Mn 和阳性对照组 KM 的赤星病病情指数均显著低于同期的阴性对照组 CK，赤星病病情指数分别降低了38.8%、42.1%、38.8%和 39.4%，而处理组之间赤星病病情指数无显著性差异。第 2 次处理再 7 天后，对照组赤星病病情指数高达 65.33，处理组和阳性对照组赤星病病情指数依旧得到了有效控制。

表 7-4　郴州赤星病病情指数调查结果

郴州	赤星病病情指数	
	一次喷施(7 天)	二次喷施(14 天)
CK	36.50±0.26a	65.33±10.31a
Treat	22.33±5.65b	30.80±4.59b
Treat_Mg	21.13±2.82b	32.07±8.23b
Treat_Mn	22.33±9.98b	30.08±7.41b
KM	22.13±5.58b	31.07±5.62b

如表 7-5 所示，经可湿性生物防治粉剂 BA，BA_Mg、BA_Mn 和 4% 春雷霉素第 1 次处理 7 天后，处理组 Treat、Treat_Mg、Treat_Mn 和阳性对照组 KM 的野火病病情指数均显著低于同期的阴性对照组 CK，野火病病情指数分别降低了 38.8%、39.37%、38.8% 和 39.37%，而处理组之间野火病病情指数无显著性差异。2 次处理再 7 天后，对照组野火病病情指数达到了 65.33，而处理组（除了 Treat-Mn）和阳性对照组野火病病情指数都得到了有效控制，特别是处理组 Ttreat 和 Treat_Mg 野火病病情指数显著低于其他处理组。这表明可湿性生物防治粉剂 BA 和 BA_Mg 均具有优异且稳定的野火病防控效果。

表 7-5　郴州野火病病情指数调查结果

组别	野火病病情指数	
	一次喷施（7 天）	二次喷施（14 天）
CK	10.22±11.63a	15.14±13.30a
Treat	1.88±3.24b	3.17±6.73b
Treat_Mg	1.80±4.12b	5.22±7.53b
Treat_Mn	2.96±4.45b	9.80±10.67ab
KM	1.28±2.81b	6.52±5.91ab

如图 7-2 所示，第 1 次处理 7 天后，两组可湿性生物防治粉剂处理组 Treat、Treat_Mg 赤星病相对防治效果均高于阳性对照组 KM。第 2 次处理再 7 天后，处理组 Treat_Mn 赤星病相对防治效果进一步提升，达到了 53.4%。

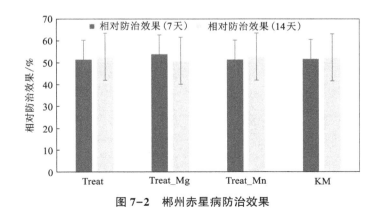

图 7-2　郴州赤星病防治效果

如图 7-3 所示，第 1 次处理 7 天后，阳性对照组 KM 野火病防治效果最好。第 2 次处理再 7 天后，处理组 Treat_Mn 和阳性对照组 KM 野火病相对防治效果均有所降低，特别是阳性对照组 KM 野火病相对防治效果下降了 34.9%，失去了原有优势，而处理组 Treat 和 Treat_Mg 的野火病相对防治效果依旧分别有 79.1% 和 66%，防治效果较稳定。

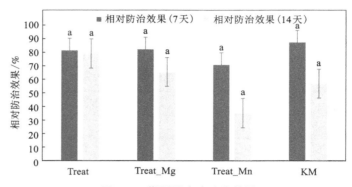

图 7-3　郴州野火病防治效果

（2）永州田间小区试验

如表 7-6 所示，在喷施前（0 天）阴性对照组 CK，3 个处理组 Treat、Treat_Mg、Treat_Mn 和阳性对照组 KM，各组之间赤星病发病率无显著性差异，均为 52.8%~54.1%。经可湿性生物防治粉剂 BA、BA_Mg、BA_Mn 和 4% 春雷霉素间隔 7 天 2 次处理后（14 天），阴性对照组 CK 赤星病发病率增至 77.53%，3 个处理组 Treat、Treat_Mg、Treat_Mn 和阳性对照组 KM 赤星病发病率均显著降低，分别为 63.50%、56.13%、58.62% 和 56.91%。

表 7-6　永州赤星病发病率调查结果

组别	赤星病发病率/%	
	喷施前（0 天）	二次喷施（14 天）
CK	52.87±2.42a	77.53±10.85a
Treat	53.79±5.20a	63.50±8.94b
Treat_Mg	54.08±6.47a	56.13±4.14b
Treat_Mn	52.86±4.87a	58.62±8.61b
KM	52.82±5.18a	56.91±4.46b

如表 7-7 所示,在喷施前(0 天)阴性对照组 CK,3 个处理组 Treat、Treat_Mg、Treat_Mn 和阳性对照组 KM,各组之间赤星病病情指数均无显著性差异,均为 20.8~21.8。经可湿性生物防治粉剂 BA、BA_Mg、BA_Mn 和 4%春雷霉素间隔 7 天 2 次处理后(14 天),阴性对照组 CK 赤星病病情指数增至 52.1,3 个处理组 Treat、Treat_Mg、Treat_Mn 和阳性对照组 KM 赤星病病情指数也有所增加,分别为 23.41、23.31、24.51 和 24.32。

表 7-7　永州赤星病病情指数调查结果

组别	赤星病病情指数	
	喷施前(0 天)	二次喷施(14 天)
CK	21.37±0.10a	52.1±3.08a
Treat	21.72±4.70a	23.41±1.36b
Treat_Mg	21.57±2.54a	23.31±1.10b
Treat_Mn	20.82±2.44a	24.51±4.94b
KM	21.10±6.48a	24.32±1.17b

如图 7-4 所示,间隔 7 天 2 次处理后,可湿性生物防治粉剂处理组 Treat 和 Treat_Mg 组的赤星病防控效果较好,相对防治效果分别为 55.1%和 55.4%,而处理组 Treat_Mn 和阳性对照组 KM 的赤星病防治效果相对较差,相对防治效果分别为 52.1%和 52.6%。

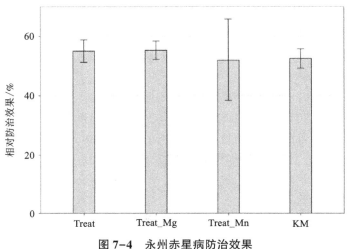

图 7-4　永州赤星病防治效果

综上，郴州病害调查结果显示，14 天后，阴性对照组 CK 赤星病发病率为 96.43%、病情指数为 65.33；野火病发病率为 19.53%、病情指数为 15.14。处理组 Treat、Treat_Mg、Treat_Mn 和阳性对照组 KM 间隔 7 天 2 次处理结果表明，处理组 Treat_Mn 的赤星病防治效果最好，相对防治效果达到了 53.4%，将郴州赤星病发病率降低至 68.94%、病情指数降低至 30.08；处理组 Treat 野火病防治效果最好，相对防治效果达到了 79.1%，将郴州野火病发病率降低至 3.16%、病情指数降低至 3.17。永州病害调查结果显示，14 天后，阴性对照组 CK 赤星病发病率为 77.53%，病情指数为 52.1，无野火病病情。处理组 Treat-Mg 赤星病防治效果最好，相对防治效果达到了 55.4%。

7.3　多功能复合型生物防治粉剂产品制备及大田施用技术规范

7.3.1　材料与方法

1. 多功能复合型生物防治粉剂产品制备

前期工作已筛选复配得到了防控烟草赤星病和野火病的高效菌群，并通过单因素、正交试验和平板对峙试验，确定了高效菌群工业发酵的最适培养基和发酵条件，筛选出了最佳载体和助剂，包括分散剂、润湿剂、稳定剂、保护剂等，完成了菌剂、载体和助剂配伍技术研究。在此基础上，针对微生物菌剂生产和施用过程中效果不稳定、贮藏时间短等问题，以及考虑到钾、硼等关键性微量元素对烟叶产量、质量具有重要影响，创造性地将防控烟草赤星病和野火病的高效菌群通过发酵、压滤、干燥等工艺制备为可湿性粉剂，与磷酸二氢钾和四水八硼酸钠复配，得到成分稳定、菌株活性高的多功能复合型干粉产品。

2. 产品货架期检测

通过文献查询叶面微肥最佳施用量，将可湿性粉剂（BA）与磷酸二氢钾分别以质量比 1∶50（K50）、1∶100（K100）、1∶200（K200）的比例进行复配，与四水八硼酸钠分别以质量比 1∶3（B3）、1∶6（B6）、1∶9（B9）的比例进行复配，兑水稀释后利用镜检-分光光度法检测加入微肥 0 天、1 天、1 周、1 月、3 月、6 月、1 年后拮抗菌群浓度变化情况，之后通过大田小区试验进一步验证其对烟草赤星病和野火病的防治效果。

3. 多功能复合型生物防治粉剂产品施用技术

比较多功能复合型可湿性粉剂产品在不同施用方案下对烟草赤星病和野火病的防治效果和对烟叶产量、质量的影响，从而确定施用方案，于 2022 年 6 月在湖南省永州市新田县选择历年赤星病、野火病发生严重地块，面积 5 亩左右，进行了田间小区试验。

（1）试验小区种植方式

每个小区种植 3 列，每行等密度种植 30 株烟草，种植行距 1.2 m、株距 0.5 m，其他管理按当地常规措施和方式。

（2）小区设置和试验方案

设置 1 个阴性对照组 CK；设置 14 个处理组，每组重复 3 次，共计 45 个小区。

对照组 CK：喷施 10.0 L 水；

处理 1：0.5 g 可湿性粉剂兑水 10.0 L 喷施；

处理 2：1.0 g 可湿性粉剂兑水 5.0 L 喷施；

处理 3：1.0 g 可湿性粉剂兑水 10.0 L 喷施；

处理 4：1.0 g 可湿性粉剂兑水 20.0 L 喷施；

处理 5：2.0 g 可湿性粉剂兑水 10.0 L 喷施；

处理 6：1.0 g 可湿性粉剂+50 g 磷酸二氢钾（KH_2PO_4），兑水 10.0 L 喷施；

处理 7：1.0 g 可湿性粉剂+100 g 磷酸二氢钾（KH_2PO_4），兑水 10.0 L 喷施；

处理 8：1.0 g 可湿性粉剂+200 g 磷酸二氢钾（KH_2PO_4），兑水 10.0 L 喷施；

处理 9：1.0 g 可湿性粉剂+3 g 四水八硼酸钠（$Na_2B_8O_{13} \cdot 4H_2O$），兑水 10.0 L 喷施；

处理 10：1.0 g 可湿性粉剂+6 g 四水八硼酸钠（$Na_2B_8O_{13} \cdot 4H_2O$），兑水 10.0 L 喷施；

处理 11：1.0 g 可湿性粉剂+9 g 四水八硼酸钠（$Na_2B_8O_{13} \cdot 4H_2O$），兑水 10.0 L 喷施；

处理 12：石灰等量式波尔多液兑水 160 倍喷施，15 天后，配合 1.0 g 可湿性粉剂+10.0 L 水喷施；

处理 13：石灰等量式波尔多液兑水 160 倍喷施，15 天后，配合 1.0 g 可湿性粉剂+100 g 磷酸二氢钾（KH_2PO_4）+10.0 L 水喷施；

处理 14：石灰等量式波尔多液兑水 160 倍，15 天后，配合 1.0 g 可湿性粉剂+6 g 四水八硼酸钠（$Na_2B_8O_{13} \cdot 4H_2O$）+10.0 L 水喷施；

（3）用药方法

对烟田病害情况进行查看，在初次观察到零星病斑时，开始用药。使用喷雾的方法，将药剂均匀喷施至烟草叶片正反两面。分别在第 7 天和第 14 天对试验小区进行病害调查。

（4）病害调查

调查试验小区对照组和生物防治菌剂处理组在喷施 7 天、14 天后野火病的发病情况。调查每个小区中间一列 10 株烟草的全部叶片，病害分级标准及调查方法参考《烟草病虫害分级及调查方法》(GB/T 23222—2008)，按发病严重程度分为 9 个等级。

采用 Microsoft Excel 对调查得到的数据进行分类汇总，用 R 软件统计试验烟田野火病的发病率、病情指数和相对防治效果并绘图。

7.3.2 结果与分析

1. 多功能复合型生物防治粉剂产品制备标准工艺流程

多功能复合型生物防治粉剂产品工业化发酵工艺与制备标准流程如图 7-5 所示。

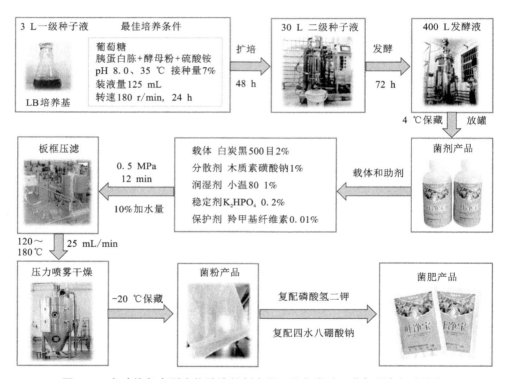

图 7-5 多功能复合型生物防治粉剂产品工业化发酵工艺与制备标准流程

一级种子液制备：用接种环从斜面培养基上挑取一环菌种至 3 L 灭菌 LB 培养基中，于 30 ℃振荡培养箱中以 160 r/min 的转速培养 24 h。

二级种子液制备：在 LB 培养基基础上，将碳源换为葡萄糖，将氮源换为胰蛋白胨+酵母粉+硫酸铵，配制 30 L 工业培养基，于 50 L 发酵罐灭菌后，接入 3 L 一级种子液,在 pH 8.0、转速 180 r/min、温度 35 ℃发酵条件下扩培 48 h。

发酵液制备:配制 400 L 工业培养基于 500 L 发酵罐灭菌后,接入 30 L 二级种子液,在 pH 自然、转速 180 r/min、温度 30 ℃发酵条件下发酵 72 h 后放罐。

可湿性粉剂制备:以白炭黑为载体,木质素磺酸钠为分散剂,吐温 80 为润湿剂,K_2HPO_4 为稳定剂,羧甲基纤维素为保护剂,向发酵液中加入 2%白炭黑、1%木质素磺酸钠、1%吐温 80、0.2% K_2HPO_4 和 0.01%羧甲基纤维素等助剂后,先进行板框压滤(加水量 10%、0.5 MPa、12 min),再采用喷雾干燥(进风温度 120 ℃、出风温度 80 ℃、进料量 25 mL/min),得到可湿性粉剂,于-20 ℃低温保藏待施。

多功能复合型粉剂产品制备:通过文献查询叶面微肥最佳施用量,分别将可湿性粉剂与磷酸二氢钾以 1:50、1:100、1:200 的质量比进行复配,与四水八硼酸钠以 1:3、1:6、1:9 的质量比进行复配,得到两种防病促生复合型粉剂产品,并于-20 ℃保存待用。

2. 多功能复合型生物防治粉剂产品货架期

活性检测结果显示,多功能复合型粉剂产品保存 1 个月后,复配钾肥活菌率在 90%以上,复配硼肥活菌率在 75%以上;保存 6 个月后,复配钾肥活菌率和复配硼肥活菌率均有所降低,特别是复配硼肥活菌数明显降低;保存 12 个月后,复配钾肥的产品活菌损失率低于 60%,复配硼肥的产品活菌数保持在 1×10^9 cfu/g 以上,多功能复合型粉剂产品稳定性良好,货架期在 12 个月以上。

3. 多功能复合型生物防治粉剂产品不同施用技术

(1)不同喷施浓度

如图 7-6 所示,经 0.5 g 生物防治粉剂兑水 10 L(T1)、1 g 生物防治粉剂兑水 5 L(T2)、1 g 生物防治粉剂兑水 10 L(T3)、1 g 生物防治粉剂兑水 20 L(T4)、

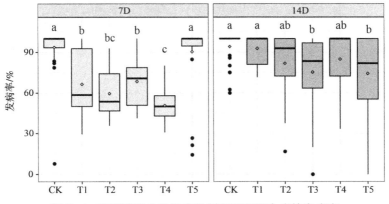

图 7-6 不同浓度生物防治粉剂处理组野火病的发病率

2 g 生物防治粉剂兑水 10 L(T5)处理 7 天后,T1(58.57%)、T2(53.59%)、T3 (70.71%)和 T4(50.00%)处理组野火病发病率均显著低于同期 CK 对照组 (100%),T4 处理组表现优异,相对 CK 对照组,其野火病发病率降低了 50%。处理 14 天后,CK 对照组、T1 和 T4 处理组发病率均为 100%,而 T2(92.86%)、T3(83.33%)、T5(81.75%)处理组野火病发病率均显著低于同期 CK 对照组,T5 处理组野火病发病率最低。

如图 7-7 所示,不同浓度生物防治粉剂处理 7 天后,T1(11.11)、T2(11.11)、T3(9.26)、T4(11.11)和 T5(11.11)处理组病情指数均显著低于同期 CK 对照组 (20.00),T3 处理组病情指数最低,相比 CK 对照组,其野火病病情指数降低了 53.70%。处理 14 天后,CK 对照组病情指数升高至 25.25,而 T1(17.52)、T2 (15.80)、T3(14.37)、T4(18.52)和 T5(16.85)处理组野火病病情指数均显著低于同期 CK 对照组,特别是 T3 处理组依旧保持最低野火病病情指数,相比 CK 对照组,野火病病情指数降低了 43.09%。

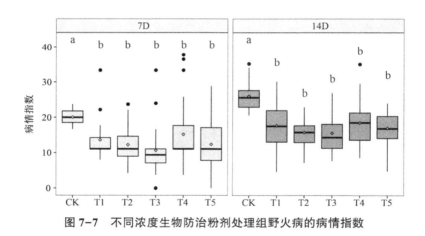

图 7-7　不同浓度生物防治粉剂处理组野火病的病情指数

如图 7-8 所示,T3 处理组防治效果最好,处理 7 天后野火病相对防治效果为 53.7%,14 天后为 43.11%;而 T1、T2、T4 和 T5 处理组 7 天时相对防治效果均为 44.44%,处理 14 天后,相对防治效果降为 26.67%~37.42%。以上结果表明, 1 g 生物防治粉剂兑水 10 L 时具有优异且稳定的烟草野火病防治效果,是可湿性生物防治粉剂最佳喷施浓度。

(2)可湿性粉剂复配不同比例钾肥

如图 7-9 所示,经 1 g 粉剂+50 g 磷酸二氢钾兑水 10 L(T6)、1 g 粉剂+100 g 磷酸二氢钾兑水 10 L(T7)和 1 g 粉剂+200 g 磷酸二氢钾兑水 10 L(T8)处理 7 天后,T6(63.64%)、T7(66.67%)和 T8(87.5%)处理组野火病发病率均显著低于

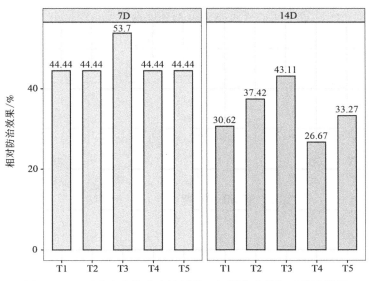

图 7-8　不同浓度生物防治粉剂处理组野火病的相对防治效果

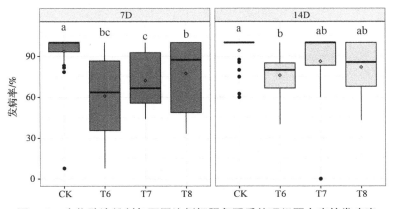

图 7-9　生物防治粉剂与不同比例钾肥复配后处理组野火病的发病率

CK 对照组(100%)。T6 处理组野火病发病率最低。处理 14 天后，相比 CK 对照组野火病发病率 100%，T6(80%)和 T8(85.71%)处理组的野火病发病率分别显著降低了 20.00% 和 14.29%，T7 处理组(100%)对野火病的控制效果较差。

如图 7-10 所示，经生物防治粉剂与不同比例钾肥复配处理 7 天后，相比 CK 对照组(20.00)，T6(8.89)、T7(11.11)和 T8(9.72)处理组病情指数分别显著降低了 55.55%、44.45% 和 51.40%。处理 14 天后，CK 对照组野火病病情指数为

25.25，T6、T7 和 T8 处理组将病情指数较好地控制在了 12.74、18.37 和 15.09，特别是 T6 处理组病情指数仍显著低于同期其他处理组，相较于 CK 对照组，将野火病病情指数降低了 49.54%。

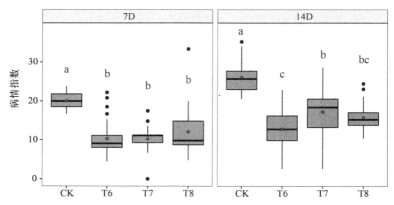

图 7-10 生物防治粉剂与不同比例钾肥复配后处理组野火病的病情指数

如图 7-11 所示，经生物防治粉剂与不同比例钾肥复配处理 7 天后，T6、T7 和 T8 处理组均具有良好的防治效果，相对防治效果分别为 55.56%、44.44%

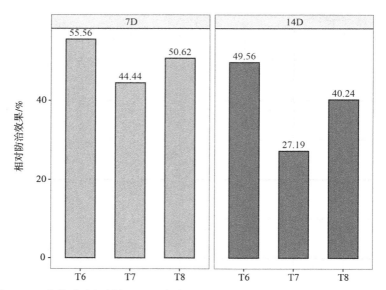

图 7-11 生物防治粉剂与不同比例钾肥复配后处理组野火病的相对防治效果

和 50.62。特别是处理 14 天后，T6 处理组相对防治效果仍有 49.56%。这表明
1 g 生物防治粉剂+50 g 磷酸二氢钾兑水 10 L 具有优异且稳定的烟草野火病防控
效果，是可湿性生物防治粉剂和钾肥的最佳复配比例。

（3）可湿性生物防治粉剂复配不同比例硼肥

如图 7-12 所示，经 1 g 粉剂+3 g 四水八硼酸钠兑水 10 L（T9）、1 g 粉剂+6 g
四水八硼酸钠兑水 10 L（T10）和 1 g 粉剂+9 g 四水八硼酸钠兑水 10 L（T11）处理
7 天后，T9（85.16%）、T10（44.51%）和 T11（85.16%）处理组野火病发病率均显
著低于 CK 对照组（100%）。特别是 T10 处理组，将野火病发病率控制得较好，相
较于 CK 对照组降低了 55.49%。处理 14 天后，相比 CK 对照组野火病发病率
100%，T9（84.52%）和 T10（83.33%）处理组分别将野火病发病率显著降低了
15.48% 和 16.67%，T11 处理组（100%）对野火病的控制效果较差。

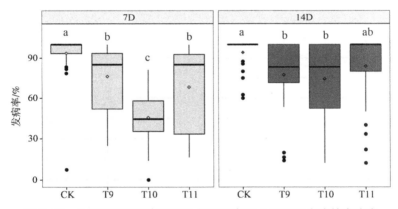

图 7-12　生物防治粉剂与不同比例硼肥复配处理组野火病的发病率

如图 7-13 所示，经生物防治粉剂与不同比例硼肥复配处理 7 天后，相比 CK
对照组（20.00），T9（9.26）、T10（9.26）和 T11（11.11）处理组野火病病情指数分
别显著降低了 53.70%、53.70%和 44.45%。处理 14 天后，相比 CK 对照组野火病
病情指数 25.25，T9（14.81）、T10（13.07）和 T11（14.07）处理组野火病病情指数
分别显著降低了 41.35%、48.24%和 44.28%。

如图 7-14 所示，经生物防治粉剂与不同比例硼肥复配处理 7 天后，T9、
T10 和 T11 处理组均对烟草野火病具有良好的防治效果，相对防治效果分别为
53.70%、53.70%和 44.44%。处理 14 天后，T9、T10 和 T11 处理组相对防治效果依
旧分别保持有 41.33%、48.24%和 44.27%，T10 处理组对烟草野火病有优异且稳
定的防治效果，这表明 1 g 粉剂+6 g 四水八硼酸钠兑水 10 L 是可湿性生物防治粉
剂和硼肥的最佳复配比例。

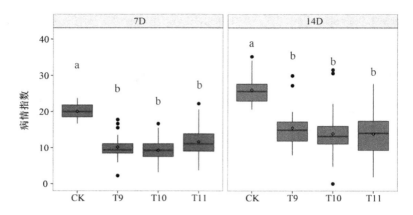

图 7-13　生物防治粉剂与不同比例硼肥复配后处理组野火病的病情指数

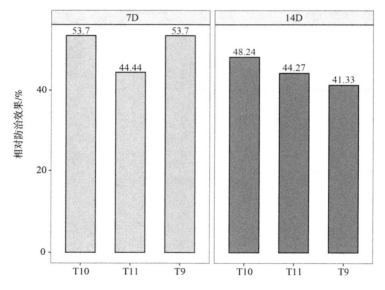

图 7-14　生物防治粉剂与不同比例硼肥复配后处理组野火病的相对防治效果

(4)可湿性生物防治粉剂与波尔多液联合防治效果

如图 7-15 所示,经波尔多液施用 15 天后联合 1 g 粉剂兑水 10 L(T12)、波尔多液施用 15 天后联合 1 g 粉剂+100 g 磷酸二氢钾兑水 10 L(T13)和波尔多液施用 15 天后联合 1 g 粉剂+6 g 四水八硼酸钠(T14)处理 7 天后,T12(50.00%)、T13(42.26%)和 T14(87.78%)处理组野火病发病率均显著低于 CK 对照组

（100%）。特别是 T13 处理组相较于 CK 对照组将野火病发病率降低了 57.74%。处理 14 天后，相比 CK 对照组发病率 100%，T12（75.00%）、T13（80.00%）和 T14（69.05%）处理组野火病发病率显著降低了 25.00%、20.00% 和 30.95%。

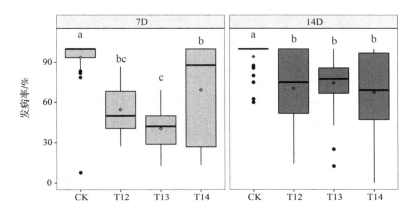

图 7-15　生物防治粉剂与波尔多液联合防治时处理组野火病的发病率

如图 7-16 所示，可湿性生物防治粉剂与波尔多液联合处理 7 天后，相比 CK 对照组（20.00），T12（9.39）、T13（8.89）和 T14（9.39）处理组病情指数分别显著降低了 53.05%、55.55% 和 53.05%。处理 14 天后，相比 CK 对照组野火病病情指数 25.25，T12（11.86）、T13（10.37）和 T14（10.68）处理组野火病病情指数分别降低了 53.03%、58.93% 和 57.70%。

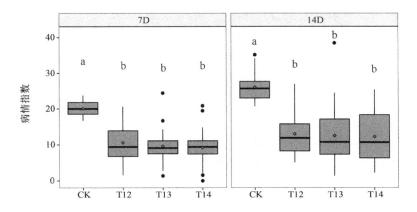

图 7-16　生物防治粉剂与波尔多液联合防治时处理组野火病的病情指数

如图 7-17 所示，经可湿性生物防治粉剂与波尔多液联合处理 7 天后，T12、T13 和 T14 处理组均具有良好的防治效果，相对防治效果分别为 53.04%、55.56%和 53.04%。特别是处理 14 天后，T12、T13 和 T14 处理相对防治效果分别进一步提升至 53.05%、58.93%和 57.69%。这表明可湿性生物防治粉剂与波尔多液联合处理对烟草野火病有很好的防治效果且稳定性好。

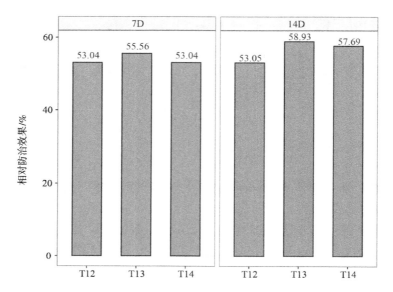

图 7-17　生物防治粉剂与波尔多液联合防治时处理组野火病的相对防治效果

永州新田县试验小区野火病病害调查结果显示，1 g 粉剂兑水 10 L 喷施（T3）是可湿性生物防治粉剂最佳喷施浓度，对烟草野火病的相对防治效果为53.70%；1 g 粉剂+50 g 磷酸二氢钾兑水 10 L 是可湿性生物防治粉剂和钾肥的最佳复配比例，对烟草野火病相对防治效果为 55.56%；1 g 粉剂+6 g 四水八硼酸钠兑水 10 L 是可湿性生物防治粉剂和硼肥的最佳复配比例，对烟草野火病的相对防治效果为 53.70%；可湿性生物防治粉剂与波尔多液联合处理对烟草野火病有很好的防治效果且稳定性好，对烟草野火病的相对防治效果为 53.04%~58.93%。

4. 多功能复合型生物防治粉剂产品不同施用方案对烟草产量和产值的影响

如表 7-8 所示，1 g 生物防治粉剂分别兑水 5 L（T2）、10 L（T3）或 20 L（T4）施用后，均可以提高烟草产量和产值，特别是 1 g 生物防治粉剂兑水 5 L（T2）或 10 L（T3）施用后，上等烟比例提高，从而进一步提高了产值。生物防治粉剂复配钾肥施用对配比敏感，1 g 生物防治粉剂+50 g 磷酸二氢钾（KH_2PO_4）兑水 10.0 L（T6）施用后，上等烟比例、亩产量和亩产值分别提高了 12.58%、7.4%、

26.24%，而其余配比（T7、T8）大体上仅提高了收购均价。生物防治粉剂与硼肥按不同浓度复配施用效果不同，1.0 g 生物防治粉剂+6 g 四水八硼酸钠兑水 10.0 L（T10）施用后，烟叶亩产量和亩产值分别提高了 31.82% 和 53.18%，而 1.0 g 生物防治粉剂+9 g 四水八硼酸钠兑水 10.0 L（T11）施用后，上等烟比例提高了 9.20%。波尔多液和多功能复合型生物防治粉剂产品联合时（T12、T13、T14）防治效果较好，上等烟比例、烟叶亩产量和亩产值分别提高了 14.19% ~ 16.62%、26.45% ~ 28.10%、19.94% ~ 53.02%。

表 7-8　不同处理组烟叶产量和产值

处理组	上等烟重量/kg	上等烟比例/%	总重量/kg	总金额/元	亩产量/kg	亩产值/元	收购均价/元
CK	0.12	75.34	0.16	244.54	2.42	3668.09	1513.68
T1	0.09	74.34	0.13	205.80	1.91	3087.01	1616.60
T2	0.19	80.65	0.24	392.06	3.55	5880.94	1658.42
T3	0.13	78.85	0.17	292.16	2.56	4382.33	1712.18
T4	0.12	71.28	0.17	274.72	2.56	4120.76	1612.38
T5	0.11	71.94	0.15	246.86	2.24	3702.86	1656.45
T6	0.15	84.82	0.17	308.70	2.60	4630.47	1780.40
T7	0.11	77.96	0.14	233.36	2.10	3500.38	1665.62
T8	0.10	72.96	0.14	236.73	2.10	3550.93	1691.06
T9	0.12	79.91	0.15	257.07	2.20	3856.04	1752.11
T10	0.17	79.24	0.21	374.59	3.19	5618.89	1759.17
T11	0.15	82.27	0.18	312.80	2.67	4691.94	1754.51
T12	0.18	86.03	0.21	372.46	3.10	5586.97	1800.60
T13	0.14	87.86	0.16	293.30	2.37	4399.55	1859.62
T14	0.18	87.09	0.20	374.18	3.06	5612.73	1834.38

5. 多功能复合型生物防治粉剂产品大田施用技术规范

本标准依据《标准化工作导则　第 1 部分：标准化文件的结构和起草规则》（GB/T 1.1—2020）的要求起草。

（1）范围

本标准规定了多功能复合型粉剂产品的基本使用原则、通用技术要求、使用方法和用量。本标准适用于降低烟草赤星病和野火病病原菌毒素分泌、提高烟株的生长活性和抗病能力。

（2）规范性引用文件

文件对于本标准的应用是必不可少的。凡是注日期的引用文件，仅所注日期的版本适用于本标准。凡不注日期的引用文件，其最新版本（包括所有的修改单）适用于本标准。如《农用微生物菌剂》（GB 20287）。

（3）术语和定义

下列术语和定义适用于本标准。

（4）产品质量要求

芽孢杆菌有效活菌数≥$2×10^{10}$ cfu/g。

（5）使用技术和使用方法如表 7-9 所示。

表 7-9

作物	防治对象	用药量	使用方法
烟草	赤星病和野火病	10~20 g/亩	稀释 10000 倍喷雾施用

注：①本品应于病害初期或发病前施药效果最佳，每 7~10 天施药 1 次，可连续用药 2~3 次；
　　②可复配 500~1000 g 钾肥或 60~120 g 硼肥施用；
　　③请勿在强光下喷雾，晴天傍晚或阴天用药效果最佳。

本品应贮存在通风、干燥、较低温度的库房中，密封保存。贮运时，严防潮湿和日晒，远离火源和热源，避免直接暴露在阳光下。须置于儿童、无关人员及动物接触不到的地方，并加锁保存。勿与食物、饮料、种子、饲料及其他物品同贮同运。

（6）注意事项

1）使用本品应采取相应的安全防护措施，穿防护服、戴防护手套和口罩等，避免皮肤接触及口鼻吸入，使用中不准吸烟、饮水、进食，使用后要及时清洗手、脸等暴露部位并更换衣物。

2）使用时应远离蜂场、蚕室等区域，蚕室及桑园附近禁用；远离水产养殖区施药，剩余药液要妥善保管，施药后将器械清洗干净，禁止在河塘等水域清洗施药器具。不要污染水源及其他非目标区域，使用过的空包装，用清水冲洗三次后妥善处理，切勿重复使用或改作其他用途。

③本品不能与含铜物质、402 或链霉素等物质混合使用。

④建议与其他作用机制不同的杀菌剂轮换使用。

⑤过敏者禁用，孕妇及哺乳期妇女避免接触本品。

（7）中毒急救

使用中或使用后如感到不适，应立即停止工作，采取急救措施，并携带标签就医。眼睛溅入：立即用大量流动清水冲洗并就医。吸入：转移至新鲜空气处，呼吸有困难时，可采用人工呼吸并就医。误服：立即携带标签就医，本品无专用解毒剂，应对症治疗。

7.4　生物防治菌剂防病促生作用机理

7.4.1　材料与方法

分别取阴性对照组 CK 和生物防治菌剂处理组 Treat 的新鲜烟叶，均分 2 份，每份 3 组重复，用灭菌剪刀裁剪得到等重量的叶片，并将叶片置于装有 PBS 缓冲液的无菌离心管中静置一段时间，离心去上清液后，加入 1 mL 缓冲液重悬，经液氮速冻后，用干冰运输至公司分别进行宏基因组和转录组测序。

1. 宏基因组测序

（1）DNA 提取与建库测序

使用 Omega E. Z. N. A.© Stool DNA Kit 试剂盒或其他相对应的试剂盒，对样本中 DNA 进行提取和富集。这些试剂盒经过专门的优化，用于细菌及其他微生物 DNA 破壁富集。空白阴性为对照样本。Total DNA 通过 Qiagen 的纯化柱在 50 min 内进行数次洗脱，洗脱缓冲液保存在-80 ℃的环境中。使用 Illumina 测序平台的 Truseq Nano DNA LT Library Preparation Kit（FC-121-4001）构建 DNA 测序文库。简单来讲，DNA 测序文库的构建从片段 cDNA 开始，用 dsDNA 片段化酶（NEB，M0348S）在 37 ℃条件下对 DNA 进行片段化处理。使用核酸外切酶对 DNA 进行片段化处理，并且使用样品纯化磁珠进行片段大小的选择。每条序列连接上接头序列后，将包含双端 index 或单端 index 信息，然后开始构建 Illumina 测序文库。扩增连接产物的 PCR 条件如下：95 ℃初始变性 3 min；98 ℃变性 8 次，每次 15 s，60 ℃退火 15 s，72 ℃延伸 30 s；最后在 72 ℃延伸 5 min，形成片段大小为 300 bp±50 bp 的测序文库，并使用 Illumina Novaseq™ 6000（LC Bio Technology CO.，Ltd. Hangzhou，China）按照标准操作对该文库进行双端测序，测序模式为 PE150。

（2）生信分析

下机原始数据格式为 fastq，使用 fastp 软件对下机原始数据进行质控，包括去除接头、重复序列和低质量序列，参数为默认参数。使用 bowtie2 将过滤后的数据比对到宿主的基因组上（来源于 NCBI）并对这些序列进行过滤。将过滤掉的宿主基因组序列的多个样本序列信息采用 SPAdes 软件进行 de novo 组装。采用 Meta Gene Mark 软件对所有宏基因组数据中的编码蛋白序列（CDS）进行预测。

接下来使用 CD-HIT 对这些 CDS 进行聚类分析，得到 Unigenes。对 Unigenes 在每个样本的表达量采用 TPM 的方式进行定量，软件依然为 bowtie2。采用 DIAMOND 快速 blast 比对注释软件与 NCBI 的 Nr 库、GO、KEGG、EggNOG、CAZy、CARD 和 pHI 库进行比对，并对 Unigenes 进行注释。最后对非生物学重复样本采用 Fisher 精确检验进行差异分析，对于生物学重复样本采用 Kruskal-Wallis 法进行差异分析。

2. 转录组测序

（1）RNA 提取与建库测序

用 TRIzol（Invitrogen，CA，USA），根据厂商提供的操作方案对总样品的 RNA 进行分离和纯化。然后用 NanoDrop ND-1000（NanoDrop，Wilmington，DE，USA）对总 RNA 的量与纯度进行质控。再通过 Bioanalyzer 2100（Agilent，CA，USA）对 RNA 的完整性进行检测，同时通过琼脂糖电泳的方案进行验证。当 RNA 浓度>50 ng/μL，RIN 值>7.0，OD260/280>1.8，总 RNA 量>1 μg 时，满足进行下游实验的条件。使用磁珠［Dynabeads Oligo（dT），货号 25-61005，Thermo Fisher，USA］通过两轮的纯化对带有 PolyA（多聚腺苷酸）的 mRNA 进行特异性捕获。将捕获到的 mRNA 在高温条件下利用镁离子打断试剂盒（NEBNext Ⓒ Magnesium RNA Fragmentation Module，货号 E6150S，USA）进行片段化，94 ℃持续 5~7 min。将片段化的 RNA 通过逆转录酶（Invitrogen SuperScript™ II Reverse Transcriptase，货号 1896649，CA，USA）合成 cDNA。然后使用 E. coli DNA polymerase I（NEB，货号 m0209，USA）与 RNase H（NEB，货号 m0297，USA）进行二链合成，将这些 DNA 与 RNA 的复合双链转化成 DNA 双链，同时在二链中掺入 dUTP Solution（Thermo Fisher，货号 R0133，CA，USA），将双链 DNA 的末端补齐为平末端。再在其两端各加上一个 A 碱基，使其能够与末端带有 T 碱基的接头进行连接，再利用磁珠对其片段大小进行筛选和纯化。以 UDG 酶（NEB，货号 m0280，MA，US）消化二链，再通过 PCR 预变性，在 95 ℃保持 3 min，在 98 ℃变性，总计 8 个循环，每次 15 s，之后退火到 60 ℃并保持 15 s，72 ℃下延伸 30 s，最后在 72 ℃下保留 5 min，使该文库形成片段大小为 300 bp±50 bp 的测序文库。最后，使用 Illumina Novaseq™ 6000（LC Bio Technology CO.，Ltd. Hangzhou，China）按照标准操作对其进行双端测序，测序模式为 PE150。

（2）生信分析

下机原始数据格式为 fastq，使用 fastp（https://github. com/OpenGene/fastp）软件对下机原始数据进行质控，包括去除接头、重复序列和低质量序列，参数为默认参数。使用 HISAT2（https://ccb. jhu. edu/software/hisat2）将测序数据比对到基因组上（Homo sapiens，GRCh38），得到的文件格式为 bam。使用 StringTie 软件（https://ccb. jhu. edu/software/hisat2）对基因或转录本进行组装并用 FPKM

定量[FPKM = total_exon_fragments / mapped_reads (millions)×exon_length(kB)],使用 R 包 edgeR (https://bioconductor. org/packages/release/bioc/html/edgeR. html)对样本之间的差异基因进行分析,当差异倍数超过 2 倍或小于 0.5 倍,且 pvalue<0.05 时,定义为差异表达基因(PEGs)。最后使用 DAVID 软件(https:// david. ncifcrf. gov/)对基因进行 GO 和 KEGG 富集分析。

7.4.2　结果与分析

由宏基因组组装分析结果可知,共计 758139 个重叠群(contig),总长 1794696690 bp,最长 contig 为 299998 bp,GC 含量为 43.09%,N50 为 2730 bp, N75 为 1608 bp,L50 为 181563 bp,L75 为 798969 bp。

1.调节叶面微生物群落结构

统计分析得到,阴性对照组 CK 和处理组 Treat 共有基因 1121761 个,而对照组 CK 和处理组 Treat 特有基因分别有 171084 个和 88555 个,占总基因数的 18.8%(图 7-18),这表明经多功能复合型微生物生物防治粉剂产品处理后,微生物群落功能显著改变。如图 7-19 所示,与阴性对照组 CK 相比,菌剂处理后微生物群落发生一定程度改变,野火病病原菌 *Pseudomonas*(假单胞菌属)丰度明显下降,而拮抗菌如 Bacilli(杆菌纲)丰度显著升高。同时,丰度增加的拮抗菌属会随着不同微量元素的添加而改变。例如,加入 MgSO₄ 后,*Sphingomonas*(鞘脂单胞菌属)丰度增加明显,而配加 MgSO₄ 后,*Bacillus*(杆菌属)丰度增加明显。

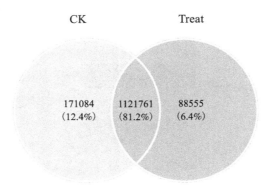

图 7-18　阴性对照组 CK 和处理组 Treat 基因韦恩图

2.抑制病原菌毒素,提高叶面能量获取效率

采用 KAAS(KEGG automatic annotation server)在线注释工具对差异表达基因进行注释,如图 7-20 所示,发现处理组 Treat 相比阴性对照组 CK,其与烟草赤星病和野火病相关的 4 个毒素基因包括 *Rac*、*PAK*1、*CaN* 和 *Brefeldin A* 等均显著减少。

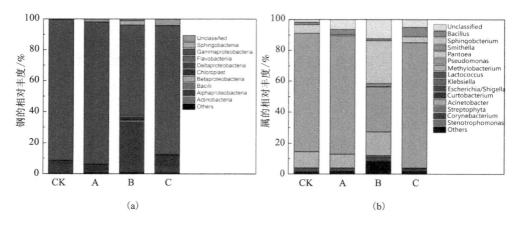

图 7-19　纲水平(a)和属水平(b)的群落组成

(扫本章二维码查看彩图)

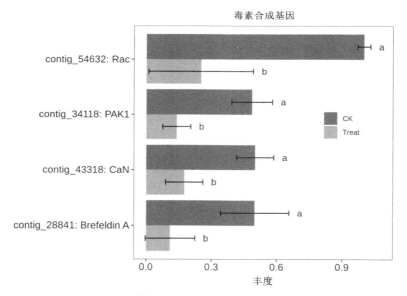

图 7-20　烟草赤星病和野火病相关毒素基因差异图

　　通过进一步对处理组 Treat 的特有基因进行注释分析可知，处理组 Treat 增加了特有光合作用基因(图 7-21)，可提高烟株叶面光合作用效率；增加了特有氧化磷酸化基因(图 7-22)，可提高叶面菌群的能量获取效率和细胞活性。

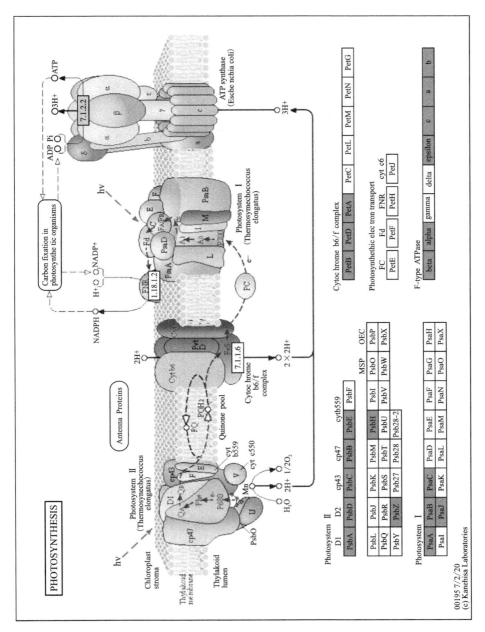

图7-21　处理组 Treat特有光合作用代谢途径

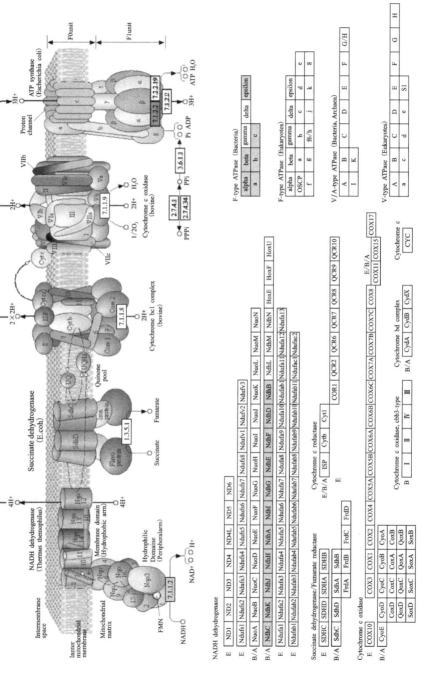

图 7-22 处理组 Treat 特有氧化磷酸化代谢途径

3. 提高烟株抗逆性

病原菌生物膜的形成对侵染植物具有十分重要的作用。经菌剂处理后，病原菌生物膜形成的相关蛋白合成基因丰度显著下降，如甲基化趋化蛋白（WspA）、双鸟苷酸环化酶（WspR，SadC，SiaD，MucR）、多糖合成蛋白（Psl，Pel）和环二GMP 结合蛋白（FimW）。

生长素信号途径不利于烟株对野火病丁香假单胞杆菌的免疫反应。经菌剂处理后，叶面微生物群落生长素反应蛋白编码基因的丰度（SAUR）显著下降，抑制了生长素转导，从而提高了烟株对野火病的抵抗力；叶面微生物乙烯受体蛋白（ETR）编码基因丰度显著提高，进而提高了植物抗病响应速率；叶面微生物油菜素类固醇不敏感 I 型相关受体激酶 1（BAK1）和木糖基转移酶（TCH4）基因丰度显著提高，进而提高了烟株抗病性。

经菌剂处理后，叶面微生物群落调节植物与病原菌的相关蛋白酶，如油菜素类固醇不敏感 I 型相关受体激酶 1（BAK1）、钙依赖性蛋白激酶（CDPK）和呼吸迸发氧化酶（Rboh）显著上升。

4. 调节代谢通路

用 Trinity 软件对所有 6 个样本转录组测序结果进行组装，组装结果显示，共计 305225 个基因，505473 个转录本，GC 含量为 40.08%，contig N50 为 1481，平均 contig 为 837.60。

不同处理结果的重复性相关性热图如图 7-23 所示，结果表明阴性对照组 CK

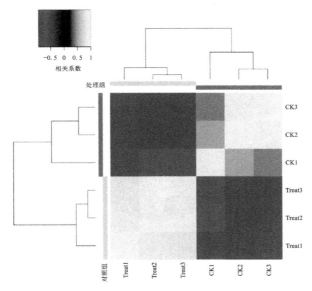

图 7-23　表达差异显著水平 $p < 0.001$ 的转录组样本重复性相关性热图

和处理组 Treat 的平行样本分别聚集在一起,同组样品相关性显著高于不同组样品。同时处理组 Treat 平行样品聚集比阴性对照组 CK 更紧凑。

差异性表达分析表明,224 个转录本在阴性对照组 CK 和处理组 Treat 之间的表达差异比在 4 倍以上($|\log_2 FC| \geqslant 2$)($p < 0.001$,FC 表示差异倍数),如图 7-24 中 MA 图和火山图的红点所示。在这些差异表达转录本中,116(51.79%)个转录本在处理组 Treat 中表达提高了,108(48.21%)个转录本在处理组 Treat 中表达下降了(图 7-25)。

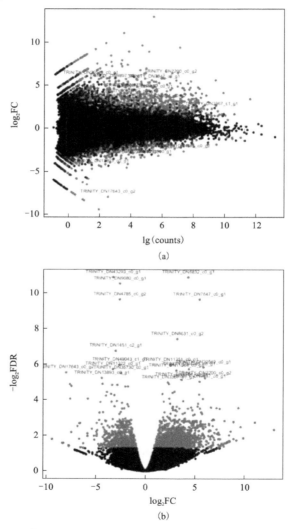

图 7-24 对照组和处理组之间表达差异的 MA 图(a)与火山图(b)

(扫本章二维码查看彩图)

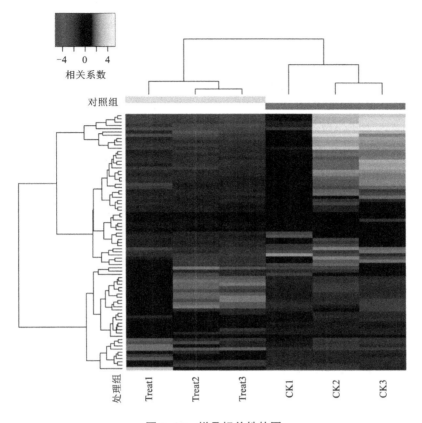

图 7-25　样品相关性热图

（扫本章二维码查看彩图）

采用 KAAS 在线注释工具对差异表达的代谢通路进行了注释。处理组 Treat 中共计 57 条代谢途径显著上调，63 条代谢途径显著下调（$p<0.001$）。由图 7-26 可知，与碳代谢有关的，包括糖酵解途径，戊糖磷酸途径，果糖和甘露糖、淀粉和蔗糖以及乙醛酸和二羧酸等相互转化，光合作用生物碳固定，类胡萝卜素生物合成，细胞色素 P450，MAPK 信号通路，植物激素信号转导，过氧化物酶体等代谢途径均显著上调。由图 7-27 可知，与类固醇生物合成，亚麻酸代谢，甲基氨酸代谢，N-甘油生物合成，视黄素代谢，自噬，细胞周期、凋亡和衰老等有关的代谢途径显著下调。

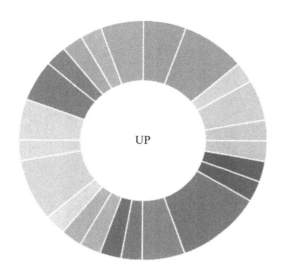

- Glycolysis / Gluconeogenesis
- Pentose phosphate pathway
- Pentose and glucuronate interconversions
- Fructose and mannosc metabolism
- Galactose metabolism
- Ascorbate and aldarate metabolism
- Slarch and sucrose metabolism
- Glyoxylate and dicarboxylate metabolism
- Carbon fixation in photosynthetic organisms
- Methane metabolism
- Arachidonic acid metabolism
- Tryptophan metabolism
- Carotenoid biosynthesis
- Metabolism of xenobiotics by cytochrome P450
- Basal transcription factors
- Ribosome
- Nucleocytoplasmic transport
- mRNA surveillance pathway
- MAPK signaling pathway-plant
- Plant hormone signal transduction
- Endocytosis
- Phagosome
- Peroxisome

图 7-26 处理组 Treat 中上调的代谢通路

（扫本章二维码查看彩图）

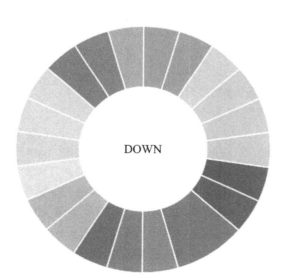

- Amino sugar and nuclcotide sugar metabolism
- Pyruvate metabolism
- Inositol phosphate metabolism
- Photosynthesis
- Fatty acid degradation
- Steroid biosynthesis
- Glycerolipid metabolism
- Linoleic acid metabolism
- alpha-Linolenic acid metabolism
- Cysteine and methionine metabolism
- N-Glycan biosynthesis
- Retinol metabolism
- Phenylpropanoid biosynthesis
- Protein processing in endoplasmic reticulum
- RNA degradation
- MAPK signaling pathway-plant
- Phosphatidylinositol signaling system
- Cell cycle
- Apoptosis
- Cellular senescence
- Plant-pathogen interaction

图 7-27 处理组 Treat 中下调的代谢通路

（扫本章二维码查看彩图）

5. 提高病原菌侵染烟株免疫应答

采用北京大学植物转录因子数据库 PlantTFDB（http://planttfdb. cbi. pku. edu. cn/），对差异表达的转录因子（TF）进行预测，结果如表7-9所示，有5个TF在 Treat 组中的表达显著上调。许多编码 C_2H_2 锌指结构域的基因已在植物中得到表征。ZF（锌指）序列（CX2-4CX3FX5LX2HX3-5H）包含两个半胱氨酸和两个组氨酸，它们协调一个锌原子，形成一个紧密的核酸结合域。表征此类蛋白质大多是 DNA 结合转录因子，且在植物发育中起着至关重要的作用。

表 7-9　TF 预测结果

转录因子	谱录
TRINITY_DN1127_c0_g1_i2_3	NAC
TRINITY_DN3971_c0_g1_i14_3	bZIP
TRINITY_DN6082_c0_g1_i3_1	C2H2
TRINITY_DN644_c0_g1_i4_2	G2-like
TRINITY_DN644_c0_g1_i7_1	G2-like

GLK 蛋白是最近归类的 GARP 转录因子超家族成员，这些转录因子由玉米中的 G2、拟南芥响应调节器-B（ARR-B）蛋白和衣藻的磷酸盐饥饿响应 1（PSR1）蛋白定义。在 G2 中，大多数转录因子的 4 个定义特征中的 3 个已在异源系统中得到实验验证。G2 是核定位的，能够反式激活报告基因的表达，具有 ZmGLK1 DNA 结合活性的 GLK 蛋白可否同源二聚化和异源二聚化还有待证明，但确定的是，假定的 DNA 结合域与其他 GARP 蛋白的域都高度保守，例如 ARR1 和 ARR2。值得注意的是，ARR1 和 ARR2 已被证明可与 DNA 结合，因此，GLK 蛋白可能是叶绿体发育的转录调控因子。

进一步研究发现，处理组 Treat，在盐/干旱/渗透胁迫代谢通路中，可编码 CAT1 蛋白；在防御应答代谢通路中，编码 EIN2 蛋白的相关基因上调（图 7-28）。植株响应环境压力时，如被病原菌侵染，则 H_2O_2 含量上升，H_2O_2 虽具有杀菌作用，但会损伤植株机体；菌剂+$MnSO_4$ 处理后，CAT1（过氧化氢酶）基因表达上调，H_2O_2 含量降低，减少了对烟株细胞的损伤。而病原侵染代谢通路中，编码 FLS2 蛋白的相关基因下调（图 7-29），植株响应环境压力时，如被病原菌侵染时，H_2O_2 含量上升，其虽具有杀菌作用，但会损伤植株机体；菌剂+$MnSO_4$ 处理后，CAT1（过氧化氢酶）基因表达上调，H_2O_2 含量降低，减少了对烟株细胞的损伤。

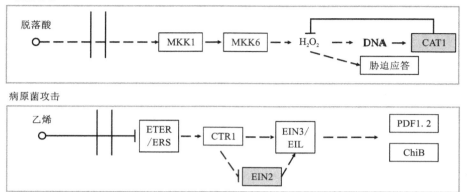

图 7-28　处理组 Treat 中上调基因相关代谢通路

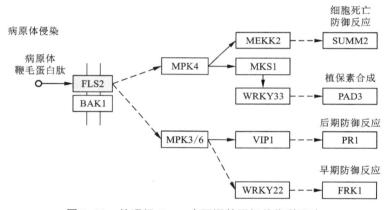

图 7-29　处理组 Treat 中下调基因相关代谢通路

7.5　多功能复合型粉剂产品示范与推广

7.5.1　技术措施

1. 选用品种

选用 K326、云烟 87 等优良抗病品种，具体品种由各地烟草公司指定。

2. 农业栽培技术

1）规范化健身栽培。实行健身栽培全覆盖，推行大棚漂浮式育苗和小苗膜下移栽及银灰色地膜覆盖技术,科学配方施肥。

2)提前打脚叶。及时清理下脚叶,湘中南在 4 月底、湘西北在 6 月初提前采收下部烟叶。采收后及时处理田间病残叶,烟叶采烤结束后,将烟秆、烟蔸、残叶收集上岸,集中烧毁,减少田间病菌残存量。

3. 药剂防治

团棵期采用 800 倍波尔多液喷施,以预防赤星病和野火病发生。在发病初期施用多功能复合型生物防治粉剂防治,间隔 7 天按照《烟草病虫害分级及调查方法》(GB/T 23222—2008)进行病害调查,按照《烟草农艺性状调查测量方法》(YC/T 142—2010)调查各处理烟株的农艺性状。

7.5.2 示范与推广

在湖南省郴州、永州、湘西、衡阳和长沙产区示范推广约 10000 亩,示范区现场烟株长势良好,烟种处于成熟采收期,每株烟草有效叶数为 11~12 片。病害调查结果表明,示范区野火病的发病率为 70.03%、病情指数为 8.90;常规防治区野火病的发病率为 89.13%、病情指数为 11.21。示范区烟草野火病的相对防治效果为 61.60%,常规防治区的相对防治效果为 51.64%,示范区相对防治效果高于常规防治区,防治效果良好。农艺性状结果表明,示范区烟株株高 106.4 cm、茎围 9.0 cm、有效叶数 11 片、最大叶面积 1437.2 cm^2;常规防治区烟株株高 103.8 cm、茎围 9.2 cm、有效叶数 11 片、最大叶面积 1429.8 cm^2。示范区株高、最大叶面积等农艺性状均优于常规防治区。从表 7-10 可以看出,示范区和常规防治区中部烟叶还原糖含量均偏高,上部烟叶还原糖含量均适中;中部和上部烟叶烟碱含量均适中;中部和上部烟叶总氮含量均适中;上部烟叶氯含量适中,中部烟叶氯含量均偏低;中部和上部烟叶钾含量均适中;中部烟叶糖碱比适中,但上部烟叶偏低;氮碱比均适中。总体来看:示范区和常规防治区中部烟叶氯含量均偏低,上部烟叶糖碱比略低;此外,示范区和常规防治区各部位烟叶化学成分协调性较适宜,生物防治菌剂对烤后烟叶内在化学成分的影响不大。

表 7-10 示范区烟叶品质分析

	等级	还原糖含量/%	烟碱含量/%	总氮含量/%	氯/%	钾含量/%	还原糖含量/烟碱含量
示范区	C3F	22.9	2.29	1.92	0.21	2.59	10
	B2F	20.3	2.63	2.18	0.4	2.33	7.72
常规区	C3F	23.4	2.38	2.04	0.16	2.24	9.83
	B2F	20.7	2.73	2.37	0.38	2.18	7.58

第8章　微生态技术在植烟土壤保育中的应用

8.1　微生态技术及产品形式

扫码查看本章彩图

8.1.1　微生态技术概念

微生态技术是一种利用有益微生物之间相互作用原理来改良植烟土壤理化生物学特性，促进植烟土壤养分利用，抑制植烟土壤病原菌的技术。当前，随着微生物肥料、微生物菌剂、微生物土壤调理剂和微生物农药等微生态技术产品的大面积施用，微生态技术在植烟土壤保育中得到广泛应用，极大地提升了土壤肥力，有效改善了烟叶品质。

8.1.2　产品形式

1. 微生物肥料

微生物肥料是一种利用微生物或微生物代谢产物来为作物生长提供养料的农用物资。微生物肥料是一种活体肥料，含有大量的有益微生物。微生物肥料可根据不同土壤类型，科学、合理选择微生物菌株，当前常见菌株有枯草芽孢杆菌、假单胞杆菌、芽孢杆菌等。在烟草种植过程中，施用微生物肥料，不仅能有效减少化学肥料的用量，提高肥料利用率，还能有效解决烟区环境恶化、土壤板结、肥力不足等问题，为烟株生长提供优良的土壤环境，不断提升烟叶的产量、质量。

当前，我国使用的微生物肥料主要有两种类型：

1）传统微生物肥料：该类型肥料包含病原菌、固态菌、毛霉等，其中毛霉能有效分解植烟土壤中一些较难溶解的矿物质，并将其转化成养分供作物吸收利用。

2）现代微生物肥料：该类型肥料是采用现代微生态技术生产，由单一或复合菌株共同构成并具有一定土壤保育功能的生物肥料。该类型肥料不仅能活化土壤中的有效成分、提高土壤肥力，还能直接为烟株生长提供养料。

在烟草种植过程中，微生物肥料发挥着非常重要的作用。微生物肥料能分解植烟土壤里的有机物，使其成为能够被烟草作物吸收的形态，从而提高土壤养分的吸收效率，促进烟株生长。微生物肥料可优化区域生态环境，有效改善烟草生长空间。微生物分解土壤后使得土壤转换成新的结构，可以累积并保持其中的水分和养分。微生物肥料在一定程度上能增强烟草抵抗病虫害的能力。此外，微生物肥料可通过新陈代谢产生多种微量元素，这些元素有利于烟草的发育，对生态系统、区域环境均能起到积极的作用

2. 微生物农药

微生物农药是一种利用微生物或微生物代谢产物来消灭土壤根茎类病害的农用物资。其中活体微生物农药与农药抗生素是微生物农药的重要组成部分。微生物农药主要是借助病毒、细菌等不同微生物的生物特征来杀灭害虫，其中细菌的杀虫效果较为显著。微生物农药具有安全、高效、绿色环保等优势，不会危害生态环境和人与动物等，能够满足生态建设的基本要求，深受广大烟草种植户的好评。

微生物农药在农业种植领域广泛应用，可有效抑制虫害、病害，使有害病菌难以在土壤中存活下来，为作物提供良好的生长环境。烟草在生长期间会受到各种土传病虫害的侵袭，其中以黑胫病、根黑腐病、青枯病、病毒病、根结线虫病居多。针对烟草种植期间产生的烟草黑胫病，可借助非致病性双核丝核菌 BNR 进行防治，其相对防治效果为 40% ~ 70%；针对青枯病，可使用枯草芽孢杆菌进行防治，防治效果也较为显著；针对花叶病，可借助宁南霉素进行有效防治。需要注意的是，相比普通农药，微生物农药药效的充分发挥需要较长时间。为此，在使用微生物农药时要提前做好病虫害的监测，在病虫害刚要发生或即将发生时使用微生物农药，否则难以获得理想化的防治效果。

3. 微生物土壤改良剂

微生物土壤改良剂是借助微生物活性来分解和代谢土壤，达到改良土质的目的。微生物土壤改良剂进入土壤后，会使原来的微生物成分发生改变，并重新组合菌群，有益微生物占据大多数，会夺取病原菌的营养，从而能够改善土壤环境。微生物土壤改良剂有助于将土壤中的各类元素和土壤结构转化为更加有利于植物生长的条件，维持土壤营养成分与水分含量处于最佳状态，显著提高作物成活率。与此同时，微生物土壤改良剂能促使土壤中的酶保持在平衡状态，不断增强

土壤的自然肥力，为烟草提供充足的养分。我国大部分烟区处于山区，土壤非常贫瘠，使用微生物土壤改良剂可改善山区土壤环境，为烟草创造最佳生长环境，显著提高烟草的产量及质量。需要注意的是，微生物土壤改良剂具有一定延后性，在实际应用过程中，要提前播撒，并根据土壤中的有机质情况，合理补充有机质物料，这样才能使其更好地发挥作用，加快土壤有机质的分解速度，改善土壤环境。在烟草种植过程中通常会过量施用氮肥，因此导致烟株的烟碱含量过高，此时，可通过使用微生物改良剂来缓解此类问题。

8.2 微生态技术改良植烟土壤理化生物学特性

8.2.1 研究目的

微生态技术可改良植烟土壤理化生物学特性，抑制烟草病害，促进烟草生产。本节研究了微生物菌剂对植烟土壤理化生物学特性的影响，以及烟草生长性状、叶片光合色素合成、构建细菌群落与烟草生长之间的关系，结果表明根际细菌群落结构可有效调控植物的光合色素合成，并促进植物生长。而微生物菌剂通过调节土壤细菌群落可以间接提升烟草烟叶品质，为烟叶品质提升新技术的开发提供理论支持。

8.2.2 材料与方法

1. 试验设计

本试验在中国湘西花垣农业科技园（109°27′5″E，28°24′57″N）进行。以湘西州花垣试验基地烟叶品质差的土壤和鲜烟叶样品为试验材料，筛选到了多种对烟草病原微生物（青枯菌、根黑腐病和病原真菌）有拮抗作用的有益微生物，获得了一系列有益的细菌和真菌。2019年选用2种微生物功能菌剂田间配方（表8-1）在湘西州花垣试验基地进行了烟叶品质生物菌剂防治试验。将试验田均匀划分为18个样地（3个处理组×6个重复），每个样地种植168株幼苗。3个处理组包括两种微生物菌剂处理组（AG_1和AG_2，由中国科学院微生物研究所叶健教授提供）和1个对照组（CK_AG），在烟苗移植时施用微生物菌剂。2019年8月开展了烟草常见病害发病率调查、根际土壤取样、植物取样和植物生长特性调查。

表 8-1　微生物功能菌剂处理配方

处理	菌株	菌株代号	配方
AG_1	1 种噬几丁质菌	Ae27	助溶剂+干燥菌剂 24 g
AG_2	4 种芽孢杆菌	NMB1+ NMB3+ NMB4	助溶剂+干燥菌剂 24 g（1.2：1.5：1.5）

2. 测定项目与方法

（1）土壤理化参数测定

将土壤样品风干过筛后送往中国科学院南京地理与湖泊研究所进行 pH、有机质、全氮、铵态氮、硝态氮、速效钾和有效磷的测定。

（2）DNA 提取、PCR 扩增及测序

称取 0.5 g 土壤样品，经液氮处理后，使用 FastDNA © Spin Kit for Soil（MP Biomedicals，Santa Ana，CA）试剂盒按说明书提取土壤总 DNA。利用引物对 341F（5′-CCTACGGGNGGCWGCAG-3′）和 806R（5′-GACTACHVGGGTATCT AATCC-3′）扩增 16S rDNA 的 V3-V4 区，引物中添加长度为 12 bp 的条带（barcode）。使用 BioRad S1000（Bio-Rad Laboratory，CA，USA）进行 PCR 扩增，PCR 反应体系为：25 μL 2× Premix Taq（Takara Biotechnology，Dalian Co. Ltd，China），上下游引物（10 μm）各 1 μL，3 μL DNA 模板（20 ng/μL），最终体积为 50 μL。PCR 过程设定为：94℃ 预变性 5 min；94℃ 变性 30 s，52℃ 退火 30 s，72℃ 延伸 30 s，共 30 个循环；在 72℃ 下延伸 10 min。

PCR 产物的长度和浓度用 1% 的琼脂糖凝胶电泳检测，根据 GeneTools Analysis Software（Version 4.03.05.0，SynGene）测定并等量混合。混合后的 PCR 产物用 E.Z.N.A. 凝胶萃取试剂盒（Omega，USA）纯化。使用 Illumina ©（New England Biolabs，MA，USA）的 NEBNext © Ultra™ II DNA Library Prep Kit 生成测序文库。使用 Qubit@ 2.0 荧光仪（Thermo Fisher Scientific，MA，USA）对测序文库质量进行评估。最后在 Illumina Nova6000 平台（广东美格生物科技有限公司）上进行测序，获得 250 bp 的双端 reads。

（3）数据分析与统计分析

利用广东美格生物科技有限公司提供的测序原始数据（Fastq 格式）在实验室服务器上进行数据处理和统计分析。在俄克拉何马大学环境基因组学研究所开发的 Galaxy 平台（http://zhoulab5.rccc.ou.edu:8080/root）上进行原始数据处理，生成 OTU 表和每个 OTU 的代表序列。分析的简要流程为：用 Flash（Version 1.0）将上下游 reads 进行组装，利用 Btrim（Version 1.0）去除质量较低（QC 评分<20，长度<250 bp）的序列，进一步去除含有′N′碱基的序列，并保留长度为 400~440 的目的序列，最后使用 UPARSE（version usearv7.01001_i86linux64）删除嵌合体，基

于 97% 的相似水平将序列分配到 OTU，删除没有相似序列的单一序列。最终每个样本的序列数量在 33953 至 45904 之间，通过随机重抽样处理将所有样本重抽样至 33953。所有下游分析都使用重抽样后的 OTU 表。原始数据提交至 NCBI SRA 数据库，Bioproject 登录号为 PRJNA687637。利用 RDP 分类器（http://rdp.cme.msu.edu/classifier/classifier.jsp）将代表序列与 16S rRNA 数据库进行比对，并对每个 OTU 进行不同水平（门纲目科属）的分类。

在 R 平台（Version 4.0.3）利用 vegan 包（版本 2.5~7）计算微生物群落 α 多样性指数和 β 多样性指数。采用 LDA Effect Size 分析（LefSe）明确各处理间存在显著差异的微生物类群。使用 R 软件上的 aov 和 TukeyHSD 包进行方差分析（ANOVA）和 T-检验，以确定组间差异是否显著，p 值小于 0.05 为差异显著。采用 R 平台 corrplot 包进行 Pearson 相关性分析，采用 PLSPM 包构建 PLSPM 模型。

8.2.3 结果与分析

1. 对根际土壤理化特征的影响

通过分析根际土壤理化特征，可知：不同微生物菌剂处理均显著提高了根际土壤 pH（表 8-2），而对其他土壤性质包括有机质、总氮、有效磷、速效钾、铵态氮和硝态氮含量等均无显著影响；微生物菌剂处理对烟草农艺性状，包括株高、茎围、叶长、叶宽、叶面积和叶片数没有显著影响（表 8-3）；微生物菌剂 AG1 和 AG2 处理显著提高了烟草叶片内叶绿素 a 的含量，但对其他光合色素的含量均无显著影响（图 8-1）。此外，微生物菌剂处理有效抑制了植物土传病害（根茎类病害）的发病率（图 8-1）。

表 8-2 微生物菌剂处理后烟田根际土壤理化特性

处理方式	pH	OM/%	TN/(mg·kg⁻¹)	AP/(mg·kg⁻¹)	AN/(mg·kg⁻¹)	NN/(mg·kg⁻¹)	AK/(mg·kg⁻¹)
AG1	6.16± 0.12a	4.01± 0.79a	1668.4± 477.9a	47.78± 7.57a	71.95± 7.68a	93.74± 17.26a	831.7± 46.2a
AG2	6.29± 0.13a	4.53± 0.50a	1618.9± 270.3a	45.53± 13.94a	70.51± 10.18a	103.32± 10.17a	823.9± 71.2a
CK_AG	5.90± 0.10b	4.25± 0.51a	1252.0± 310.7a	35.10± 7.51a	71.81± 11.06a	95.59± 14.84a	822.2± 126.6a

注：OM 为有机质含量，TN 为全氮含量，AP 为有效磷含量，AN 为铵态氮含量，NN 为硝态氮含量，AK 为速效钾含量。结果为 6 个重复的平均值和标准差。结果后不同字母表示差异显著（$p<0.05$）。

表 8-3　微生物菌剂处理后烟株农艺性状

处理方式	株高/cm	茎围/cm	叶长/cm	叶宽/cm	叶面积/cm²	叶片数
CK_AG	68.07± 10.27a	7.62± 0.90a	60.83± 2.03a	27.97± 2.06a	1103.6± 68.4a	14.4± 1.2a
AG1	72.57± 11.07a	8.23± 0.64a	62.27± 2.90a	27.83± 1.14a	1071.5± 74.4a	14.9± 1.6a
AG2	69.27± 8.94a	7.92± 0.43a	61.77± 1.79a	27.28± 1.40a	1090.5± 106.7a	15.2± 1.1a

注：叶长、叶宽、叶面积代表最长叶的相关含量。结果为 6 个重复的平均值和标准差。结果后不同字母表示差异显著($p<0.05$)。

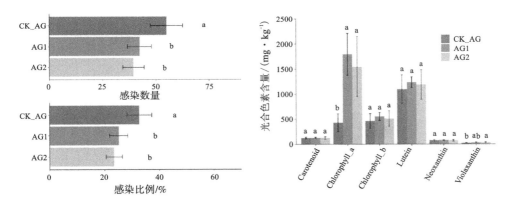

图 8-1　微生物菌剂处理后烟株青枯病的发病率和光合色素含量

2. 烟草根际土壤细菌群落分析

16S rDNA 基因高通量测序结果表明微生物菌剂处理对根际土壤细菌群落多样性指数没有显著影响(图 8-2)。但与未处理对照组相比，微生物菌剂处理显著改变了细菌群落结构(ADNOIS $F=1.83$，$p=0.027$，基于 Bray-curtis 距离)。微生物菌剂处理对根际细菌群落组成的影响不明显(图 8-3)。由韦恩图可知，所有样品中有 3322 个核心 OTU，与对照组根际土壤(CK_AG 为 234)相比，微生物菌剂处理组根际土壤的特有 OTU 略有增加(AG1 为 301，AG2 为 254)。微生物群落变化和特有 OTU 的增加可能是植物土传病害发生率降低的重要原因，因为植物健康与根际微生物群落密切相关，故在一定程度上根际微生物群落多样性可以抑制植物土传病害的发生。

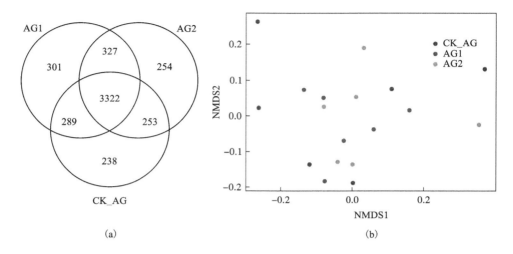

(a)   (b)

图 8-2　微生物菌剂处理烟田根际微生物群落组成分析

（扫本章二维码查看彩图）

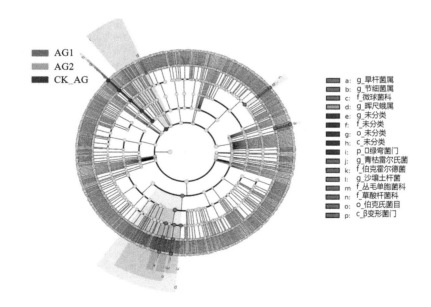

图 8-3　微生物菌剂处理烟田根际微生物群落 LEFSE 分析

（扫本章二维码查看彩图）

采用气泡图(图 8-4)和 LEFSE(LDA > 3.5)进一步分析根际细菌群落组成的变化,结果表明,微生物菌剂 AG1 处理增加了干旱杆菌属、节肢杆菌属、*Ralstonia* 属和 *Ramlibacter* 属的相对丰度,AG2 处理增加了 *Solitalea* 属的相对丰度(图 8-5)。Proteobacteria 是根际土壤细菌群落 29 个门中相对丰度最高的门(占细菌群落的 38.63%)(图 8-5)。*Gemmatimonas* 是相对丰度最高的属,占细菌群落的 6.35%,其后依次为 *Gp3*(5.08%)、*Gp1*(3.30%)、*Sphingobium*(3.22%)、*Saccharibacteria_genera_incertae_sedis*(3.03%)和 *Sphingomonas*(2.96%)。同时典型的硝化细菌 *Nitrospira* 属在烟草根际土壤中丰度较高。

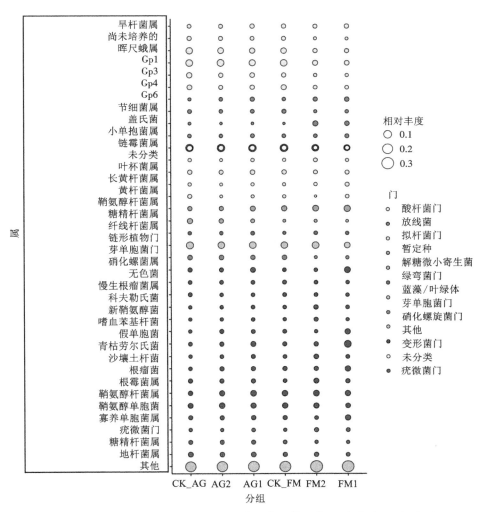

图 8-4　微生物菌剂处理烟田根际土壤细菌群落组成(门和属水平)气泡图

(扫本章二维码查看彩图)

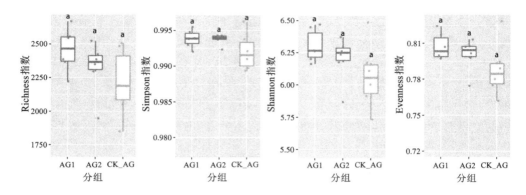

图 8-5　微生物菌剂处理烟田根际微生物群落多样性

3.烟草植物光合色素、土壤理化性质及细菌群落分析

虽然微生物菌剂处理对土壤和作物的影响不如熏蒸处理大，但土壤和作物均对微生物菌剂处理产生了积极响应，特别是土壤 pH 增加，降低了植物土传病害发生率。土壤酸化是引起植物土传病害暴发的主要因素之一，因此，无论是熏蒸处理还是微生物菌剂处理，土壤 pH 与烟草土传病害发病率均呈负相关。叶片叶绿素 a 含量与植物病害发生率呈负相关，这是因为病害感染抑制光合色素的合成，而光合色素的合成可以增强植物对病原微生物的免疫力。然而，微生物菌剂处理和熏蒸处理根际土壤的细菌群落多样性(即丰富度和 Shannon 多样性)与植物生长的相关性存在差异。许多相关研究中发现植物受益于根际微生物群落多样性，而本章研究表明，熏蒸处理后细菌群落多样性与植物生长特性之间存在显著负相关($p<0.05$)，这可能是由于熏蒸处理后微生物群落重建，群落多样性减少，群落均匀性增加，群落功能发生变化。在此背景下，熏蒸处理后微生物群落多样性与植物病害发生率之间异常的正相关就很容易理解。

为了探索微生物菌剂和熏蒸处理提升烟叶品质的关键影响因素，构建了PLSPM 模型来评估各因素对烟叶品质的直接和间接影响(图 8-6)。总体而言，土壤理化性质、微生物群落多样性、光合色素含量、植物病害和烟草农艺性状对微生物菌剂处理具有更多的积极响应。其中，微生物菌剂处理中细菌群落多样性对植物生长的直接影响(0.6166)强于熏蒸处理(-0.0061)；熏蒸处理中细菌群落多样性对土壤性质的影响(-0.4783)强于微生物菌剂处理(0.1624)。因此微生物菌剂中的促生细菌(PGPB)可能直接影响烟草的农艺性状，从而促进植物生长；但熏蒸可能通过改变具有驱动养分转化、影响植物健康和调节植物生长功能的微生物群落，间接促进植物生长。

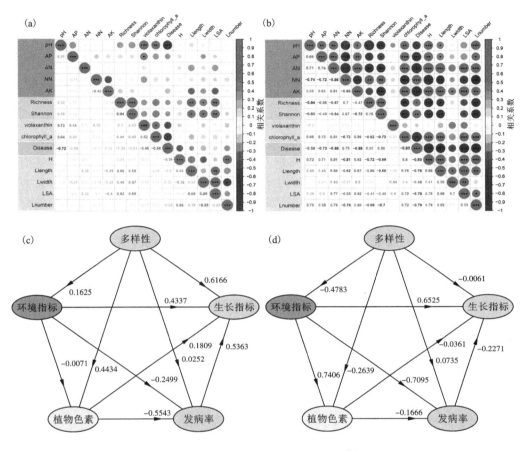

（a）和（c）为微生物菌剂处理；（b）和（d）为熏蒸处理

图 8-6　土壤理化性质、微生物群落多样性、光合色素含量、
植物病害与植物生长的相关关系及 PLSPM 模型
（扫本章二维码查看彩图）

8.2.4　讨论和结论

微生物菌剂处理对烟草根际微生物群落多样性没有显著影响，但增加了土壤干旱杆菌属、节肢杆菌属、*Ralstonia* 属、*Ramlibacter* 属和 *Solitalea* 属等微生物丰度，有利于提升烟草品质。微生物菌剂中的促生细菌（PGPB）可改善烟草的生长性状，促进植物生长。此外，微生物菌剂处理后根际土壤 pH 增加，有效改善了土壤酸化的问题。

8.3 微生态技术促进植烟土壤养分利用

8.3.1 研究目的

土壤中的磷和钾主要是以矿物态存在，很难被植物直接吸收利用。农业上，长期使用大量的化学肥料来解决土壤肥力不足的问题，容易造成土壤结构破坏、有机质含量下降、土壤板结等环境问题。因此，开发环境友好型的生物肥料是构建农业可持续发展的重要途径。土壤中包含数量巨大、种类繁多的微生物，其中许多微生物对于土壤肥力的转化和供给具有重要作用，是研究微生物肥料的重要材料。目前常见的溶磷解钾功能菌有假单胞杆菌、芽孢杆菌等，它们能够高效溶解土壤中的难溶性磷和钾，提高土壤中磷和钾的含量，促进植物生长发育。

解钾微生物菌剂包含多种复合菌株，其菌种之间相互协作，在实验室条件下表现出高效的解钾功能。然而在实际应用中，施加环境的复杂多变、土壤微生物群落的丰富多样等，这些非生物与生物因素都极大地影响了微生物菌剂的效果。目前已有的微生物菌剂大多由单一的功能菌制成，如何保证功能菌在新环境中成功定殖是生物菌剂成功的一项决定性因素。混合型的微生物菌剂由多种菌剂共同组成，微生物之间相互作用，关系紧密，本身就是一个比较稳定的群落，因而在施加的时候能够更加有效地定殖。分析三种群落结构显著不同的微生物菌剂在施加后对土壤性质以及土壤微生物群落的影响，探究土壤微生物群落的变化，不但有助于我们了解微生物菌剂发挥作用的途径，更有助于我们认识影响微生物菌剂大田效果的因素，提高菌剂施用效果。

8.3.2 材料与方法

1.解钾菌群的筛选与富集

配制钾长石粉培养基，于 50 mL 锥形瓶中装入 40 mL 培养基，121 ℃ 灭菌 20 min。待培养基冷却至室温后，每个土样分别称取 4 g 放入相应培养基，在温度 40 ℃、转速 180 r/min 条件下培养 48 h。吸取 4 mL 上清菌液至新配制好的 40 mL 钾长石培养基中，传代培养 48 h，连传五代进行富集。

2.摇瓶发酵实验

配制培养基(将钾长石粉去除，其他成分不变)并分装(方法与上述一致)，每个土样称取 10 g 并分装，121 ℃ 灭菌 20 min。待培养基冷却至室温后，将土样放入相应培养基，并加入之前传代富集好的菌液 4 mL，在温度 40 ℃、转速 180 r/min 条件下培养 8 天。

将摇瓶中的培养液在 6000 r/min 条件下，离心 20 min，离心两次后将底部土壤混合物取出，然后在 105 ℃ 烘箱中烘干。将各地区原土壤各取 10 g，用蒸馏水溶解后按上述方法进行两次离心，之后将离心管底部土壤混合物取出烘干。

将烘干的土壤研磨充分，用 DELTA 系列合金分析仪进行全元素分析，测得浸出后土壤和原土壤的固态难溶钾含量，计算难溶钾的浸出率，筛选出解钾能力比较强的菌群，浸出率计算公式为：

$$浸出率 = (K_{原} - K_{后}) / K_{原}$$

3. 大田试验

将摇瓶发酵实验筛选出的解钾能力最强的三种菌群，在湖南省微生物研究院进行高密度发酵扩大培养，大田试验在 2016 年 3 月的烟草幼苗期实施，试验区设置在湖南省永安镇烟草技术推广站烟草试验田中。对试验田进行区域划分，每隔一个月将解钾菌群发酵液浇灌于烟草根际土壤，每种菌群以及空白对照设置三个平行。试验为期 3 个月。试验结束时取烟草根际土样进行后续微生物多样性分析，并分析土壤中钾元素的含量。

4. PCR 扩增及高通量测序

将筛选出的解钾能力最强的三种菌群的发酵液，用 TIANGEN 细菌 DNA 提取试剂盒提取 DNA；从烟草根际土壤取回的土样，经 Omega 土壤 DNA 小量提取试剂盒提取得 DNA，提取方法参照试剂盒说明书。对提取得到的 DNA 经 PCR 反应后，进行 16S rDNA 分子鉴定，对测序结果进行多样性分析。PCR 扩增采用的是 16S rDNA 通用引物，序列为：Forward_primer_515F 5′-GTGCCAGCMGCCGCGGTAA-3′ Reverse_primer_806R 5′-GGACTACHVGGGTWTCTAAT-3′。PCR 反应体系：2xTaq PCR MasterMix 12.5 μL，正向/反向引物(10 μm) 1.0 μL，模板 DNA(20~30 ng/μL) 1.0 μL，ddH$_2$O 9.5 μL。PCR 反应条件如下：94 ℃ 预变性 1 min；94 ℃ 变性 20 s，57 ℃ 退火 25 s，68 ℃ 延伸 45 s，循环数为 30；68 ℃ 延伸 10 min；反应结束后保存温度为 4 ℃。

5. 微生物多样性分析

对测序结果进行统计学的分析，主要考虑菌液和土壤中微生物群落的相对丰度以及多样性差异。首先，为获取微生物群落最直观的丰度信息，绘制柱状图对所有样品中的微生物群落(主要是细菌，基于门的水平)的结果进行呈现。随后通过比较大田试验中对照组与各处理组的烟草根际土微生物群落的相对丰度差异，推测可能影响土壤中钾元素变化的微生物群落。为更好地理解整个土壤生态环境的特性，通过 R 软件中的 vegan 包计算出包括 Shannon-Wiener 多样性指数、Simpson 和逆-Simpson 丰富度指数，以及 Pielou 均匀度指数在内的几类 α 多样性指数，对微生物群落结构进行多样性描述。

8.3.3 结果与讨论

1.解钾微生物菌群的解钾效果

经过摇瓶发酵试验初筛,得到钾元素浸出率测定结果(表8-4)。其中解钾能力最好的三个菌群,分别来自土样大围山1(DS)、大围山2(DW)、淳口鸭头1(CY)。将三个菌群的富集液保藏好,以便后续实验使用。

表8-4 钾元素浸出率测定结果

地点	$K_{原}$	平均值	$K_{后}$	平均值	浸出率
淳口鸭头1	1.19	1.187	1.12	1.12	5.64%
	1.18		1.09		
	1.19		1.15		
淳口鸭头2	1.12	1.12	0.84	1.07	4.46%
	1.10		1.05		
	1.15		1.09		
沙口秧田1	1.38	1.38	1.34	1.34	2.90%
	1.39		1.34		
	1.37		1.34		
沙口秧田2	1.43	1.45	1.39	1.393	4.14%
	1.49		1.41		
	1.44		1.38		
沙口秧田3	1.48	1.48	1.40	1.40	5.4%
	1.54		1.37		
	1.43		1.43		
大围山1	1.64	1.61	1.52	1.52	5.59%
	1.63		1.52		
	1.56		1.54		
大围山2	1.75	1.74	1.55	1.59	8.62%
	1.74		1.62		
	1.73		1.60		

2. 解钾微生物菌群的群落结构与多样性分析

富集后的三组解钾微生物菌剂的群落多样性之间表现出显著差异(表 8-5),基于 Shannon 指数和 Pielou 均匀度指数都表现出了相似的结果,其中 DW 组的多样性明显高于 CY 组和 DS 组。同时,基于 ADONIS 分析,三组解钾微生物群落结构之间也表现出了显著差异(表 8-6 和图 8-7)。在 OTU 水平,CY、DW 和 DS 三组分别检测到了 120 个、235 个和 149 个 OTU,三组共有的 OTU 有 29 个。在门水平上,包括 *Firmicutes*、*Proteobacteria* 和 *Bacteroidetes* 在内的主要属在三组解钾微生物群落中相对丰度的次序一致。在属水平上,微生物群落由 45 种已知的属组成,其中大多数属的相对丰度在三组微生物菌剂中表现出了显著差异。比如,在 DW(22.46%)和 DS(43.94%)两组中相对丰度最高的属 *Clostridium sensu stricto* 在 CY 组中只有 0.08%。三组解钾微生物菌剂的群落多样性和群落结构之间均表现出了显著差异,但是其解钾能力却没有显著差异,推测原因可能是三组解钾微生物菌剂中具有解钾功能的微生物在种类和丰度上都有显著差异。例如,*Pseudoxanthomonas* 在 CY(2.62%)和 DS(3.57%)两组中是高丰度的属,而在 DW 组(0.21%)中是低丰度的属;*Sphingomonas* 和 *Bacillariophyta* 在 CY 组和 DW 组中是低丰度的属,而在 DS 组中没有检测到。

表 8-5　解钾微生物菌剂的解钾能力和群落多样性

组别	解钾效率	Simpson 指数	Shannon 指数	Pielou 均匀度指数	Chao1 值
CY	5.623%± 0.021a	0.794± 0.148a	2.391± 0.499b	0.519± 0.107ab	10026.104± 2596.430a
DW	8.613%± 0.025a	0.911± 0.021a	3.158± 0.156a	0.598± 0.034a	8882.922± 963.132a
DS	7.098%± 0.003a	0.761± 0.040a	2.024± 0.076b	0.421± 0.014b	8619.688± 3149.420a

表 8-6　钾微生物菌剂群落组成的不相似性分析

组别	CY 组		DW 组	
	R2	显著性	R2	显著性
DW	0.681	0.012		
DS	0.795	0.020	0.843	0.006

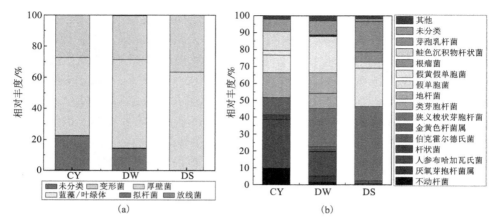

图 8-7 解钾微生物菌剂群落的组成图

(扫本章二维码查看彩图)

3. 大田试验效果

通过 ANOVA 分析，四个处理组的大田土壤都检测出了显著差异性。表 8-7 和图 8-8 显示了速效钾(AK)的含量在实验组和空白组之间都有显著差异($p<0.05$)，并且在 FCY 组和 FDS 组中 AK 的含量明显高于 CK 组，几乎是 CK 组的两倍。同时，实验组中总氮元素的含量明显高于空白组，包括 NO_3^- 和 NH_4^+ 的含量。

表 8-7 大田土壤中营养成分的 ANOVA 分析

组别	AK 含量/ (mg·kg⁻¹)	TP 含量/ (mg·kg⁻¹)	TOC 含量/ %	TN 含量/ (mg·kg⁻¹)	NO₃⁻-N 含量/ (mg·kg⁻¹)	NH₄⁺-N 含量/ (mg·kg⁻¹)
CK	298.77± 25.97	510.36± 67.53	1.76± 0.0742	5133.60± 368.8	79.01± 5.25	2.16± 0.3914
FCY	590.46± 75.07	538.95± 74.27	1.73± 0.0474	5282.60± 70.5	141.59± 32.12	3.27± 0.4952
FDW	436.18± 53.96	633.90± 130.02	1.75± 0.1406	5589.60± 397.9	164.71± 31.75	2.92± 0.4714
FDS	629.81± 64.54	625.50± 74.03	1.79± 0.0222	6362.60± 396.6	152.69± 11.09	3.65± 0.4665
P(ANOVA)	c, a, b, a	a, a, a, a	a, a, a, a	b, b, b, a	b, a, a, a	b, a, ab, a

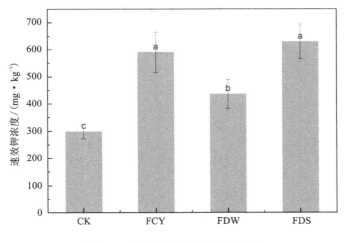

图 8-8　大田土壤中速效钾的浓度

4. 大田试验土壤的微生物群落结构与多样性

大田试验土壤样品的 16S rRNA 测序数据在 97% 的阈值条件下聚类得到 11923 个 OTU。多样性分析表明四个处理组之间没有显著差异性（表 8-8）。但是，基于 Bray-Curtis distance 的 ANOSIM 分析和 DCA 分析都表明了实验组 FCY、FDW 和 FDS 的细菌群落结构与对照组有显著差异（表 8-9）。并且 ANOSIM 分析进一步揭示了 FDW 组与 FCY 组和 FDS 组群落结构之间的显著差异性。

表 8-8　大田实验土壤中微生物群落的多样性

组别	Shannon 指数	Simpson 指数	Pielou 均匀度指数	Chao 值
CK	7.012±0.152a	71.601±18.511a	0.815±0.018a	16612.479±1510.606a
FCY	7.095±0.122a	100.038±39.068a	0.827±0.014a	15177.252±846.978a
FDW	6.967±0.165a	69.374±27.073a	0.806±0.019a	16774.207±2640.269a
FDS	6.875±0.137a	64.073±18.380a	0.803±0.016a	12967.997±803.618a

表 8-9　大田土壤微生物群落组成的不相似性分析

组别	CY	DW	DS
CK	0.9969±0.0010b	0.9959±0.0012c	0.9977±0.0006a

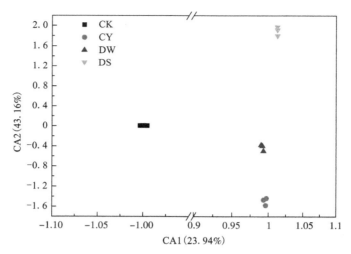

图 8-9　大田土壤微生物群落的组成图

试验样品的微生物群落由 3 个主要的菌门组成：Proteobacteria，Bacteroidetes 和 Thaumarchaeota。在属的水平，微生物菌剂的施加导致 103 个属的相对丰度发生了显著变化，例如 *Flavisolibacter*、*Sphingomonas* 和 *Pseudoxanthomonas* 的相对丰度在实验组中明显增加；而 *Bacillariophyta* 的相对丰度在实验组中明显减少。研究表明，Flavisolibacter、Sphingomonas 和 Pseudoxanthomonas 都是微生物菌剂研究中常见的菌种，对改善土壤肥力、促进植物生长都有显著影响。

与相应施加的解钾微生物菌剂相比，实验组的微生物群落中许多属的相对丰度也发生了明显变化，占菌剂微生物组成 90% 以上的 45 种已知属在土壤样品中大幅度下降到了 10% 以下。其中有 13 个属，如 *Brevundimonas*、*Pseudomonas*、*Sphingomonas* 和 *Pseudoxanthomonas*，相较于空白组土壤样品表现出了增加趋势；而两种属 *Bacillariophyta* 和 *Clostridium sensu stricto* 则表现出了减少的趋势。由此可以推断解钾微生物菌剂加入土壤后，在竞争力的作用下，并没有引入新的属，但却改变了土壤微生物群落的结构。许多具有解钾功能的微生物显著增加，从而提高了土壤中有效钾的含量。

5. 解钾微生物群落结构对大田试验的影响

欧氏距离分析表明三种解钾微生物菌剂的群落结构与大田试验对照组都有显差异，但是这种差异在 DW 组与 CK 组之间相对较小（图 8-10）。在 OTU 分布上，也呈现出了相似的结果。DW 组与 CK 组共有的 OTU 是最多的，有 44 个；CY 组和 DS 组与 CK 组共有的 OTU 分别有 29 个和 30 个。比较微生物多样性，发现 CK 组的多样性指数，包括 Simpson 指数、Shannon 指数、Pielou 均匀度指数和 Chao

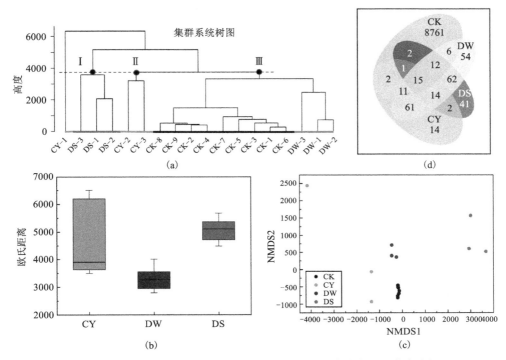

图 8-10　菌剂微生物群落与大田试验对照组之间的结构和组成法分析

（扫本章二维码查看彩图）

值，均明显高于 CY 组、DW 组和 DS 组，但是菌剂微生物群落多样性最高的 DW 组显然是更接近 CK 组。总之，在三种解钾菌剂中，DW 组在微生物群落结构和多样性上都与大田土壤更为接近，其对土壤微生物群落的影响相对更弱，对土壤中有效钾的浓度的影响相对较低。

6. 大田土壤微生物群落的分子生态网络分析

　　基于 16S rRNA 测序数据，建立了 CK 组、FCY 组、FDW 组和 FDS 组的分子生态网络（MENs），以揭示微生物群落内的生态学关系。表 8-10 表明大田土壤微生物群落的分子生态网络之间的拓扑特性存在许多差异。其中对照组有 1378 个节点和 1924 条连线，FCY 组和 FDS 组的节点和连线较少，而 FDW 组的较多。CK 组的网络中节点之间负相关连线的比例有 42.67%，FCY 组和 FDS 组的负相关连线的比例更低，而 FDW 组的更高。这就意味着 DW 组的施加导致土壤微生物群落之间的联系更多，尤其是负相关性及竞争作用更强；而 CY 和 DS 的施加造成土壤微生物群落之间的联系变少，但是其相关性为正相关，即协作关系更强。拓扑特性中的参数平均连接程度，反映了网络之间的复杂程度，该参数越大，对应的网络越复杂。平均路径反映网络 OTU 之间的紧密程度，该参数越小，对应的网络越紧密。对比空白组，FCY 组和 FDW 组的网络变得更加紧密复杂，而 FDS 组的网络却变得更加疏松简单。但是 FDW 组这种变化尤其大，导致 FCY 组和 FDS 组的网络反而与 CK 组更加相似。推测原因可能与解钾微生物的群落结构相关。DW 组的微生物群落结构与土壤更加接近，其组成微生物能够更好地与土壤中原有的微生物建立关系，在土壤中定殖下来，因此 FDW 组的网络变得更加紧密复杂。

表 8-10　大田土壤微生物群落的分子生态网络的拓扑特性

网络特性指标	CK （0.910）	FCY （0.910）	FDW （0.910）	FDS （0.910）
节点数量	1378	1195	1446	1109
边的数量	1924	1827	2193	1276
模块数量	126	105	117	133
负连接数/%	42.67	34.48	46.92	38.79
R^2	0.865	0.95	0.907	0.891
平均度	2.792	3.058	3.033	2.301
平均聚类素数	0.124	0.158	0.133	0.104
平均路径长度	11.987	9.717	11.349	19.485
测地距离	0.106	0.128	0.109	0.086
增大的测地距离	9.464	7.783	9.18	11.662
集中度	0.026	0.023	0.02	0.038
对应力中心性	41.969	10.673	22.63	152.91
特征向量中心度	0.505	0.452	0.436	0.524
传递性	0.111	0.129	0.129	0.09
连通性	0.547	0.534	0.584	0.375
效率	0.998	0.997	0.998	0.997

8.3.4　结论

通过大田试验，比较了土壤中有效钾的含量，以及解钾微生物菌剂和大田土壤微生物群落，得到了如下结论：

1）解钾微生物菌剂通过改变土壤微生物群落结构，提高部分解钾功能属的相对丰度发挥效果。

2）解钾微生物菌剂的群落结构和多样性会影响其在大田中的效果，与大田土壤微生物群落差异大的菌剂，其效果更好。

3）解钾微生物菌剂会改变土壤微生物群落的分子网络，其中 FDW 组的网络复杂度变化最大，微生物之间的竞争关系最强。

8.4　微生态技术在植烟土壤保育中的应用展望

当前，我国在微生态技术方面的研究处于起步阶段，其应用领域具有局限性，一些微生态技术需要具备很强的操作能力，而烟草公司缺少专业技术人员，种植大户缺乏专业人士的指导。因此，有必要分析有关烟草种植中普遍存在的问题，并加以解决。

目前，尽管微生态技术在烟草种植中的应用研究已经取得了一定的成果，但要想拓宽其应用领域，必须具备一批有专业知识和较高技术水平的工作者；但是，从事相关领域研究工作的技术人员较少，许多地区也没有专业的技术团队。因此，种植户应用微生态技术处于自我摸索的状态，他们的容错率较低，一旦遇到技术难题，就难以有效解决，而科技推广机构又缺乏相关技术的积累，导致微生态技术在烟田中的应用研究难以获得突破。与一般化肥和农药见效迅速的特性相比，应用微生态技术的微生物肥料和微生物农药起效速度慢，对害虫的防治所需时间较长。一些种植户急于见到效果，一旦在短时间内无法看到微生态技术的成效，就会使用常规的耕作方法。许多科技工作者在实际运用过程中也会遇到许多不可预知的问题，烟草的产量与品质因此未得到有效的提高；并且有些技术尚处于试验状态，不能实现商业化应用。可用于烟草生产的微生态技术的选择有限，在一定程度上制约了微生物在烟草生长期间的应用。由于微生物的作用具有针对性，烟草所面对的病害问题较复杂，控制难度较大，故在实践中的推广和应用费用也较高。

目前，由于微生态技术推广效率低、技术服务不到位、种植户缺乏专业人士的引导，因此要采取有效措施，使其在烟草种植中得到更好的应用，还要组建微生态技术传播团队，这些是当前亟待解决的问题。此外，要加大对专业化人才的培养力度，并与高校合作，共同组建微生态技术研发和推广团队。通过烟草公司确定与之相适应的人才发展方向，并通过高校进行相关人才的培养，双方要建立一支高素质的微生物技术研发和推广队伍。根据每个区域的烟草种植情况进行技术的研发、推广和应用等工作，能够将技术的作用最大化，为广大种植户增加收入和提高产量奠定扎实的理论基础，也为烟农提高烟叶种植效率提供了保障。许多烟草种植户不了解微生态技术，或只了解一些关于微生物的专业术语，也不了解该技术在我国的发展趋势、技术原理与应用需求。因此，政府有关部门和烟草公司都应对微生态技术进行重点的宣传和推广，面向社会各界，开展"走乡村、下基层"等一系列主题宣传活动，通过线上、线下的方式同时进行宣传，提高人们对微生态技术的认知，重点对烟草种植户进行微生物肥料的优势等方面的宣传，加深他们对微生态技术在提高烟草产量、质量方面具有重要作用的了解。同时，相关部门要创造良好的宣传环境，采用促销的方法，不定时安排工作人员下村派送宣传单和解答问题，并在此基础上，对烟草栽培地进行实地和调查指导，宣传微生态技术。此外，可以通过微信公众号、微博等形式扩大宣传范围，经常发表有关实际运用微生态技术的论文，将国内外前沿的研究成果引入市场，让烟草种植户和有关公司认识到微生物技术的优势，并在短时间内将其转变为生产力，进一步提高烟叶的产量与质量，加强微生态技术在烟草种植中的应用。要想更好地增强微生态技术在烟草种植中的应用效果，烟草公司和有关科研机构应该加强协作，展开一系列的实验操作，制定出更为规范的微生物技术应用程序，相应地改善生产活动的具体状况，保证微生态技术的有效应用。有关部门和公司可以建立微生态技术研究中心，应支持对微生态技术的实验室研发、农田基地运用、社会推广活动等。为保证烟叶质量，需反复进行实验。为进一步增强微生态技术的应用效果，可以在该技术研究开发和应用基础上进行全流程仿真模拟实验。

现今，在烟草种植中有效应用微生态技术取得了突破性进展，用微生物农药、微生物肥料、微生物改良剂代替传统种植所需的化学农药和化肥等，对烟草的健康生长具有极其重要的促进作用，可以有效推动国内烟草业的可持续健康发展。

第9章　植烟土壤生态保育与碳中和

随着全球气候变化问题的凸显，对碳中和技术和策略的迫切需求愈发明显。在这一背景下，农业土壤作为一个潜在的碳中和平台引起了广泛的关注。农业不仅是食品和经济安全的支柱，也是一个有望帮助我们应对气候变化挑战的重要领域。本章将深入探讨植烟土壤生态保育与碳中和之间的关系，探讨农业土壤如何成为碳中和的关键要素，并为实现农业可持续发展和环境保护提供新的途径。

1. 全球气候变化的威胁

全球气温上升、极端天气事件频发，这些都是气候变化的明显迹象。温室气体的排放是导致气候变化的主要原因之一。为了减缓气候变化的影响，各国已经开始积极寻找碳中和的方法，即通过吸收或移除大气中的二氧化碳来抵消其排放。

2. 农业的双重挑战

农业在气候变化问题中既是受害者，也是加剧因素。气候变化引发的极端天气事件对农业产量和质量造成直接影响。同时，传统农业生产模式中过度使用化肥、农药等对土壤生态环境产生了不良影响，导致土壤质量下降。因此，我们需要一种既能适应气候变化，又能减少对气候变化的影响的农业模式。

3. 农业土壤与碳中和的关系

1）农业土壤的碳库：土壤是全球碳循环的重要组成部分，拥有巨大的碳储存潜力。在土壤中，有机碳主要以有机质的形式存在，包括动植物残体、根系和微生物等。土壤中的无机碳则主要以碳酸盐和碳酸氢盐的形式存在。通过改良农业土壤管理实践，可以促进有机碳的积累，提高土壤的碳贮存量，从而实现碳中和的目标。

2）植物-土壤相互作用：植物在生长的过程中通过光合作用吸收大气中的二氧化碳，将碳转化为有机物并通过根系输入土壤中。在土壤中，这些有机物成为土壤有机质的一部分，为土壤提供养分，并激发土壤微生物的活动。植物-土壤系统形成了一种动态平衡，通过这种平衡，植物可以帮助土壤保持碳平衡，成为碳中和的重要推手。

3）土壤管理实践与碳中和：采用可持续的土壤管理实践对碳中和至关重要。有机农业、轮作制度、覆盖作物和植树造林等措施，可以有效地提高土壤碳储存水平。通过减少土壤侵蚀、促进土壤有机质的积累和改良作物种植结构，农业土壤的碳中和潜力可以得到最大程度的发挥。

4. 农业土壤碳中和的挑战与机遇

1）挑战：气候变化的不确定性。气候变化不仅带来了更加不规律的降水和温度，还导致了生态系统的不确定性。这种不确定性使得农业土壤碳中和的效果不易确定，需要更为细致和灵活的管理措施。

2）机遇：多元化的农业生态系统。通过构建多元化的农业生态系统，包括混合种植、利用多样性的作物和栽培方式等，可以提高农业生态系统的抗逆性，减轻气候变化的不利影响，并为碳中和提供更多机遇。

9.1 植烟过程的碳排放

烟草种植是全球农业的重要组成部分，植烟过程中产生的碳排放是环境保护和可持续发展研究的焦点。本节将深入探讨植烟过程中的碳排放情况，分析其影响因素，并提出减缓碳排放的策略，以期为烟草产业的可持续发展提供科学依据。

9.1.1 植烟过程的主要碳排放源

1. 土壤碳排放

在烟草种植过程中，土壤碳排放主要来自土壤有机质的分解及化肥的使用。农业活动中广泛使用化肥会导致土壤中的有机质分解，释放出二氧化碳（CO_2）和甲烷（CH_4），对温室气体的增加产生影响。

2. 化肥生产和运输排放

化肥的生产和运输也是植烟过程中的碳排放源。生产过程中需要大量能源，而运输过程中产生的碳排放与化肥的制造和运输距离相关。

3. 燃烧排放

烟草生产过程中，烘烤和烘烟阶段涉及燃料燃烧，释放出大量 CO_2。这一阶段的碳排放量与生产规模和使用的能源类型直接相关。

9.1.2 影响植烟碳排放的因素

1. 生产规模

生产规模是植烟碳排放的关键因素之一。规模较大的烟草种植农场通常需要更多的化肥和能源，从而导致更高的碳排放。

2. 土地管理实践

不同的土地管理实践对植烟过程的碳排放产生显著影响。采用有机农业、轮作制度和覆盖作物等土地管理方法有望减少碳排放。

3. 化肥种类和使用量

化肥种类和使用量直接影响土壤中的有机质分解速率,进而影响碳排放水平。采用更为环保的肥料和合理控制化肥使用量可以减少碳排放。

9.1.3　植烟碳排放的评估方法

在了解植烟碳排放的评估方法之前,我们首先需要了解植烟碳排放的来源和特点。植烟过程中的主要碳排放源包括土壤碳排放、化肥生产和运输排放、燃烧排放等。土壤碳排放主要来自土壤有机质的分解,而化肥生产和运输以及燃烧排放则与生产过程和能源利用直接相关。

植烟碳排放的特点在于其生命周期长、环节多、排放源复杂。因此,评估植烟碳排放需要综合考虑各个环节的影响,以确保评估的全面性和准确性。

1. 生命周期分析(life cycle analysis,LCA)

生命周期分析是一种系统评估植烟碳排放的方法,其核心理念是考虑整个生命周期内的所有环节,包括原材料获取、生产、运输、使用和废弃。在植烟的背景下,LCA 将从烟草种植、烟叶采收、烘烤到烘烟的整个过程进行考虑。

(1)优势

全面性:LCA 能够全面考虑植烟生产的各个环节,确保评估的全面性。

科学性:LCA 采用系统性的科学方法,数据来源可靠,评估结果较为准确。

(2)劣势

复杂性:LCA 需要大量数据,并且需要专业的研究者进行评估,因此在操作上较为复杂。

耗时:进行 LCA 需要耗费大量时间,尤其是在数据收集和分析阶段。

2. 碳足迹评估

通过测量单位产品的碳排放量,建立碳足迹评估模型,可以定量评估植烟过程的碳排放水平。碳足迹评估是一种以二氧化碳排放当量为单位的评估方法,用以衡量一个产品、组织或活动对温室气体排放的贡献。对于植烟过程而言,碳足迹评估以碳排放量为指标,计算烟草生产过程中的总排放量。

(1)优势

直观性:碳足迹评估以二氧化碳排放当量为单位,直观易懂,适合进行快速评估。

适用范围广:碳足迹评估适用于各种规模和类型的植烟生产。

（2）劣势

过度简化：碳足迹评估较为简化，可能忽略一些复杂的环节和排放源。

不考虑全生命周期：碳足迹评估主要关注产品的直接排放，忽略了整个生命周期的其他环节。

3. 评估方法的选择与整合

在实际应用中，选择合适的评估方法通常需要综合考虑各个因素。对于大规模植烟产业，生命周期分析可能是更为适合的方法，因为其能够提供更全面、准确的评估。对于小规模或资源有限的烟农，碳足迹评估可能是一种更为简便实用的选择。

此外，不同的评估方法也可以进行整合，以弥补各自的不足。例如，可以结合碳足迹评估的直观性和生命周期分析的全面性，形成更为综合的评估体系。

植烟碳排放的评估是实现植烟产业可持续发展的关键一环。随着碳排放问题的日益凸显，科学准确的评估方法成为植烟产业走向可持续性的重要保障。在选择评估方法时，需要综合考虑产业规模、可获得数据的丰富程度以及实施难度等因素，以找到适合植烟生产实际的方法。同时，评估的结果应该成为制定碳减排策略的基础，从而引导植烟生产向更为环保、经济和社会可持续的方向发展。

未来，植烟碳排放的评估方法还有进一步的发展空间。随着科技的不断进步，新的评估技术和工具将不断涌现，更为精准和高效的评估方法将逐步取代传统方法。同时，国际合作和经验分享也将在全球范围内推动植烟碳排放评估方法的标准化和优化。

在植烟产业中，碳排放评估不仅是一项技术工作，更是一种透明、科学的评估方法，有望为植烟产业的转型提供有力支持，实现碳中和可持续发展的目标。只有在各方共同努力的情况下，植烟生产过程中的碳排放问题才能够得到更好的解决，才能推动整个产业步入更为绿色和可持续的未来。

9.1.4 减缓植烟碳排放的策略

在全球气候变化日益严重的背景下，各行各业都在寻找减缓碳排放的有效途径。烟草产业作为全球农业的一部分，其种植过程中的碳排放问题不可忽视。为了实现可持续发展目标，制定科学合理的策略来减缓植烟碳排放显得尤为重要。本书将深入探讨减缓植烟碳排放的综合策略，包括土壤管理、肥料使用、燃烧过程等多个方面，为植烟产业提供科学的、可行的、全面的解决方案。

1. 改进土壤管理实践

（1）推广有机烟草种植

有机农业是一种可持续的农业系统，其核心理念是在不使用合成化肥和农药的前提下，通过改善土壤结构和增加有机物含量来提高土壤的肥力。对于植烟产业，推广有机农业可以减少对化肥的需求，从而降低碳排放。

（2）轮作制度的实施

轮作制度是一种通过改变农作物的种植顺序和组合来提高土壤质量的方法。轮作制度有助于提高土壤的有机质含量，减缓土壤有机质的分解速度，从而减少碳排放。

（3）植树造林和草地恢复

植树造林和草地恢复是有效改善土壤生态系统的手段。树木通过光合作用吸收大气中的二氧化碳，将其固定在植物体内，并通过根系释放有机质到土壤中。草地的建设有助于土壤保水、减少侵蚀，并提高土壤的有机质含量。

2. 优化肥料使用

（1）合理施用有机肥料

有机肥料是一种来源于动植物的天然有机物质，可以改善土壤结构、提高土壤肥力。与化学合成的肥料相比，有机肥料释放慢，减少了氮的挥发和磷的流失，从而减少了温室气体的排放。

（2）精准施肥技术

根据土壤的实际需求和植物生长阶段的特点，利用精准施肥技术，准确测定肥料的用量和种类。这有助于避免过度施肥，减少未被植物吸收的肥料流失，从而减缓碳排放。

（3）发展绿色肥料

绿色肥料是指那些能够在提供养分的同时又能减少对环境影响的肥料，如利用植物残体、畜禽粪便等资源制成的有机肥料。发展绿色肥料有助于减少对合成肥料的需求，降低碳排放。

3. 推动清洁能源使用

（1）太阳能和风能的应用

在植烟过程中，清洁能源的应用是减缓碳排放的关键环节之一。传统的烘烤和烘烟过程通常依赖于化石燃料，而将其替换为太阳能或风能等可再生能源，可以显著减少碳排放。太阳能集热器和风力发电机的引入，不仅可以降低碳足迹，还有助于减少对非可再生能源的依赖，推动烟草产业走向更加可持续的发展道路。

（2）生物质能的利用

生物质能是一种来自有机材料的可再生能源，包括木材、农作物残渣、动植物废弃物等。在烘烤和烘烟过程中，采用生物质能源替代传统的燃料，既可以减缓碳排放，又有助于减少对化石燃料的依赖，从而实现更为环保和经济的生产。

4. 采用高效烘烤技术

（1）先进烘烤设备的应用

引入先进的烘烤技术和设备，如高效热风烘烤、微波烘烤等，可以显著提高烘烤过程的能源利用效率。这些技术通常能够更精确地控制温度和湿度，降低能耗，减少碳排放。

（2）优化烘烤工艺

通过调整烘烤工艺参数，优化烘烤过程，减少烘烤时间，可以有效降低能源消耗和碳排放。采用适宜的温度、湿度和通风条件，可在保证烘烤效果的同时最大程度地减缓对环境的不良影响。

5. 废弃物处理与资源化利用

（1）烟草废弃物的合理利用

烟草产业产生的废弃物，如烟蒂、残叶等，如果处理不当，可能会导致土壤污染和空气污染。因此，采取合理的资源化利用措施，如将烟蒂用于发电或生产生物质燃料，有助于减缓碳排放的同时实现废弃物的资源化利用。

（2）建立循环经济模式

倡导建立烟草产业的循环经济模式，通过回收和再利用废弃物、副产品等，实现资源的最大化利用。循环经济的引入有助于降低对新资源的需求，减轻生产过程的环境负担。

6. 持续监测与改进

（1）建立监测体系

建立全面的监测体系，对植烟过程中的碳排放进行实时监测和数据记录。通过监测系统，可以全面了解碳排放的来源、分布和趋势，为制定合理的减排策略提供科学依据。

（2）不断改进技术和工艺

在实践中，应不断改进烘烤技术、肥料利用方式和土壤管理实践等方面的工艺和技术，以提高能源利用效率和降低碳排放。这要求烟草产业保持对科技创新的敏感性，以及及时采纳新的环保技术。

7. 教育与宣传

（1）培养绿色观念

通过教育和培训，提高从业人员对环保、绿色生产理念的认识。培养绿色观念，使相关人员意识到减缓碳排放对于烟草产业和整个社会的重要性。

（2）向公众传递信息

通过纸质宣传和媒体宣传，向公众传递植烟产业减缓碳排放的努力和成就，增强公众对植烟产业的环保意识，引导他们更加关注和支持植烟产业的环保可持续发展。

8. 政策与产业合作

（1）制定环保政策

政府和行业协会可以制定和实施一系列环保政策，鼓励植烟产业采用环保技术、改善生产过程，并为符合环保标准的企业提供奖励或减税政策。

（2）促进产业合作

建立植烟产业的联盟和合作机制，推动产业链上下游的共同努力。共同研发环保技术、分享先进经验、共享资源，有助于形成合力，推动整个植烟产业向低碳、绿色方向发展。

9. 社会责任与可持续发展

（1）实施社会责任项目

植烟企业可以通过实施社会责任项目，为当地社区提供环保和社会福利服务，以回馈社会。例如，支持环保教育、改善当地环境质量、促进社会公平等，加强企业与社会的互动。

（2）制定可持续发展计划

制定长期的可持续发展计划，明确植烟产业的发展目标，包括减缓碳排放、改善土壤质量、提高资源利用效率等。将可持续发展融入企业战略，以长期发展为导向，实现经济效益与环保效益的双赢。

10. 国际合作与信息交流

（1）参与国际碳市场

积极参与国际碳市场，通过购买和销售碳配额来实现企业碳中和目标。这不仅有助于植烟企业更好地管理碳排放，还能为企业带来经济效益。

（2）开展国际经验交流

与国际上的植烟产业和环保组织进行广泛的交流合作，借鉴其他国家和地区的成功经验，学习其先进的减排技术和管理经验，推动全球植烟产业的共同进步。

11. 风险管理与适应气候变化

（1）制订气候变化适应计划

认真研究气候变化对植烟产业的潜在影响，制订相应的适应计划。考虑极端气候事件对产业的威胁，采取措施降低气候风险，保障植烟产业的可持续发展。

（2）建立应急响应机制

建立植烟产业的气候变化应急响应机制，对于突发的气候事件，如洪涝、干旱等，能够及时采取应对措施，减少生产损失和环境影响。

减缓植烟碳排放是一个系统工程，需要综合考虑土壤管理、肥料使用、能源利用、技术改进、废弃物处理等多个方面。制定综合策略，不仅有助于企业实现可持续发展，也符合社会对于环保和可持续性的期望。在全球范围内，植烟产业应该积极响应气候变化挑战，通过不断创新和合作，共同推动植烟产业朝着更为环保和可持续的方向发展。只有通过全球共同努力，植烟产业才能在减缓碳排放的过程中实现经济效益和社会责任的双赢。

9.2 植烟土壤微生物生态与碳中和

随着全球气候变化的不断加剧，碳中和成为应对气候变化的重要手段之一。作为农业的一部分，植烟产业也面临着减缓碳排放和提高碳中和能力的挑战。本书将深入探讨植烟土壤微生物生态系统在碳中和中的关键作用，分析微生物与土壤有机碳的相互关系，探讨提高碳中和效果的策略，以期为植烟产业的可持续发展提供科学依据。

9.2.1 土壤微生物的多样性与功能

1. 微生物丰富性

土壤是一个复杂的微生态系统，包含大量的微生物群体，主要包括细菌、真菌、放线菌等。这些微生物在土壤中形成了丰富的生态网络，参与了生物地球化学循环的过程。

2. 微生物功能

土壤微生物发挥着重要的生态功能，其中包括：

有机物降解：微生物通过分解有机物，将其转化为更简单的无机物，促进土壤有机质的循环。

养分转化：微生物参与氮、磷、硫等元素的转化过程，促进植物对养分的吸收。

生物固碳：微生物通过固定和稳定有机碳，对土壤的碳储存和碳中和起到关键作用。

9.2.2 土壤微生物与有机碳的关系

1. 有机碳来源

土壤中的有机碳主要来自动植物残体、根系分泌物、微生物等。植烟产业作为一种农业形式，其土壤中的有机碳主要来源于烟草植株残体和其他物质。

2. 微生物对有机碳的分解

微生物通过分解动植物残体等有机物，将其转化为二氧化碳（CO_2）等无机物。这一过程是土壤中有机碳动态平衡的关键步骤，也是土壤碳排放的主要来源之一。

3. 土壤微生物的生态功能

土壤微生物在有机碳分解的过程中，不仅起到降解有机物的媒介作用，还通过产生胞外酶、有机酸等物质，影响土壤结构和理化性质。微生物的代谢活动直接影响土壤的碳储存和固碳能力。

9.2.3　微生物对植烟土壤碳中和的影响

1. 土壤碳储存

土壤微生物通过将植物残体等有机物分解为更稳定的有机质，有助于增加土壤的有机碳储存。这种有机碳在土壤中形成腐殖质，有较高的稳定性，能够长期固定在土壤中，发挥碳中和的作用。

2. 微生物介导的氮循环

土壤微生物参与氮循环，通过尿素酶、反硝化酶等酶的作用，将有机氮转化为无机氮，从而影响植物对氮的吸收。良好的微生物群落有助于保持土壤氮的平衡，提高植物对氮养分的利用效率，从而促进植物生长，增加有机质输入。

3. 微生物参与的有机质转化

微生物参与有机物的分解和转化，生成腐殖质等稳定的有机质。这些有机质的积累提高了土壤的碳密度，有助于形成持久的碳汇，对碳中和具有重要意义。

4. 微生物与根系相互作用

土壤微生物与植物根系之间存在密切的相互作用。植物通过根系分泌物为微生物提供碳源；而微生物通过与植物根系共生，为植物提供养分，促进植物生长。这种相互作用对于土壤碳中和和植物健康生长都具有积极作用。

植烟土壤微生态与碳中和是一个复杂而关键的问题，涉及土壤生态系统的多个层面。通过合理的管理策略、科技创新、国际合作、社会推广等多方面的努力，植烟产业有望实现更为可持续的发展。关注土壤微生物生态系统，提高土壤碳中和能力，对于缓解气候变化、保护生态环境具有深远的意义。只有在全球范围内共同努力，才能更好地应对气候变化挑战，推动植烟产业向更为环保和可持续的未来发展。

9.3　植烟土壤生态保育的减碳潜力与展望

随着全球气候变化问题的日益严峻，寻找有效的减碳途径已成为各国政府和科研机构的共同目标。在众多减碳策略中，土壤碳汇的增强因其巨大的潜力而受到广泛关注。烟草作为一种广泛种植的经济作物，其土壤生态保育不仅对农业生产具有重要意义，更在减碳方面展现出巨大的潜力。

9.3.1　植烟土壤的碳储存机制

植烟土壤的碳储存主要通过以下几个途径实现：一是植物残体的分解，二是根系的生长，三是有机质的积累。植烟植物在生长过程中，通过光合作用固定的碳以有机物的形式存储于土壤中。当植烟收获后，留在土壤中的根系和动植物残体逐渐分解，转化为土壤有机质，从而增加了土壤的碳储量。

9.3.2 生态保育措施的实施

为了提高植烟土壤的碳储存能力，可以采取一系列生态保育措施。首先，实施合理的耕作制度，如保护性耕作和少耕作，可以减少土壤扰动，增加有机质的积累。其次，施用有机肥料，可以提高土壤的有机质含量，促进微生物活性，从而增强土壤的碳固定能力。此外，种植多样化作物和增加植被覆盖，可以提高土壤的稳定性，减少侵蚀，进一步保护土壤碳库。

9.3.3 减碳潜力与展望

植烟土壤生态保育的减碳潜力巨大。通过优化农业管理措施，不仅可以提高土壤的碳储存能力，还能增强土壤肥力，提高烟草产量，实现经济效益与生态效益的双赢。未来，随着生物技术的不断进步，如通过基因编辑技术培育出更高碳固定的植烟品种，将进一步提高植烟土壤的减碳效果。

此外，政策支持和市场机制的建立也将为植烟土壤生态保育提供有力保障。政府可以通过补贴、税收减免等措施鼓励农民采取生态友好的耕作方式。同时，建立碳交易市场，让农民通过土壤碳储存获得经济收益，将极大地提高他们参与土壤生态保育的积极性。

总之，植烟土壤生态保育在减碳方面具有巨大的潜力和广阔的前景。通过综合运用现代科技和管理措施，我们有望在未来实现植烟产业的可持续发展，为全球减碳事业作出贡献。

参 考 文 献

［1］ 张强，魏钦平，齐鸿雁，等. 北京果园土壤营养状况和微生物种群调查分析. 中国农学通报. 2009, 25(17): 162-167.

［2］ 多祎帆，王光军，刘亮，等. 长沙市城市森林生态系统土壤微生物数量特征分析［J］. 中南林业科技大学学报, 2011, 31(5): 178-183.

［3］ DAVIS K E, JOSEPH S J, JANSSEN P H. Effects of growth medium, inoculum size, and incubation time on culturability and isolation of soil bacteria［J］. Applied and Environmental Microbiology, 2005, 71(2): 826-834.

［4］ SONG J, OH H M, CHO J C. Improved culturability of SAR11 strains in dilution-to-extinction culturing from the East Sea, West Pacific Ocean［J］. FEMS Microbiology Letters, 2009, 295(2): 141-147.

［5］ 张乐满，兰波，许文锋，等. 基于 Biolog-ECO 对三峡水库消落区优势植物根际微生物功能多样性的研究［J］. 微生物学杂志, 2022, 42(4): 29-40.

［6］ WHITE D C, DAVIS W M, NICKELS J S, et al. Determination of the sedimentary microbial biomass by extractible lipid phosphate［J］. Oecologia, 1979, 40(1): 51-62.

［7］ ZHANG X, WANG W, CHEN W, et al. Comparison of seasonal soil microbial process in snow-covered temperate ecosystems of Northern China［J］. PLoS One, 2014, 9(3): e92985.

［8］ SCHLOTER M, LEBUHN M, HEULIN T, et al. Ecology and evolution of bacterial microdiversity［J］. FEMS Microbiology Reviews, 2000, 24(5): 647-660.

［9］ 杨官品，朱艳红，陈亮，等. 土壤细菌 16SrRNA 基因变异型及其与植被的相关研究［J］. 应用生态学报, 2001, 12(5): 757-760.

［10］ LIU W T, MARSH T L, CHENG H, et al. Characterization of microbial diversity by determining terminal restriction fragment length polymorphisms of genes encoding 16S rRNA［J］. Food Science & Nutrition, 1997, 63(11): 4516-4522.

［11］ WIDJOJOATMODJO M N, FLUIT A C, VERHOEF J. Molecular identification of bacteria by fluorescence-based PCR-single-strand conformation polymorphism analysis of the 16S rRNA gene［J］. Mitochondrial DNA Part B, Resources, 1995, 33(10): 2601-2606.

［12］ PONIKOVÁ S, TLUĈKOVÁ K, ANTALÍK M, et al. The circular dichroism and differential scanning calorimetry study of the properties of DNA aptamer dimers [J]. Biophysical Chemistry, 2011, 155(1): 29-35.

[13] VÍGLASKÝ V, BAUER L, TLUĈKOVÁ K. Structural features of intra- and intermolecular G-quadruplexes derived from telomeric repeats[J]. Biochemistry, 2010, 49(10): 2110-2120.

[14] 郑磊, 张静, 彭燕, 等. 实时荧光定量聚合酶链反应检测核桃根际土壤生防菌 Bacillus amyloliquefaciens 和 Trametes versicolor 的定殖[J]. 浙江大学学报(农业与生命科学版), 2015, 41(3): 277-284.

[15] DESANTIS T Z, BRODIE E L, MOBERG J P, et al. High-density universal 16S rRNA microarray analysis reveals broader diversity than typical clone library when sampling the environment[J]. Microbial Ecology, 2007, 53(3): 371-383.

[16] FIERER N, LADAU J, CLEMENTE J C, et al. Reconstructing the microbial diversity and function of pre-agricultural tallgrass prairie soils in the United States[J]. Science, 2013, 342(6158): 621-624.

[17] HULTMAN J, WALDROP M P, MACKELPRANG R, et al. Multi-omics of permafrost, active layer and thermokarst bog soil microbiomes[J]. Nature, 2015, 521: 208-212.

[18] TAŞ N, PRESTAT E, WANG S, et al. Landscape topography structures the soil microbiome in Arctic polygonal tundra[J]. Nature Communications, 2018, 9: 777.

[19] SANGER F, NICKLEN S, COULSON A R. DNA sequencing with chain-terminating inhibitors [J]. Proceedings of the National Academy of Sciences of the United States of America, 1977, 74(12): 5463-5467.

[20] MAXAM A M, GILBERT W. A new method for sequencing DNA[J]. Scientific Data, 1977, 74(2): 560-564.

[21] TRINGE S G, HUGENHOLTZ P. A renaissance for the pioneering 16S rRNA gene[J]. Current Opinion in Microbiology, 2008, 11(5): 442-446.

[22] NILSSON R H, RYBERG M, ABARENKOV K, et al. The ITS region as a target for characterization of fungal communities using emerging sequencing technologies [J]. FEMS Microbiology Letters, 2009, 296(1): 97-101.

[23] LU L, JIA Z. Urease gene-containing Archaea dominate autotrophic ammonia oxidation in two acid soils[J]. Environmental Microbiology, 2013, 15(6): 1795-1809.

[24] HU T S, CHITNIS N, MONOS D, et al. Next-generation sequencing technologies: an overview [J]. Human Immunology, 2021, 82(11): 801-811.

[25] HUANG W E, STOECKER K, GRIFFITHS R, et al. Raman-FISH: combining stable-isotope Raman spectroscopy and fluorescence in situ hybridization for the single cell analysis of identity and function[J]. Environmental Microbiology, 2007, 9(8): 1878-1889.

[26] HUANG W E, FERGUSON A, SINGER A C, et al. Resolving genetic functions within microbial populations: in situ analyses using rRNA and mRNA stable isotope probing coupled with single-cell Raman-fluorescence in situ hybridization [J]. Applied and

Environmental Microbiology, 2009, 75(1): 234–241.

[27] MUSAT N, FOSTER R, VAGNER T, et al. Detecting metabolic activities in single cells, with emphasis on nanoSIMS[J]. FEMS Microbiology Reviews, 2012, 36(2): 486–511.

[28] 胡行伟, 张丽梅, 贺纪正. 纳米二次离子质谱技术(NanoSIMS)在微生物生态学研究中的应用[J]. 生态学报, 2013, 33(2): 348–357.

[29] MUSAT N, HALM H, WINTERHOLLER B, et al. A single-cell view on the ecophysiology of anaerobic phototrophic bacteria[J]. PNAS2008, 105(46): 17861–17866.

[30] DEKAS A E, PORETSKY R S, ORPHAN V J. Deep-sea Archaea fix and share nitrogen in methane-consuming microbial consortia[J]. Science, 2009, 326(5951): 422–426.

[31] NICHOLS D, LEWIS K, ORJALA J, et al. Short peptide induces an "uncultivable" microorganism to grow in vitro[J]. Applied and Environmental Microbiology, 2008, 74(15): 4889–4897.

[32] PARK B J, PARK S J, YOON D N, et al. Cultivation of autotrophic ammonia-oxidizing Archaea from marine sediments in coculture with sulfur-oxidizing bacteria[J]. Applied and Environmental Microbiology, 2010, 76(22): 7575–7587.

[33] D'ONOFRIO A, CRAWFORD J M, STEWART E J, et al. Siderophores from neighboring organisms promote the growth of uncultured bacteria[J]. Chemistry & Biology, 2010, 17(3): 254–264.

[34] YUAN X, CHEN F S. Cocultivation Study of Monascus spp. and Aspergillus Niger Inspired From Black-Skin-Red-Koji by a Double-Sided Petri Dish[J]. Frontiers in Microbiology, 2021, 12: 670684.

[35] ASADI F, BARSHAN-TASHNIZI M, HATAMIAN-ZARMI A, et al. Enhancement of exopolysaccharide production from Ganoderma lucidum using a novel submerged volatile co-culture system[J]. Fungal Biology, 2021, 125(1): 25–31.

[36] KNOBLOCH S, JÓHANNSSON R, MARTEINSSON V. Co-cultivation of the marine sponge Halichondria panicea and its associated microorganisms[J]. Scientific Reports, 2019, 9: 10403.

[37] TANAKA Y, BENNO Y. Application of a single-colony coculture technique to the isolation of hitherto unculturable gut bacteria[J]. Microbiology and Immunology, 2015, 59(2): 63–70.

[38] KAEBERLEIN T, LEWIS K, EPSTEIN S S. Isolating "uncultivable" microorganisms in pure culture in a simulated natural environment[J]. Science, 2002, 296(5570): 1127–1129.

[39] BOLLMANN A, LEWIS K, EPSTEIN S S. Incubation of environmental samples in a diffusion chamber increases the diversity of recovered isolates[J]. Clinical Cancer Research, 2007, 73(20): 6386–6390.

[40] NICHOLS D, CAHOON N, TRAKHTENBERG E M, et al. Use of ichip for high-throughput In situ cultivation of "uncultivable" microbial species[J]. Applied and Environmental

Microbiology, 2010, 76(8): 2445-2450.

[41] JUNG D, SEO E Y, EPSTEIN S S, et al. Application of a new cultivation technology, I-tip, for studying microbial diversity in freshwater sponges of Lake Baikal, Russia[J]. FEMS Microbiology Ecology, 2014, 90(2): 417-423.

[42] ZENGLER K, TOLEDO G, RAPPÉ M, et al. Cultivating the uncultured. Proc Natl Acad Sci USA. 2002, 99(24): 15681-15686.

[43] CONNON S A, GIOVANNONI S J. High-throughput methods for culturing microorganisms in very-low-nutrient media yield diverse new marine isolates[J]. Applied and Environmental Microbiology, 2002, 68(8): 3878-3885.

[44] ZHANG J Y, LIU Y X, GUO X X, et al. High-throughput cultivation and identification of bacteria from the plant root microbiota[J]. Nature Protocols, 2021, 16: 988-1012.

[45] GUO B, ZHANG H, LIU Y, et al. Drought-resistant trait of different crop genotypes determines assembly patterns of soil and phyllosphere microbial communities[J]. Microbiology Spectrum, 2023: e0006823.

[46] JIANG C Y, DONG L, ZHAO J K, et al. High-throughput single-cell cultivation on microfluidic streak plates[J]. Applied and Environmental Microbiology, 2016, 82 (7): 2210-2218.

[47] NAKAMURA I T, IKEGAMI M, HASEGAWA N, et al. Development of an optimal protocol for molecular profiling of tumor cells in pleural effusions at single-cell level[J]. Cancer Science, 2021, 112(5): 2006-2019.

[48] 浜尚亮. 环境污染公害之日本水俣病事件[J]. 人民公安, 2016(Z1): 74-78.

[49] 高云微. 2011年食品安全热点事件与话题[J]. 新媒体与社会, 2012(2): 314-320.

[50] 张影, 杨郫丹, 卢忠林. 广西龙江镉污染事件及反思[J]. 化学教育, 2013, 34(6): 1-2, 13.

[51] 张玉玺, 向小平, 张英, 等. 云南阳宗海砷的分布与来源[J]. 环境科学, 2012, 33(11): 3768-3777.

[52] 张晨. 环境样品中铬、硒形态分析方法及应用[D]. 北京: 中国地质大学(北京), 2013.

[53] 胡菲菲. 湖南土壤重金属污染及修复技术探究[J]. 农村经济与科技, 2017, 28(1): 31-33.

[54] 高家合, 王树会. 镉胁迫对烤烟生长及生理特性的影响[J]. 农业环境科学学报, 2006, 25(5): 1167-1170.

[55] 石贵玉, 秦丽凤, 陈耕云. 铬对烟草组培苗生长和某些生理指标的影响[J]. 广西植物, 2007, 27(6): 899-902.

[56] 蒋文智. 镉对离体烟草叶片叶绿体某些光合特性的影响[J]. 河南农业大学学报, 1991, 25(4): 387-392.

[57] STOBART A K, GRIFFITHS W T, AMEEN-BUKHARI I, et al. The effect of Cd^{2+} on the biosynthesis of chlorophyll in leaves of barley[J]. Physiologia Plantarum, 1985, 63 (3):

293-298.

[58] SOMASHEKARAIAH B V, PADMAJA K, PRASAD A R K. Phytotoxicity of cadmium ions on germinating seedlings of mung bean (Phaseolus vulgaris): Involvement of lipid peroxides in chlorophyll degradation[J]. Physiologia Plantarum, 1992, 85(1): 85-89.

[59] 严重玲, 洪业汤, 付舜珍, 等. Cd、Pb 胁迫对烟草叶片中活性氧清除系统的影响[J]. 生态学报, 1997, 17(5): 488-492.

[60] 沈阿林, 王洋洋, 孙世恺. 郑州郊区蔬菜基地土壤重金属含量及其污染评价[J]. 甘肃农业大学学报, 2009, 44(2): 126-131.

[61] 马新明, 李春明, 袁祖丽, 等. 镉和铅污染对烤烟根区土壤微生物及烟叶品质的影响[J]. 应用生态学报, 2005, 16(11): 2182-2186.

[62] 马新明, 李春明, 刘海涛, 等. Cd Pb 污染对烤烟 ATP 酶活性及烟叶品质的影响[J]. 农业环境科学学报, 2007, 26(2): 708-712.

[63] 齐敏. 土壤-烟草系统中烟草叶绿素对 Hg、Cd、Pb 胁迫的响应[J]. 中国生态农业学报, 2001, 9(4): 82-84.

[64] 陈鹏. Zn、Cd、Pb 在烟株内的积累及对烟草某些生理生化指标的影响[J]. 科技信息, 2009(25): 369-370.

[65] 李荣春. Cd、Pb 及其复合污染对烤烟叶片生理生化及细胞亚显微结构的影响[J]. 植物生态学报, 2000, 24 (2): 238.

[66] 张华. 铬胁迫对烤烟生理特性和品质的影响[D]. 郑州: 河南农业大学, 2006.

[67] 严重玲, 林鹏, 王晓蓉. 烟草叶片膜保护系统对土壤 Hg, Cd, Pb 胁迫的响应[J]. 实验生物学报, 2002, 35(3): 169-173.

[68] YAMAUCHI N, MINAMIDE T. Chlorophyll degradation by peroxidase in parsley leaves [J]. Journal of the Japanese Society for Horticultural Science, 1985, 54(2): 265-271. [LinkOut]

[69] KAR R K, CHOUDHURI M A. Possible mechanisms of light-induced chlorophyll degradation in senescing leaves of Hydrilla verticillata [J]. Physiologia Plantarum, 1987, 70 (4): 729-734.

[70] 曾韶西, 王以柔, 刘鸿先. 低温光照下与黄瓜子叶叶绿素降低有关的酶促反应[J]. 植物生理学报, 1991(2): 177-182.

[71] 袁祖丽, 李春明, 熊淑萍, 等. Cd, Pb 污染对烟草叶片叶绿素含量、保护酶活性及膜脂过氧化的影响[J]. 河南农业大学学报, 2005, 39(1): 15-19.

[72] 王树会. 重金属汞对烟草种子发芽和幼苗中丙二醛的影响[J]. 农业网络信息, 2007 (7): 144-146.

[73] 闫克玉. 烟草化学[M]. 郑州: 郑州大学出版社, 2002: 50-56.

[74] 朱尊权. 烟叶的可用性与卷烟的安全性[J]. 烟草科技, 2000, 33(8): 3-6.

[75] 王海龙, 李小平. 重金属污染对烟草生理生化和结构的影响[J]. 楚雄师范学院学报, 2006, 21(9): 39-45.

[76] 段昌群, 王焕校, 胡斌. 镉、铁在烟草中的相互作用及对烟草品质的影响[J]. 云南大学学报(自然科学版), 1994, 16(3): 257-261.

[77] 王焕校, 李元, 祖艳群. 镉、铁及其复合污染对烟草叶片氨基酸含量的影响[J]. 生态学报, 1998(11): 640-647.

[78] FOJTOVÁ M, KOVAŘÍK A. Genotoxic effect of cadmium is associated with apoptotic changes in tobacco cells[J]. Plant, Cell & Environment, 2000, 23(5): 531-537.

[79] PARR P D, TAYLOR F G, BEAUCHAMPT J J. Sensitivity of tobacco to chromium from mechanical draft cooling tower drift[J]. Atmospheric Environment (1967), 1976, 10(6): 421-423.

[80] 陈耕云, 石贵玉, 徐美燕, 等. 重金属 Cr^{6+} 对烟草组织培养的影响[J]. 河池学院学报, 2006, 26(2): 28-30.

[81] GHOSHROY S, FREEDMAN K, LARTEY R, et al. Inhibition of plant viral systemic infection by non-toxic concentrations of cadmium[J]. The Malaysian Journal of Medical Sciences, 1998, 13(5): 591-602.

[82] 吴玉萍, 杨虹琦, 徐照丽, 等. 重金属镉在烤烟中的累积分配[J]. 中国烟草科学, 2008, 29(5): 37-39.

[83] 袁祖丽, 马新明, 韩锦峰, 等. 镉胁迫对烟草营养器官发育及矿物质元素的影响[J]. 河南科学, 2005, 23(5): 679-682.

[84] 王学锋, 师东阳, 刘淑萍, 等. 烟草对土壤中环境激素铅的吸收及其相互影响的研究[J]. 农业环境科学学报, 2006, 25(4): 890-893.

[85] 王树会, 许美玲. 重金属铅胁迫对不同烟草品种种子发芽的影响[J]. 种子, 2006, 25(8): 27-29.

[86] 王树会. 重金属汞对烟草种子发芽和幼苗中丙二醛的影响[J]. 农业网络信息, 2007(7): 144-146.

[87] 袁祖丽. Cd, Pb 污染对烤烟生理特性及生长发育的影响[D]. 郑州: 河南农业大学, 2006.

[88] 王学锋, 师东阳, 刘淑萍, 等. 烟草对重金属锰的吸收积累及其相互影响[J]. 环境科学与技术, 2007, 30(4): 19-20, 31.

[89] 王学锋, 师东阳, 刘淑萍, 等. Cd-Pb 复合污染在土壤-烟草系统中生态效应的研究[J]. 土壤通报, 2007, 38(4): 737-740.

[90] 马新明, 李春明, 袁祖丽, 等. 镉和铅污染对烤烟根区土壤微生物及烟叶品质的影响[J]. 应用生态学报, 2005, 16(11): 2182-2186.

[91] ZHOU J, DENG Y, LUO F, HE Z, et al. Functional molecular ecological networks[J]. mBio, 2010, 1(4): e00169-e00110.

[92] JASSEY V E J, WALCKER R, KARDOL P, et al. Contribution of soil algae to the global carbon cycle[J]. New Phytologist, 2022, 234(1): 64-76.

[93] CAPPELLETTI M, GHEZZI D, ZANNONI D, et al. Diversity of methane-oxidizing bacteria in

soils from "hot lands of medolla" (Italy) featured by anomalous high-temperatures and biogenic CO2 emission[J]. Microbes and Environments, 2016, 31(4): 369-377.

[94] FIERER N. Embracing the unknown: disentangling the complexities of the soil microbiome [J]. Nature Reviews Microbiology, 2017, 15: 579-590.

[95] CRITS-CHRISTOPH A, OLM M R, DIAMOND S, et al. Soil bacterial populations are shaped by recombination and gene-specific selection across a grassland meadow [J]. The ISME Journal, 2020, 14(7): 1834-1846.

[96] ZHOU X, LIU L, ZHAO J, et al. High carbon resource diversity enhances the certainty of successful plant pathogen and disease control[J]. The New Phytologist, 2023, 237(4): 1333-1346.

[97] HUANG J. Horizontal gene transfer in eukaryotes: the weak-link model[J]. BioEssays, 2013, 35(10): 868-875.

[98] LI L, PENG S, WANG Z, et al. Genome mining reveals abiotic stress resistance genes in plant genomes acquired from microbes via HGT [J]. Frontiers in Plant Science, 2022, 13: 1025122.

[99] THOMAS C M, NIELSEN K M. Mechanisms of, and barriers to, horizontal gene transfer between bacteria[J]. Nature Reviews Microbiology, 2005, 3: 711-721.

[100] LANG A S, BEATTY J T. Importance of widespread gene transfer agent genes in α-proteobacteria[J]. Trends in Microbiology, 2007, 15(2): 54-62.

[101] GOGARTEN J P, DOOLITTLE W F, LAWRENCE J G. Prokaryotic evolution in light of gene transfer[J]. Molecular Biology and Evolution, 2002, 19(12): 2226-2238.

[102] KOONIN E V. Orthologs, paralogs, and evolutionary genomics [J]. Annual Review of Genetics, 2005, 39: 309-338.

[103] KUNIN V, GOLDOVSKY L, DARZENTAS N, et al. The net of life: reconstructing the microbial phylogenetic network[J]. PLoS Computational Biology, 2005, 15(7): 954-959.

[104] DELSUC F, BRINKMANN H, PHILIPPE H. Phylogenomics and the reconstruction of the tree of life[J]. Nature Reviews Genetics, 2005, 6: 361-375.

[105] DAUBIN V, SZÖLLÓSI G J. Horizontal gene transfer and the history of life[J]. Cold Spring Harbor Perspectives in Biology, 2016, 8(4): a018036.

[106] FAN Y H, XIAO Y D, MOMENI B, et al. Horizontal gene transfer can help maintain the equilibrium of microbial communities[J]. Journal of Theoretical Biology, 2018, 454: 53-59.

[107] KLOESGES T, POPA O, MARTIN W, et al. Networks of gene sharing among 329 proteobacterial genomes reveal differences in lateral gene transfer frequency at different phylogenetic depths[J]. Molecular Biology and Evolution, 2011, 28(2): 1057-1074.

[108] LAWRENCE J G, OCHMAN H. Reconciling the many faces of lateral gene transfer[J]. Trends in Microbiology, 2002, 10(1): 1-4.

[109] HERNÁNDEZ-LÓPEZ A, CHABROL O, ROYER-CARENZI, M, et al. To tree or not to tree?

Genome-wide quantification of recombination and reticulate evolution during the diversification of strict intracellular bacteria[J]. Genome Biol, 2013, 5: 2305 – 2317.

[110] FIERER N. Embracing the unknown: disentangling the complexities of the soil microbiome [J]. Nature Reviews Microbiology, 2017, 15: 579–590.

[111] GALLO I F L, FURLAN J P R, SANCHEZ D G, et al. Heavy metal resistance genes and plasmid-mediated quinolone resistance genes in Arthrobacter sp. isolated from Brazilian soils [J]. Antonie Van Leeuwenhoek, 2019, 112(10): 1553–1558.

[112] FRINDTE K, PAPE R, WERNER K, et al. Temperature and soil moisture control microbial community composition in an Arctic – alpine ecosystem along elevational and micro-topographic gradients[J]. The ISME Journal, 2019, 13(8): 2031–2043. [

[113] GRAHAM D W, KNAPP C W, CHRISTENSEN B T, et al. Appearance of β-lactam resistance genes in agricultural soils and clinical isolates over the 20th century[J]. Scientific Reports, 2016, 6: 21550.

[114] VIEIRA S, SIKORSKI J, DIETZ S, et al. Drivers of the composition of active rhizosphere bacterial communities in temperate grasslands[J]. The ISME Journal, 2020, 14: 463–475. [

[115] FENG L, WANG W, CHENG J, et al. Genome and proteome of long-chain alkane degrading Geobacillus thermodenitrificans NG80-2 isolated from a deep-subsurface oil reservoir [J]. PNAS2007, 104(13): 5602–5607.

[116] ROMINE M F, STILLWELL L C, WONG K K, et al. Complete sequence of a 184-kilobase catabolic plasmid from Sphingomonas aromaticivorans F199[J]. International Journal of Environmental Research and Public Health, 1999, 181(5): 1585–1602.

[117] BASTA T, KECK A, KLEIN J, et al. Detection and characterization of conjugative degradative plasmids in xenobiotic-degrading Sphingomonas strains[J]. Journal of Bacteriology, 2004, 186(12): 3862–3872.

[118] SONG H, DING M Z, JIA X Q, et al. Synthetic microbial consortia: from systematic analysis to construction and applications[J]. Chemical Society Reviews, 2014, 43(20): 6954–6981.

[119] TSOI R, DAI Z J, YOU L C. Emerging strategies for engineering microbial communities [J]. Biotechnology Advances, 2019, 37(6): 107372.

[120] PÁL C, PAPP B, LERCHER M J. Adaptive evolution of bacterial metabolic networks by horizontal gene transfer[J]. Nature Genetics, 2005, 37: 1372–1375.

[121] JEONG H, MASON S P, BARABÁSI A L, et al. Lethality and centrality in protein networks [J]. Nature, 2001, 411: 41–42.

[122] HUSON D H, BRYANT D. Application of phylogenetic networks in evolutionary studies [J]. Molecular Biology and Evolution, 2006, 23(2): 254–267.

[123] PROULX S R, PROMISLOW D E L, PHILLIPS P C. Network thinking in ecology and evolution[J]. Trends in Ecology & Evolution, 2005, 20(6): 345–353.

[124] TSIGOS I, VELONIA K, SMONOU I, et al. Purification and characterization of an alcohol

dehydrogenase from the Antarctic psychrophile Moraxella sp. TAE123[J]. European Journal of Biochemistry, 1998, 254(2): 356-362.

[125] MCCARTHY C G, FITZPATRICK D A. Systematic search for evidence of interdomain horizontal gene transfer from prokaryotes to oomycete lineages[J]. mSphere, 2016, 1(5): e00195-e00116.

[126] GARRISON-SCHILLING K L, KALUSKAR Z M, LAMBERT B, PETTIS G S. Genetic analysis and prevalence studies of the brp exopolysaccharide locus of vibrio vulnificus[J]. PLoS One, 2014, 9(7): e100890.

[127] BREW K, TUMBALE P, ACHARYA K R. Family 6 glycosyltransferases in vertebrates and bacteria: inactivation and horizontal gene transfer may enhance mutualism between vertebrates and bacteria[J]. The Journal of Biological Chemistry, 2010, 285(48): 37121-37127.

[128] KINTZ E, HEISS C, BLACK I, et al. Salmonella enterica serovar typhi lipopolysaccharide O-antigen modification impact on serum resistance and antibody recognition[J]. Infection and Immunity, 2017, 85(4): e01021-e01016.

[129] HUPERT-KOCUREK K, GUZIK U, WOJCIESZYŃSKA D. Characterization of catechol 2, 3-dioxygenase from Planococcus sp. strain S5 induced by high phenol concentration[J]. Frontiers in Cardiovascular Medicine, 2012, 59(3): 345-351.

[130] PROULX S R, PROMISLOW D E L, PHILLIPS P C. Network thinking in ecology and evolution[J]. Trends in Ecology & Evolution, 2005, 20(6): 345-353.

[131] KUNIN V, GOLDOVSKY L, DARZENTAS N, et al. The net of life: reconstructing the microbial phylogenetic network[J]. PLoS Computational Biology, 2005, 15(7): 954-959.

[132] ZHANG M Z, WARMINK J, PEREIRA E SILVA M C, et al. IncP-1β plasmids are important carriers of fitness traits for variovorax species in the Mycosphere—Two novel plasmids, pHB44 and pBS64, with differential effects unveiled[J]. Microbial Ecology, 2015, 70(1): 141-153.

[133] RICHAUME A, SMIT E, FAURIE G, et al. Influence of soil type on the transfer of plasmid RP4p from Pseudomonas fluorescens to introduced recipient and to indigenous bacteria [J]. FEMS Microbiology Letters, 1992, 101(4): 281-291.

[134] ROCHELLE P A, FRY J C, DAY M J. Factors affecting conjugal transfer of plasmids encoding mercury resistance from pure cultures and mixed natural suspensions of epilithic bacteria[J]. Journal of the American Academy of Orthopaedic Surgeons Global Research & Reviews, 1989, 135(pt 2): 409-424.

[135] TREVORS J T, VAN ELSAS J D, VAN OVERBEEK L S, et al. Transport of a genetically engineered Pseudomonas fluorescens strain through a soil microcosm [J]. Applied and Environmental Microbiology, 1990, 56(2): 401-408.

[136] DAANE L L, MOLINA J A, BERRY E C, et al. Influence of earthworm activity on gene transfer from Pseudomonas fluorescens to indigenous soil bacteria[J]. NPJ Digital Medicine,

1996, 62(2): 515-521.

[137] MUSOVIC S, OREGAARD G, KROER N, et al. Cultivation-independent examination of horizontal transfer and host range of an IncP-1 plasmid among gram-positive and gram-negative bacteria indigenous to the barley rhizosphere[J]. Applied and Environmental Microbiology, 2006, 72(10): 6687-6692.

[138] WANG B Y, PANDEY T, LONG Y, et al Co-opted genes of algal origin protect C. elegans against cyanogenic toxins[J]. Current Biology, 2022, 32(22): 4941-4948. e3.

[139] IYER L M, ZHANG D P, MAXWELL BURROUGHS A, et al. Computational identification of novel biochemical systems involved in oxidation, glycosylation and other complex modifications of bases in DNA[J]. Nucleic Acids Research, 2013, 41(16): 7635-7655.

[140] KANDELER E, TSCHERKO D, BRUCE K D, et al. Structure and function of the soil microbial community in microhabitats of a heavy metal polluted soil[J]. Biology and Fertility of Soils, 2000, 32(5): 390-400.

[141] ZENG F R, CHEN S, MIAO Y, et al. Changes of organic acid exudation and rhizosphere pH in rice plants under chromium stress[J]. Environmental Pollution, 2008, 155(2): 284-289.

[143] LAZAROVA N, KRUMOVA E, STEFANOVA T, et al. The oxidative stress response of the filamentous yeast Trichosporon cutaneum R57 to copper, cadmium and chromium exposure [J]. Biotechnology, Biotechnological Equipment, 2014, 28(5): 855-862.

[143] GEORGIEVA N, PESHEV D, RANGELOVA N, et al. Effect of hexavalent chromium on growth of Trichosporon cutaneum r 57 [J]. J Univ Chem Technol Metall, 2011, 46(3): 293-298.

[144] BAJGAI R C, GEORGIEVA N, LAZAROVA N. Bioremediation of Chromium ions with filamentous Yeast Trichosporon cutaneum R57[J]. Journal of Biology and Earth Sciences, 2012, 2(2): B70-B75.

[145] BALDI F, VAUGHAN A M, OLSON G J. Chromium(VI)-resistant yeast isolated from a sewage treatment plant receiving tannery wastes[J]. Applied and Environmental Microbiology, 1990, 56(4): 913-918.

[146] RAMÍREZ-RAMÍREZ R, CALVO-MÉNDEZ C, ÁVILA-RODRÍGUEZ M, et al. Cr(VI) reduction in a chromate-resistant strain of Candida maltosa isolated from the leather industry [J]. Antonie Van Leeuwenhoek, 2004, 85(1): 63-68.

[147] CZAKÓ-VÉR K, BATIÈ M, RASPOR P, et al. Hexavalent chromium uptake by sensitive and tolerant mutants of Schizosaccharomyces pombe [J]. FEMS Microbiology Letters, 1999, 178(1): 109-115.

[148] LEHMANN J, KLEBER M. The contentious nature of soil organic matter[J]. Nature, 2015, 528: 60-68.

[149] TEKERLEKOPOULOU A G, TSIAMIS G, DERMOU E, et al. The effect of carbon source on microbial community structure and Cr(VI) reduction rate [J]. Biotechnology and

Bioengineering, 2010, 107(3)：478-487.

[150] 刘志培, 刘双江. 我国污染土壤生物修复技术的发展及现状[J]. 生物工程学报, 2015, 31(6)：901-916.

[151] 张敏, 郜春花, 李建华, 等. 重金属污染土壤生物修复技术研究现状及发展方向[J]. 山西农业科学, 2017, 45(4)：674-676.

[152] 胡造时, 莫创荣, 戴知友, 等. 螯合剂 GLDA 对土壤 Cr 的淋洗修复研究[J]. 西南农业学报, 2016, 29(10)：2422-2426.

[153] 童君君. 土壤重金属污染(Cu/Cr)电动修复基础研究[D]. 合肥：合肥工业大学, 2013.

[154] 张峰, 马烈, 张芝兰, 等. 化学还原法在 Cr 污染土壤修复中的应用[J]. 化工环保, 2012, 32(5)：419-423.

[155] 丁自立, 李书谦, 周旭, 曹凑贵. 植物修复土壤重金属污染机制与应用研究[J]. 湖北农业科学, 2014, 53(23)：5617-5623.

[156] 赵岩, 黄运新, 秦云, 等. 植物修复土壤重金属污染的研究进展[J]. 湖北林业科技, 2016, 45(1)：40-43, 63.

[157] LONE M I, HE Z L, STOFFELLA P J, et al. Phytoremediation of heavy metal polluted soils and water：Progresses and perspectives[J]. Journal of Zhejiang University SCIENCE B, 2008, 9(3)：210-220.

[158] HARISH R, SAMUEL J, MISHRA R, et al. Bio-reduction of Cr(VI) by exopolysaccharides (EPS) from indigenous bacterial species of Sukinda chromite mine, India[J]. Biodegradation, 2012, 23(4)：487-496.

[159] CHENG Y J, YAN F B, HUANG F, et al. Bioremediation of Cr(VI) and immobilization as Cr (III) by ochrobactrum anthropi[J]. Environmental Science & Technology, 2010, 44(16)：6357-6363.

[160] BENTO F M, CAMARGO F A O, OKEKE B C, et al. Comparative bioremediation of soils contaminated with diesel oil by natural attenuation, biostimulation and bioaugmentation [J]. Bioresource Technology, 2005, 96(9)：1049-1055.

[161] GENTRY T, RENSING C, PEPPER I. New approaches for bioaugmentation as a remediation technology[J]. Critical Reviews in Environmental Science and Technology, 2004, 34(5)：447-494.

[162] VOLESKY B, HOLAN Z R. Biosorption of heavy metals[J]. Biotechnology Progress, 1995, 11(3)：235-250.

[163] DAS N, VIMALA R, KARTHIKA P. Biosorption of heavy metals-An overview[J]. Indian Journal of Biotechnology, 2008, 7(2)：159-169.

[164] SAKAGUCHI T, NAKAJIMA A, HORIKOSHI T. Studies on the accumulation of heavy metal elements in biological systems [J]. European Journal of Applied Microbiology and Biotechnology, 1981, 12(2)：84-89.

图书在版编目(CIP)数据

植烟土壤保育微生态 / 刘勇军等主编. —长沙：中南
大学出版社，2024.12

ISBN 978-7-5487-5824-2

Ⅰ．①植… Ⅱ．①刘… Ⅲ．①烟草—耕作土壤—土壤
改良—研究 Ⅳ．①S572.06

中国国家版本馆 CIP 数据核字(2024)第 083269 号

植烟土壤保育微生态
ZHIYAN TURANG BAOYU WEISHENGTAI

刘勇军　孟德龙　邢蕾　陶界锰　主编

□出 版 人	林绵优
□责任编辑	刘小沛
□责任印制	唐　曦
□出版发行	中南大学出版社
	社址：长沙市麓山南路　　　邮编：410083
	发行科电话：0731-88876770　传真：0731-88710482
□印　　装	广东虎彩云印刷有限公司

□开　　本　710 mm×1000 mm 1/16　□印张 14.75　□字数 302 千字
□互联网+图书　二维码内容　字数 1 千字　图片 22 张
□版　　次　2024 年 12 月第 1 版　□印次 2024 年 12 月第 1 次印刷
□书　　号　ISBN 978-7-5487-5824-2
□定　　价　76.00 元